U0826563

湖北省"100本"好书

环境与资源经济学教程

（第二版）

Huanjing Yu Ziyuan Jingjixue Jiaocheng

主　编　曾克峰

副主编　刘　超　陈昆仑

参　编　（按姓氏笔画排序）

丁　镭　于吉涛　王　明　王　硕

代　莹　李　维　朱　慧　宋鄂平

陈惠民　柳　婷　童　洁　程璜鑫

中国地质大学出版社有限责任公司

ZHONGGUO DIZHI DAXUE CHUBANSHE　YOUXIAN ZEREN GONGSI

内容简介

《环境与资源经济学教程》(第二版),全书共分 13 章。考虑到地理类专业目前课程设置的特点,本书较系统地介绍了经济学、资源与环境科学的基础知识。并从环境与资源经济学领域的效率、最优、可持续等主题出发,构建了环境经济问题和资源经济问题的分析框架,全面系统地介绍了环境保护、资源最优利用和经济社会可持续发展的基本理念。从环境问题的外部性特征、资源配置、产业结构和布局、经济体制、技术进步等角度讨论了环境与资源经济问题,并以主要的自然资源和社会资源的开发利用为实例,探讨资源开发利用的方式和方法。本书概略介绍了环境资源工程和规划项目评价的基本问题、程序、内容和方法,阐述了资源环境与可持续发展的基本战略思想。全书力求理论与实践相结合,反映国内外对环境资源经济研究的最新成果。

本书为高等学校自然地理与资源环境、人文地理与城乡规划、地理科学等地理类专业的本科生及研究生教材,同时可作为国土资源管理、规划等部门的培训教材,并适合作为各级地方政府工作人员的参考书籍。

图书在版编目(CIP)数据

环境与资源经济学教程/曾克峰主编,刘超、陈昆仑副主编. —2 版. —武汉:中国地质大学出版社有限责任公司,2013.11 (2016.7 重印)

ISBN 978-7-5625-3179-1

Ⅰ.①环…

Ⅱ.①曾…②刘…③陈…

Ⅲ.①环境经济学-教材②资源经济学-教材

Ⅳ.①X196②F062.1

中国版本图书馆 CIP 数据核字(2013)第 257923 号

环境与资源经济学教程

曾克峰 **主　编**

刘　超　陈昆仑 **副主编**

责任编辑:段连秀　　策划编辑:段连秀　　责任校对:张咏梅

出版发行:中国地质大学出版社有限责任公司(武汉市洪山区鲁磨路 388 号)　邮政编码:430074

电　话:(027)67883511　传　真:67883580　E-mail:cbb@cug.edu.cn

经　销:全国新华书店　http://www.cugp.cug.edu.cn

开本:787mm×1092mm　1/16　字数:380 千字　印张:14

版次:2004 年 10 月第 1 版　2013 年 11 月第 2 版　印次:2016 年 07 月第 4 次印刷

印刷:武汉教文印刷厂　印数:5 001—7 000 册

ISBN 978-7-5625-3179-1　定价:29.00 元

如有印装质量问题请与印刷厂联系调换

第二版前言

环境与资源经济学是研究资源、环境经济政策的一门应用型经济学。环境与资源经济学的相关高等学校课程是随着工业化、城市化大发展,环境问题与资源问题不断凸显而逐步发展起来的具有时效性的应用课程。环境与资源经济学课程的主要目的是研究资源、环境与经济发展之间的关系,探索资源可持续利用与环境污染控制的政策、方法和手段。

20 世纪 90 年代以来,资源经济学、环境经济学快速发展,许多大学的经济学类、管理学类专业相继开设相关课程。《环境与资源经济学教程》是作为高等学校地理学类专业的一门专业基础课程编写的。最初版本是根据中国地质大学教学需要,在 2000 年 5 月完成编写的地理学类本科专业试用教材,作为校内教材使用。经过 4 年的教学试用,修订编排后于 2004 年 10 月正式出版,即《环境与资源经济学教程》(第一版)。随着科学发展观、两型社会、美丽中国等指导方针的相继提出,宏观政策发生了较大改变,许多环境经济问题、资源经济问题以及经济政策问题有了新的内涵。在新的政策环境下,第二版教材以第一版为基础,总结 2005 年到 2013 年的教学实践经验,重新修订而成。

与第一版相比,教材内容上的变化主要有以下七个方面:第一,增加了课前导读、关键问题、关键点的总结等内容,方便读者阅读与复习,有利于读者快速掌握主要内容;第二,大幅增加了环境经济学的相关内容,比如环境物品、环境外部性、环境政策、环境经济评价等内容;第三,增加了部分资源科学与环境科学的基础知识,比如资源与环境的相关联系、价值理论等;第四,删减了少量经济学的逻辑推理与计算;第五,删掉了一些过时的不适用的案例研究;第六,删减了部分资源开发的细节内容;第七,调整归并了资源经济学的一些内容。

全书(第二版)共有 13 章,可分为四个部分:第一部分为基础知识简述,包括第一、二、三章,主要介绍学科的发展、研究内容和方法,经济学的基础知识,环境与资源的相关概念、关系和内涵；第二部分为环境与资源经济学的理论和方法部分，包括第四、五、六、七、八章，主要阐述环境问题的特征、环境政策的理论、环境及资源配置与产业发展、经济体制、技术进步之间的规律，以及解决环境问题和资源问题的经济政策工具和手段的基本原理；第三部分为资源开发实例部分，包括第九章和第十章，主要讲解自然资源和社会资源的特征、开发原则以及注意事项等内容；第四部分为综合分析部分，包括第十一、十二、十三章，主要从资源开发所造成的资源问题、环境问题入手，全面分析资源开发利用中的环境保护问题和环境影响评价的方法、步骤和程序，并从国民经济核算、国家战略层面论述可持续发展理论。

本书主要阐述环境与资源经济学的基本原理与方法，强调课程的理论体系与学科知识的应用性，注重教学与知识传播的一般规律，可以定义为环境与资源经济学的通论型教程。本书既适合于高等学校自然地理与资源环境、人文地理与城乡规划、地理科学等地理类专业本科及研究生学习，又可作为国土资源管理、规划人员的培训教材，也可供各级地方政府工作人员参考阅读。

本教材编写的具体分工如下：第一章、第二章、第十一章、第十二章由曾克峰编写，第三章由陈昆仑编写，第四章、第六章、第十三章由刘超编写，第五章由宋鄂平、朱慧、王明编写，第七章由于吉涛、刘超、童洁编写，第八章由陈昆仑、王硕、程璜鑫编写，第九章由代莹、丁镭、柳婷编写，第十章由陈惠民、朱慧、李维编写。各章导读、关键问题由刘超设计编写，各章思考题与各节提要由曾克峰设计编写。全书由曾克峰统稿。

在编写过程中，中国地质大学出版社有限责任公司的段连秀编辑给予了热情的支持与帮助，使本书增色不少。中国地质大学“211 工程”专项基金、国家地质学理科基地基金提供了专项资助。感谢为第一版的编写付出过辛勤劳动的胡胜华、孙欣欣等同志。在此致以衷心的感谢。同时，本书编写过程中参考的大量书籍、文献资料等，已在各章参考文献中列出，在此对它们的作者一并致以深深的谢意！

恳请读者不吝指正。

曾克峰

第一版前言

"环境与资源经济学"是地理类专业的一门专业课程，它利用经济学理论和综合分析的方法来揭示、分析、评价和指导制定资源开发利用和环境方面的政策，以实现资源的优化配置和环境的保护，从而为社会提供最大的福利。它作为微观经济学的一个分支，是研究资源、环境政策的一门应用经济学，旨在从资源、环境、人口、经济、社会诸方面的结合上，探索社会经济资源系统与自然经济资源系统合理配置和协调发展的规律性，以提高整体的经济效益、生态效益和社会效益。

环境与资源经济学是高等学校地理类专业的一门主要专业基础课程。根据教学需要，我们在2000年5月编写了地理学类本科专业试用教材《环境与资源经济学教程》，作为校内教材使用。本书即是在原试用本的基础上，结合多年的教学实践，并认真总结了国内外近年来学科发展的趋势，按照高校教材应体现的先进性、科学性、系统性、实用性的要求，进行全面修订而成。

全书共分12章，各章编写分工如下：第一章、第二章、第三章由曾克峰、刘超编写，第四章、第十二章由代莹、曾克峰编写，第五章、第六章、第七章由刘超、曾克峰编写，第八章、第十一章由胡胜华、曾克峰编写，第九章由曾克峰、刘超、代莹编写，第十章由陈惠民、刘超、代莹编写。为了帮助读者更好地学习掌握本书教学内容，由曾克峰、刘超设计、编写了各章思考题。全书由曾克峰统稿。

本书既强调了课程的理论体系，又十分注重学科知识的应用性，体现了理论与应用相结合的特色。既适合于高等学校资源环境与城乡规划管理、地理科学等地理类专业本科及研究生学习，又可作为国土资源管理、规划人员的培训教材，也可供各级地方政府工作人员参考阅读。

在编写过程中,中国地质大学出版社有限责任公司的段连秀编辑给予了热情的支持与帮助,使本书增色不少。中国地质大学"211 工程"专项基金、国家地质学理科基地基金提供了专项资助,孙欣欣做了许多具体的辅助工作,在此致以衷心的感谢。同时,在本书编写过程中参考的大量书籍和文献已在各章参考文献中列出,在此对它们的作者一并致以深深的谢意!

尽管本书编写中作者力求做到体系新、内容新、观念新、理论与实际相结合,但限于时间和水平,书中不当之处欢迎读者批评指正,以便再版时能使之更臻完善。

曾克峰

2004 年 7 月于武汉

目　录

第一章 绪 论

导 读

经济学，从某种程度上讲，是一门研究"选择"问题的科学。然而，当面对资源问题、环境问题时，政府如何选择，企业如何选择，我们如何选择，传统经济学理论存在诸多纠结。环境与资源经济学，试图从资源配置、环境功能、经济布局及产业政策等角度，探讨解决一些环境经济问题与资源经济问题。

关键问题

1. 环境与资源经济学主要研究哪些内容？
2. 环境与资源经济学有哪些研究方法？

第一节 环境与资源经济学的发展历程

工业化、城市化大发展，环境问题与资源问题不断凸显，人们越来越多地开始研究资源、环境与经济发展之间的关系，探索资源可持续利用与环境污染控制的政策、方法、手段。这是环境与资源经济学产生与发展的背景。同大多数经济学分支学科一样，环境与资源经济学不是一门先验科学，而是因为问题而诞生的应用型科学。

一、国外发展简史

20 世纪初，工业化时代大规模地开发利用自然资源，促进了资源产业的形成与发展，出现了越来越严重的资源短缺、环境污染和生态破坏等问题。于是从发展资源部门（产业）经济和解决世界性的资源及环境问题两个方面，提出了对建立资源经济学的需要。

1931 年哈罗德·霍特林发表了《可耗尽资源的经济学》，提出了资源保护和稀缺资源分配问题。这被认为是资源经济学产生的标志。西方许多国家大学里也相继建立了资源经济专业或开设了专业课程，不少经济学家，如郎（O. Lang）和罗宾斯（L. Robbins）把资源的开发利用视为经济学的同义语。

第二次世界大战结束以后，社会生产规模急剧扩大，人口迅速膨胀，经济密度不断提高，从自然界攫取的资源大大超过自然界的再生增殖能力，排入环境的废弃物大大超过环境容量，出现了全球性的资源耗竭和严重的环境污染与生态破坏问题。到了 20 世纪 50 年代，为探讨防治污染和保护环境的对策，估量污染造成的经济损失，比较防治污染的费用和效益，从经济角度选择防治污染的途径和方案，污染经济学（或称公害经济学）的著作应运而生。

20 世纪 70 年代初，梅道斯受罗马俱乐部的委托，发表了轰动西方的《增长的极限》。1972 年英国经济学家戈德·史密斯发表了资源经济学名著《生存的蓝图》，以及后来出版的《只有一个地球》等著作，都把人口、资源、环境问题综合起来加以考察。1974 年美国塞尼卡与陶西格合著了《环境经济学》，标志着环境经济学的产生。

20 世纪 80 年代环境与资源经济学成型，人们从此将资源、环境、经济等问题综合起来，全盘考虑。1981 年，阿兰·兰德尔出版了《资源经济学——从经济学角度对自然资源和环境政策的探讨》。同年，美国的安东尼·费舍尔（A. C. Fisher）出版了《资源与环境经济学》。1982 年，哈恰图洛夫出版了《自然利用经济学》一书，从生态经济角度研究自然资源有计划、合理利用问题。1988 年，美国的威廉 J. 鲍莫尔等出版了《环境经济理论与政策设计》。1999 年，英国的罗杰·珀曼和马越等出版了《自然资源与环境经济学》。至此，环境与资源经济学已基本成形。

20 世纪 90 年代是环境与资源经济学的快速发展时期。其中，英国伦敦大学全球环境社会经济研究中心，在大卫·皮尔斯（David W. Pearce）教授和克里·特纳（Terry Turner）教授等的领导下，针对可持续发展和全球性环境等问题，进行了大量的环境经济课题研究，并在环境价值计量及实现代际公平的途径等方面做出了重要贡献。主要代表作包括皮尔斯和特纳合著的《自然资源与环境经济学》、皮尔斯等编著的环境经济学丛书《绿色经济的蓝图》、皮尔斯和杰瑞米·沃福德（Jeremy J. Warford）合著的《世界无末日：经济学、环境与可持续发展》（张世秋等译）。此外，联合国、世界银行等国际组织联合出版了《综合环境与经济核算体系（SEEA）》，并建议世界各国试/施行；1992 年，美国经济学家格罗斯曼（Grossman）和克鲁格（Krueger）提出了“环境库兹涅茨曲线”的假设；美国经济学家詹姆斯·托宾（James Tobin）和伏·诺德豪斯（W. Nordhaus）提出了“经济福利量”，解决了国民生产总值不能准确反映经济福利的缺陷；1994 年，挪威学者汉森（Stein Hansen）出版了《发展中国家的环境与贫困危机》；1997 年，Constanza 等人对全球生物圈生态服务价值进行了估算。美国学者泰坦伯格（T. Tietenberg）和斯达芬斯（R. Stavins）自 1990 年以来在环境经济学理论与方法上传承主流，出版了具有一定影响力的环境经济学著作，如《Environmental and Natural Resource Economics》。

二、环境与资源经济学在中国

在中国近代社会，关于资源经济学的最早著作——章植的《土地经济学》，于 1930 年问世。随后相继出版了《土地经济学导论》（张丕介，1944）、《土地经济学原理》（朱剑农，1946）等著作。这一阶段的资源经济学主要集中在单种资源，特别是土地资源的经济学研究。

中国大规模开展资源经济研究始于 20 世纪 50 年代。为了适应国民经济发展的需要，各个部门都开展了大规模的资源调查、评价和开发利用规划及资源保护等研究工作。这些基础性工作所取得的大量成果，为我国资源经济学的研究、产生和发展奠定了坚实的基础。

1991 年以后，中国在自然资源经济学、环境经济学或资源环境经济学、可持续发展经济学等方面的研究是迅速的，一大批资源经济和生态、环境经济方面的论著相继出版。根据侧重点的不同，可分为以下三个方面：

(1)资源经济学方面，主要著作（或教材）有：《农业自然资源经济学》（万建中等，1992）、

《自然资源开发利用中的经济问题》(王锡桐等,1992)、《资源经济学》(杨秀苔、蒲勇健,1992)、《资源经济学若干前沿课题》(汪丁丁,1993)、《资源经济新论》(李金昌等,1995)、《资源经济学》(曲福田等,2001)等;

(2)环境经济学方面,主要著作(或教材)有:《环境经济学》(程福祜等,1993)、《环境经济学》(厉以宁、张铮,1995)、《生态经济学新论》(严茂超,2001)、《环境经济学》(覃成林、管华等,2004)等;

(3)资源环境经济学方面,主要著作或教材有:《环境与资源经济学》(张帆,1992)、《人口、资源与环境经济学》(杨云彦等,1999)、《资源与环境经济学》(马中等,1999)、《环境与资源经济学》(陈大夫,2001)、《资源环境经济学》(杨昌明等,2002)、《资源与环境经济学》(鲁传一,2004)、《资源环境经济学》(汪安佑等,2005)、《自然资源与环境经济学》(过建春,2007),等等。

环境经济学(environmental economics)与资源经济学(resource economics)的共同点在于:两个学科领域都运用经济学原理研究自然系统与社会经济系统的相关问题。不同点是:环境经济学,关注于市场失灵而造成的污染过量生产或自然世界的不充分保护(关键问题:运用经济学的原理研究如何管理环境资源。核心包括两个方面:一是人们为什么以及如何制定影响环境的各种决策;二是如何改进经济制度和经济政策,以缓解人类需求与环境系统之间的矛盾)。资源经济学关注于资源的生产和使用问题。

然而,资源的使用过程中往往又涉及污染物的排放、生态系统破坏等环境问题(另一方面,资源的合理利用则可以减少污染物的生产),资源与环境本身也具有重叠部分(自然资源可看作自然环境系统的组成部分,社会资源可看作社会环境的要素),环境在许多时候又作为一种稀缺资源。这可能也是近年来中国诸多教材都将环境经济学和资源经济学结合起来的原因。本教材面向高等院校地理学类、管理学类等非经济学专业本科生,采用"环境与资源经济学教程"一名。

三、学科发展趋势

21世纪以来,科学发展观逐步深入到各个部门,随着人类社会的不断发展,经济学、环境学、生态学等自然学科及可持续理论的不断完善,经济全球化和人们对环境与资源问题重视程度的不断加深,环境与资源经济学的研究领域在不断扩展。纵观环境与资源经济学的发展,具有以下趋势:

1.理论创新趋势

环境与资源经济学的理论创新受主流经济学发展的影响,经济理论的发展支撑着环境与资源经济学的理论创新。如内生增长理论、产业组织理论、国际贸易理论、博弈理论、宏观经济学、劳动经济学、行为经济学等。产业组织理论在环境政策的研究中得到了广泛应用,国际贸易理论的发展影响着环境与资源经济学在国际方面的研究,行为经济学的发展影响着人类对资源与环境的决策行为的研究。此外,为构建更加科学合理的经济增长模型,将会更多地关注历史和实证分析、技术变化的特殊影响及进化理论。

2.技术方法创新趋势

许多现实环境问题的研究,推动着环境与资源经济学技术方法的进步。同时,技术方法的创新也推动了相关领域的研究进展。例如,为了提高环境与资源经济学的定量化研究水平,将拓展和深化数理方法和计算机方法;为了提高自然资源开发利用与环境保护管理决策的科学化水平，将强化和深化评价指标体系的创新和规划理念的创新；再如，福利和效用测度方法的创新，引起了对环境政策的研究。

3. 问题导向趋势

环境与资源经济学的主要课题：以资源、环境、经济可持续发展为目标的一系列资源、环境、经济问题。围绕建立国民大核算体系的资源与环境核算问题，以及相关资源与环境的价值评估问题、产权管理和产权交易问题，也将是环境与资源经济学的重要研究方向之一。

4. 多学科交叉趋势

环境与资源经济学是一门综合性很强的交叉学科，涉及自然环境和社会经济两大系统，跨学科研究将是环境与资源经济学的必然发展趋势。例如，环境效益评估、环境承载能力分析、环保法规的制定与实施并不是单纯的经济学问题，它涉及伦理学、政治学等学科；生态经济学的理论和方法可应用于环境经济学，可将生态恢复分析与生态系统、经济系统的相互影响分析有机地结合进来。

第二节 环境与资源经济学的研究内容

环境与资源经济学是微观经济学的一个分支，是研究资源和环境政策的一门应用经济学，是随着能源、粮食、水、生态环境破坏等资源环境问题的出现而发展起来的应用型经济学科。它的基本任务是从资源、环境、经济的结合上，探索使社会经济资源系统同自然环境系统合理配置和协调发展的规律性，以提高整体的经济效益、生态效益和社会效益。

一、环境经济问题

微观领域的环境经济问题主要有：污染性环境物品的外部效应、市场失灵，以及解决外部效应与市场失灵等问题的制度和税费政策、污染控制的技术经济分析、费用效益分析、投入产出分析、最佳污染控制水平的确定、污染的环境损害评估、环境质量评价、环境价值计量、环境工程的经济评价、环境政策的经济评价、环境物品的清洁生产、环境经济流、环境物品贸易与污染扩散控制、环境物品管理等。

宏观领域的环境经济问题主要有：污染控制、环境保护与经济发展的关系、环境经济规划发展与有限发展目标、生态发展目标、可持续发展等领域。从全球领域来看，不管微观或宏观领域，不同形式的污染往往不受边界和领土的限制。因此，国际社会如何进行国际合作，共同控制、制止污染或污染转移现象，如何分配所要付出的经济代价，是环境经济学研究的一个重要课题。

二、资源经济问题

资源经济学，通过对资源的评价、经济分析，探讨出资源的自然和经济社会属性、稀缺度、开发利用模式等，其主要研究的问题包括：各种资源之间的相互关系（如互竞、互补关系）、资源与环境之间的关系、资源与经济发展之间的关系、资源生产的合理配置问题、资源的市场确定和划分问题、资源的管理和决策问题、资源的价值和价格的计算根据、未来资源的发现和展望、资源的区位发展战略问题等。

其主要任务有：①通过对资源经济学的研究，阐述资源、环境二者的关系以及它们与经济发展之间的关系。②通过对资源开发项目的理论分析和实践应用，更好地从科学角度进行一些重大资源开发项目的可行性分析，提高其决策的科学性。③通过对资源管理政策的分析，为国家制定正确的区域资源开发决策提供理论基础。④通过对资源应用与开发的技术和方法的创新，为扩大资源利用量和提高资源承载力提供定性和定量分析的研究方法。

三、环境、资源与区域发展问题

随着资源开发规模的不断扩大，城市和工业区不断向外扩展，人地关系变得越来越复杂，从相对协调走向日趋紧张。环境问题日趋严峻，使得区域发展面临着极大的挑战和严重的阻力。为此，环境、资源与区域发展的中心任务是要把“需要”与“可能”在地区上很好地结合起来。就需要而言，包括国家对地区经济发展的要求以及区内自身经济发展的需要；就可能而言，包括环境与资源的适宜性，以及劳动力、交通运输、技术、资金等条件的保证程度。因此，环境、资源与区域经济协调发展就要求因地制宜地规划地区经济发展的方向与任务，合理地配置资源与布局生产，科学地制定区域发展的环境、资源政策，最终实现区域经济又好又快地发展。

第三节　环境与资源经济学的研究方法

作为经济学的分支学科，环境与资源经济学继承并发展了众多经典的经济学研究方法。在学习环境与资源经济学时，我们要重视经济学与环境科学的融合，重视立足于中国国情的具体案例的研究，还要特别重视环境与资源经济学的双重属性：一方面是人与自然环境的关系，即人类如何配置自然环境资源的问题；另一方面是人在利用自然环境资源的过程中所形成的人与人之间的关系，即环境经济政策与环境经济制度问题。

一、宏观分析方法与微观分析方法

宏观环境与资源经济问题主要用统计的、经济模型的分析方法，从宏观上分析一个区域（国家或地区）一个时期内的资源总量与环境生态的平衡问题、资源产出的总体经济效率问题与环境效应问题，以及区域间总资源贸易问题，等等。如能源的总供给与总需求、劳动力资源的总供给与总需求、资本资源的总供给与总需求等问题；以及研究技术进步水平、经济发展水平、人口及其增长水平、价格水平、工资水平、汇率水平、贸易水平等对资源总量供求调节的影响或环境资源总量对上述因素的影响。

微观环境与资源经济问题主要用成本收益分析方法，从微观上研究资源的生产者提供某种资源的收益或者环境受损方的补偿问题。包括一般商品生产者的资源选择及资源报酬率问题、经济体制或市场结构对资源分配或环境利用的调节问题、政府政策杠杆（税收、补贴、限价、限量）对环境资源供求行为的影响、具体环境资源在市场上的部分均衡及一般均衡问题。

二、规范的研究方法与实证的研究方法

环境与资源经济问题的规范研究，主要运用科学推理指出一个经济社会应该如何合理配置环境资源，提出相应理论与应用策略。它给出在一定的经济体制状态及结构状态下，促使环

境资源最有效利用的原则和方法,指导政府的政策行为如何实现环境资源的合理配置。环境资源经济问题的规范研究方法一般是给出一个经济社会资源运动的环境条件(约束)和目标函数,通过理论指导,揭示促使目标最大化(或环境资源最省,或经济产出最大)所需的条件及应遵循的客观规律。

环境与资源经济问题的实证研究(或经验分析),是指借助一定经济理论对一个区域(国家,或地区,或集团,或企业)利用资源的实际行为及其效果进行经验分析。它指出在一定条件下,环境资源配置问题将会如何(而不是应该如何)发展。实证的分析方法与规范的分析方法不同,它重视环境资源利用状况的统计分析、计算分析及实证的成本收益比较研究,通过对资源运动过程的描绘,揭示环境资源与其他经济因素之间的相互关系。

三、质的分析方法与量的分析方法

质的认识与量的认识是一个事物的两个方面。现代经济分析在方法上的重要特征是质的分析与量的分析相结合。只有这样,才能对资源经济运动有全面、系统的认识,克服片面性,得出符合实际的结论,提出行之有效的环境资源对策。

资源运动的质是指资源与其他经济因素(体制与结构等)相互关系的因果性认识。质的分析方法,是指概念体系的建立并借助概念进行逻辑推理,由此做出对事物性质的判断,即对资源运动特点及与各经济因素相互作用做出理论说明。

资源运动本身具有量的规定性。因此,资源经济学要成为对政府及企业有用的经济学科,就必须重视系统的定量分析方法。由于环境问题是伴随着资源经济开发利用过程产生的,因此在研究资源经济问题时应对环境效应及环境成本进行相应的分析和评价。

第四节 环境与资源经济学的特色

环境与资源经济学的主要任务是优化配置环境和资源。从研究内容角度讲,包含效率、最优、可持续性三大主题,生产、分配、利用和保护、管理四个方面。综合性、应用性是其最大特色。主要体现在对资源分配过程及其效率作出理论的、实证的说明,同时对一个经济社会如何最有效地利用资源和保护环境,给出一套原则方法,以指导经济管理的实践。

一、综合性

环境与资源经济学从整体上研究资源、环境和经济问题,探索社会经济系统与自然生态系统的结构、功能,以及相互作用规律。力求揭示"资源-环境-经济"这个复杂系统的整体结构、功能和整体效益之间的关系,并寻求对资源环境经济系统的调节控制方法,以使系统的整体结构达到最合理、整体功能达到最佳状态,物质流、能量流、信息流和价值流等运动过程从整体上达到合理高效,从而使资源、环境利用的综合效益达到最佳。

环境与资源经济学的研究既要涉及到社会科学的政治经济学、生产力经济学、部门经济学、经济地理学、人口经济学、技术经济学及哲学、历史学、考古学、美学等,也要涉及到自然科学的生态学、自然资源学、环境科学、生物学、化学和物理学,还会涉及到数学、系统论、控制论、信息论和非平衡态系统理论等横断学科的理论。从涉及的学科角度讲,环境与资源经济学具有多学科交叉的综合性、应用性特点。

二、战略性

战略性问题通常是带全局性和长远性的问题。环境与资源经济学的研究对象，资源、环境、经济等都具有战略性特征。研究的内容，如资源与经济的关系、环境与经济的关系、管理资源环境的经济手段、环境保护与可持续发展等，都是带有全局性和长远性的战略性问题。这些问题的处理，会影响到人类的生存，影响到国民经济的全局，涉及到子孙后代的幸福和人类社会发展的前途，其重大战略性的特点十分明显。

特别是像我国这样一个人口数量大，人均资源占有量低下，土地、淡水、森林等资源供需紧张，矿产资源利用率低，环境污染蔓延，生态破坏日益扩大，自然灾害日趋频繁的国家里，开展环境与资源经济学研究，将有限的资源环境利用和保护得更加合理，并促进我国经济较高速度的发展，更加具有战略意义。

三、系统性

环境与资源经济学的系统性表现在三个方面：一是要系统研究当今世界各种自然资源、能源在同各种社会经济资源相互结合、共同作用过程中的经济规律，为经济社会总资源的合理利用与保护提供理论依据。二是要系统地研究世界各国在处理资源、经济、人口、能源及生态环境方面关系的经验和教训，从中探索资源环境经济运动规律。三是要系统地研究人类产生以来的不同时期在资源开发利用、生态环境保护和发展经济方面的经验和教训，从中探索资源环境经济的规律。

关键点

1.运用经济学原理和思维去透析环境问题和资源问题。

2.人与自然环境的关系，以及利用自然环境过程中的人与人之间的关系是环境与资源经济学的研究核心。

3.环境与资源经济学的两个关键问题：

(1)如何配置自然环境资源；

(2)如何制定，以及制定怎样的资源环境经济制度和政策。

4.立足国情，重视身边的资源问题与环境问题，为美丽中国计划贡献聪明才智。

参考文献

曹瑞钰. 环境经济学与循环经济[M]. 北京：化学工业出版社，2006

过建春. 自然资源与环境经济学[M]. 北京：中国林业出版社，2007

梁本凡. 环境经济学高级教程[M]. 北京：中国社会科学出版社，2010

楼惠新. 资源经济学[J]. 地球科学进展，1991，6(4)：61－62

汪安佑，雷涯邻，沙景华. 资源环境经济学[M]. 北京：地质出版社，2005

思考题

1. 环境与资源经济学主要研究哪些内容?
2. 我们面临的环境与资源经济问题主要有哪些?
3. 学习环境与资源经济学有什么意义?
4. 环境与资源经济学常用的研究方法有那些?
5. 怎样学习环境与资源经济学?

第二章　经济学基础知识

导　读

有人说经济学是最古老的艺术、最新颖的科学。经济学不一定能让你成为富豪，但一定能让你节约成本、适时做出最为划算的选择。环境与资源经济学中的"经济"有两层意思：其一，可用 economic 翻译，指"经济(上)的，产供销的，经济学的"，即经济学研究生产、销售、分配等方面，侧重人类财富的创造与运营；其二，可用 economical 翻译，指"节约的，经济的"，即指经济学研究如何能最节省地利用环境和资源获得最大化的收益，侧重效益最大化。

关键问题

1. 面对环境与资源问题，如何利用成本收益分析法？
2. 怎样选择、制定怎样的环境与资源经济政策，以获取最大化收益？

第一节　微观经济学基础知识

微观经济学是西方经济学的一个重要分支，它研究产出、投入和分配问题，即生产什么，如何生产和为谁生产的问题。微观经济学以单个经济单位作为考察对象，从数量方面研究单个生产者、单个消费者的经济活动，研究单个行业、单个市场经济状况的变化。其主要理论包括：价格理论、消费理论、市场理论、生产理论和分配理论。

一、价格理论

微观经济学所要解决的根本问题是社会经济资源的优化配置。在市场经济条件下，资源配置是生产者和消费者根据市场价格信号而做出的经济决策。市场价格决定于供给与需求的相互作用。因此，微观经济分析就必须从需求、供给与均衡价格的关系入手。

(一)需求与供给

需求是指消费者在一定的价格条件下对商品的需要。需求有两个条件：第一，消费者愿意购买；第二，消费者有支付能力，二者缺一不可。只有购买意愿而没有支付能力不能形成需求，而只是欲望或需要。

价格决定着消费者的需求数量。当价格变化以后，需求量也要发生相应的改变。其关系如图 2－1：纵轴 OP 表示商品价格，横轴 OQ 表示需求量，DD' 线就是根据需求逐点描绘得出的需求曲线。线上各点表示在某一价格条件下的需求数量。例如,需求曲线上的 E 点表示,当价格为 N 时,需求量为 M。

需求曲线表明,大多数商品的需求量与价格呈反方向变化,即价格上升,需求量下降;价格下降,需求量上升。但是,对于某些特殊商品,需求量与价格可能同方向变化。例如,名贵的装饰品、古董、名画等能体现所有者的社会地位与身份的炫耀性商品,价格越高越能显示其珍贵性,往往需求量会越大,价格下降反而会遭人冷落。再例如,某些低档食品价格上升,意味着大量消费这类食品的穷人实际收入减少了,那么穷人就不得不更多地消费这类低档食品;相反,这类食品价格下降,则意味着穷人的实际收入增加了,于是穷人对这类食品的消费数量反而会减少。这种需求与价格呈现反常变化的低档商品被称作吉芬商品,这种现象被称作吉芬效应。

影响需求的因素除了商品本身的价格以外,还有消费者的收入水平、社会分配的公平程度、其他相关商品的价格变动等多种因素。

供给是指某一时间内,生产者在一定价格条件下向市场提供的商品,其中包括新生产的和已有的存货。与需求一样,价格条件也影响着生产者提供商品的供给数量,价格变化了,供给数量也要发生相应改变。如图 2-2:纵轴 OP 表示价格,横轴 OQ 表示供给量。根据供给表逐点描绘得出的 SS'线就是供给曲线。线上各点表示在某一价格条件下生产者提供的商品数量。供给曲线表明绝大多数商品的供给量与价格同方向变化,即价格上升,供给量增加;价格下降,供给量减少。对于某些特殊商品,供给量也有可能与价格反方向变动。例如劳动力的供给,在工资小幅度上升时,供给量会增加;当工资水平升到一定程度之后,人们宁愿选择更多的闲暇,而不愿继续增加工作时间,这时劳动力的供给不但不会增加,反而有可能下降。

影响供给的因素除了商品本身的价格以外,还有生产者的经营目的、资本的有机构成、相关商品的价格变动,等等。

(二)均衡价格

均衡价格是某种商品的需求量与供给量相一致时的价格,也就是需求曲线与供给曲线相交时的价格。根据上例,我们将需求曲线与供给曲线放在同一个坐标系内。如图 2-3:OP 表示价格;OQ 表示商品数量,DD'表示需求曲线,SS'表示供给曲线,E 即为均衡点,N 为均衡价格,M 为均衡数量。

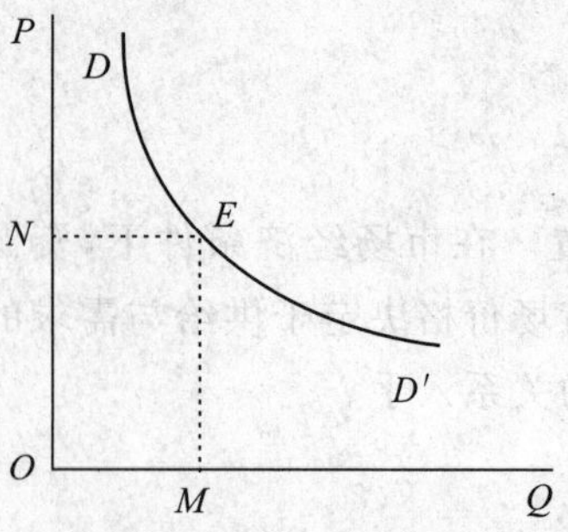

图 2-1　价格与需求曲线

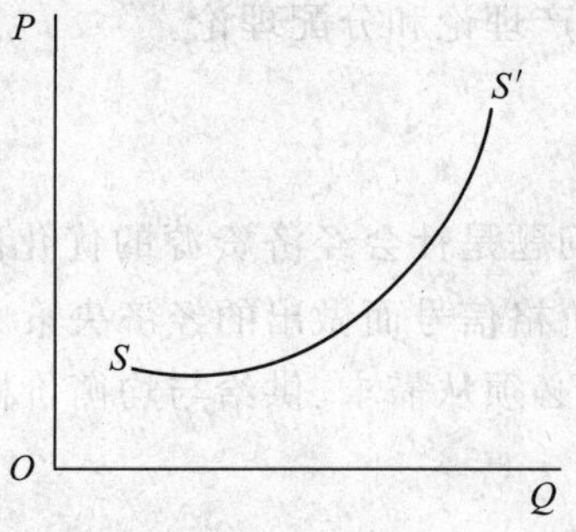

图 2-2　供给曲线

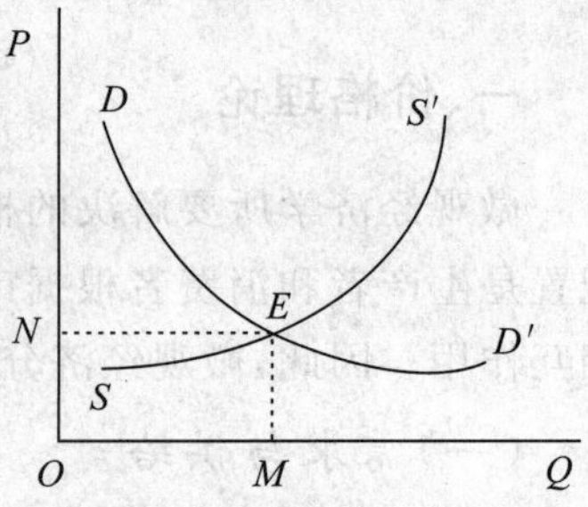

图 2-3　均衡价格示意图

均衡价格是经过市场供求波动所形成的,可以用下面的例子来说明均衡价格的形成过程,见表 2-1:当电视机价格为 1 000 元/台时,消费者的需求量为 100 万台,而生产者认为价格太低,供给量为零。由于需求量大于供给量,导致价格上升,于是供给增加,需求减少。相反,当价格为 7 000 元/台时，供给量为 100 万台，而消费者不能接受这个价格，需求量为零。由于供给大于需求，导致价格下降，于是供给减少，需求增加。通过市场价格的波动和供求的变化，在价格为 4 000 元/台时，供给量与需求量相一致，这时的价格就是均衡价格，均衡供给数量是 50 万台，市场价格与供求关系处于均衡、稳定的状态。

表 2-1 需求、供给、价格关系表

价格(千元/台)	1	2	3	4	5	6	7
需求量(万台)	100	75	60	50	40	25	0
供给量(万台)	0	25	40	50	60	75	100

我们从均衡价格的形成过程可以了解到，需求、供给和价格的变化是相互依存、相互影响的，这就是市场经济运行规律中的价格机制。

(三)支持价格与限制价格

现代西方经济理论认为，市场并非是万能的。由于某些非市场因素的存在，完全的市场价格机制在某些时候，对某些商品不一定能使资源配置达到最优。市场失效的范围应该成为政府行为的领域。支持价格与限制价格，就是政府干预市场而制定的经济政策。

1. 支持价格

支持价格是政府为了扶植某一行业而规定的该行业产品的最低价格。例如，政府为了扶植农业，可以实行农产品支持价格政策。在农业丰收的年份，为了防止谷贱伤农，维持农业生产的稳定，政府可以规定农产品最低市场价格。这种由政府规定的市场价格要高于由供给和需求所决定的均衡价格。支持价格政策刺激了生产，抵制了消费，生产的增加和消费的减少使市场上出现了供给过剩，因此作为支持价格政策的配套措施，供给过剩的商品要由政府收购作为储备或出口。如果没有政府收购，支持价格政策是不能维持的，一旦政府取消了支持价格，则市场价格又会降到均衡价格水平。

2. 限制价格

限制价格又称为冻结物价，是政府为防止物价上涨而规定的某种商品的最高限价。例如，在农业歉收年份，为了防止农产品价格上涨而引发全社会的通货膨胀，政府可以规定农产品最高市场限价。限制价格要低于由供给和需求所形成的均衡价格水平。限制价格政策刺激了消费，抑制了生产，消费的增加和生产的减少使市场上出现供给短缺，政府要以动用储备或采取配给的方式来弥补市场的供给不足。

(四)需求弹性与供给弹性

所谓弹性是指一个变量对另一个变量的变动所做出的反应。价格的变动会引起需求量和供给量的变动，但不同的商品，需求量和供给量对价格变动的反应程度是不同的。弹性理论正是要说明价格的变动比率与需求量和供给量的变化比率之间的关系。它包括需求弹性和供给弹性，需求弹性又分为需求价格弹性和需求收入弹性。

1. 需求价格弹性

需求价格弹性是指需求量随价格变动的百分比与价格变动百分比的比率。对于一般商品而言，价格变动会引起需求量的反方向变化。但不同商品的需求量对价格变化的敏感程度是不同的。有些商品价格微小的变化会导致需求量相当大的变动，例如价格上涨了10%，而需求量却因此下跌了50%(相反，还有一些商品，其价格巨大的变化却只能引发需求量微小的变动)。

需求价格弹性就是用来测量需求量对价格变化的敏感程度，可用以下公式表示：

需求价格弹性＝需求量变动百分比÷价格变动百分比

如果价格变动的百分比大于由此而引起的需求量变动的百分比，即需求价格弹性小于1，我们称这些商品需求价格弹性较小或缺乏弹性。反之，如果价格变动的百分比小于需求量变动的百分比，需求价格弹性大于1，我们称这类商品的需求价格弹性较大或富有弹性。

不同商品的需求价格弹性不同。影响需求价格弹性的因素主要有以下这些：①与商品对消费者生活的重要程度有关。一般说来，像粮食、盐、药品等生活必需品，无论价格涨落，其需求量都是相对稳定的，因而它们的需求价格弹性较小。奢侈品、高档非生活品的需求价格弹性则较大。②与该商品替代品的多少有关。有多种替代品的商品价格上涨后，消费者可以转向购买其替代品，因而其需求价格弹性较大。没有替代品的商品，消费者别无其他选择，因而其需求价格弹性较小。③与该商品在消费者的消费总支出中所占比重有关。像火柴这样的小商品在消费总支出中所占比重微乎其微，其价格变化不会引起消费者的重视，它们的需求价格弹性就较小。在消费总支出中所占比重很大的商品，其需求价格弹性较大。

2. 需求收入弹性

需求收入弹性是指需求量随消费者收入变动的百分比与消费者收入变动百分比的比率。消费者收入增加以后，对绝大部分商品的需求量也会相应增加。需求收入弹性用于测量某种消费品的需求量对消费者收入水平变化的敏感程度，用公式表示为：

需求收入弹性＝需求量变动百分比÷收入变动百分比

商品需求收入弹性较大，意味着消费者货币收入的增加会导致这种商品的需求量有更大幅度的增加。高档商品、文化消费的情况就是如此。商品需求收入弹性较小，意味着消费者货币收入的增加虽也会使这种商品的需求量增加，但需求量增加的幅度要小于收入增加的幅度。基本食品、普通服装等生活必需品的情况就是如此。

3. 供给弹性

供给弹性就是供给价格弹性，是指因价格变动而引起供给量变动的百分比与价格变动百分比的比率。一般商品的供给量与价格是同方向变化的。但对于不同商品来说，价格变化所引起的供给量变动的幅度可能大不相同。供给弹性用来测量供给量对市场价格水平变化的敏感程度，用公式表示为：

供给弹性＝供给量变动的百分比÷价格变动的百分比

如果某商品的供给弹性大于1，说明该商品价格的波动会引发供给量更大幅度的涨落，也就是供给弹性较大。如果某商品供给弹性小于1，说明该商品供给量变动的幅度要小于价格变动的幅度，也就是供给弹性较小。供给弹性的大小主要取决于不同商品增加供给的难易程度。一般而言，增加劳动密集型产品供给比较容易，因而这类产品的供给弹性大，资本和技术密集型产品供给由于涉及到设备、技术、资金的大量投入问题，其供给弹性小。了解供给弹性对我们通过价格政策的调整来影响市场供求，并对市场供求做出预测是很有帮助的。

二、消费理论

消费理论主要说明消费者行为规律对社会需求的影响。消费理论的出发点是稀缺规律，即：任何一个消费者的收入总是有限的，而人的欲望是无止境的，因此消费行为首先是个配置问题，即如何把有限的收入分配在必需的商品上，使消费者能获得最大的欲望满足。

(一)边际效用价值论

价值形成的两个必要条件：其一，一个商品之所以有价值，首先在于它的效用性，即具有满足人们某种欲望或需要的能力；其二，它还必须是稀缺的，西方经济学认为供给无限的物品是没有经济价值的，而衡量价值量的尺度是边际效用。

1. 边际效用

边际效用是指消费者每增加消费一个单位商品所增加的效用。西方经济学为了说明边际效用，假定用效用单位来度量效用的大小，如表2-2所示。

表2-2　边际效用表

物品消费单位	总效用	边际效用	物品消费单位	总效用	边际效用
0	0	0	1	10	10
2	18	8	3	24	6
4	28	4	5	30	2
6	30	0	7	28	—2

从表2-2看出，边际效用是新增一个单位的物品消费所增加的效用，即总效用的增量。例如，在消费3个单位物品时，总效用为24，再增加消费一个单位物品，总效用达到28，那么这一个单位物品消费所增加的总效用4就是当消费单位由3增加到4时的边际效用。

2. 边际效用递减规律

边际效用递减规律是指在不断消费同一物品的过程中，每增加一个单位物品消费给消费者带来的效用增量是递减的。例如，对于一个快要渴死的人，喝第一杯水的效用是能挽救他的生命，第二杯水的效用是使他恢复体力，第三杯水的效用只能使他不再感觉口渴，第四杯水可能已没有效用，而第五杯水则会使他感到不适，也就是带来了负效用，这就是边际效用递减。

3. 消费者剩余

消费者剩余是指消费者为得到一定量商品或劳务所愿意付出的价格与其实际付出的价格的差额。用公式表示为：

消费者剩余＝愿意支付的价格－实际支付价格

由于消费者愿意付出的价格取决于商品(或劳务)对消费者的边际效用，因此上式可改写为：

消费者剩余＝边际效用－实际价格

在上例中，第一杯水的效用是挽救了人的生命。假定消费者愿意为这杯水支付100单位货币，而在实际购买中，这杯水的价格是 10 单位货币，那么这杯水的消费者剩余就是 90 单位货币。第二杯水的效用是恢复体力，假定消费者愿意为这杯水支付 50 单位货币，那么这杯水（即第二杯水）的消费者剩余为 50－10＝40 单位货币。随着边际效用递减，消费者的支付意愿会降低。当消费者购买第三杯水时，消费者愿意支付的价格也许正好与实际价格相等，那么这第三杯水的消费者剩余为 0。从这时起，消费者将停止继续购买。对于这三杯水的购买，消费者剩余总计为 90＋40＋0＝130 单位货币。

消费者剩余完全是一种心理上的感觉，并不意味着有实际的收入。

（二）消费者均衡

消费者均衡分析是为了解决如何进行收入的最佳配置，使消费者获得最大满足的问题。

1. 无差异曲线

无差异曲线是用来表示两种商品的不同数量组合对消费者所提供的满足程度是相同的。假定有 X，Y 两种商品，按 A、B、C、D 四种方式进行数量组合，这四种组合对某消费者的满足程度是相同的，如表 2－3。

表 2－3　相同满足度的不同商品组合表

组合方式	商品 X 的数量	商品 Y 的数量
A	4	1.5
B	3	2
C	2	3
D	1	6

根据表 2－3，在平面坐标图上以商品 X 的数量为横轴，以商品 Y 的数量为纵轴，把不同组合方式的各点连接起来，可以画出一条曲线。这条曲线表明，线上各点所标示的 X 与 Y 的不同数量组合给某消费者带来的满足程度是相同的。这就是无差异曲线，如图 2－4。

在同一平面上可以有无数条相互平行的无差异曲线，如图 2－5。同一曲线上各点代表相同的满足程度，不同的无差异曲线代表不同的满足程度。离原点越近的无差异曲线所代表的满足程度越低，如 L_1；离原点越远的无差异曲线所代表的满足程度越高，如 L_3。

2. 消费可能线

消费可能线，又称预算线或等支出线，它表示在一定的商品价格条件下，消费者的定量支出所能购买的两种商品的不同数量组合。

假定某人用 100 元支出，购买 X、Y 两种商品，X 单价 5 元，Y 单价 10 元，如果全购买 X，可购买 20 单位，全购买 Y 可购买 10 单位。在坐标轴上，以横轴表示商品 X 的购买数量，以纵轴表示商品 Y 的购买数量，将商品 X、Y 不同的数量组合的点描绘在坐标轴上，连接各点所形成的线段即为消费可能线，如图 2－6。同一消费可能线上，各点的支出水平是相同的，比如图 2－6 中的支出是 100 元。

对于购买 X、Y 两种商品，同一平面上可以有无数条相互平行的消费可能线，如图 2－7。

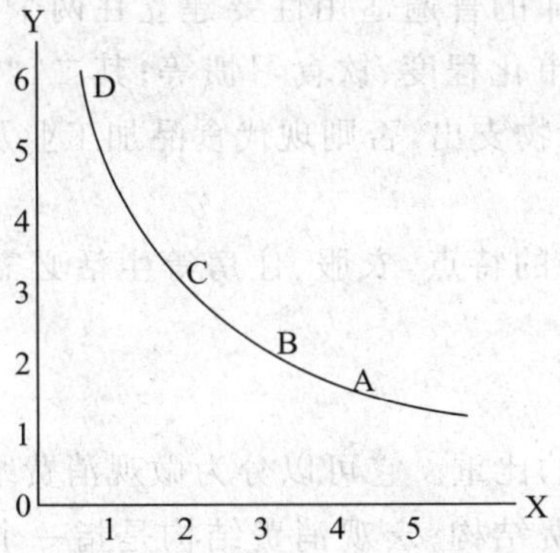

图 2-4

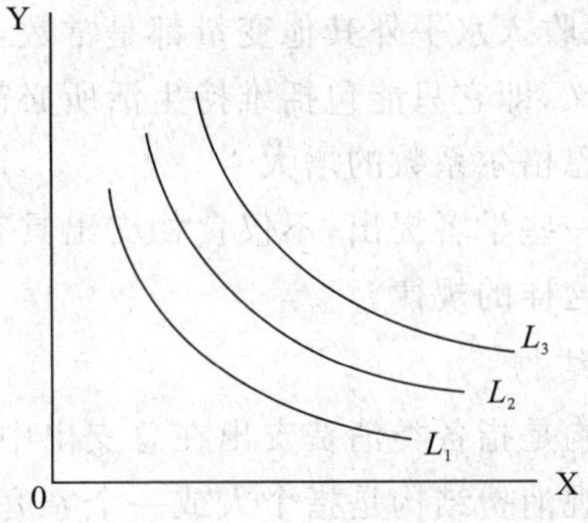

图 2-5

不同消费可能线所代表的支出水平不同。越靠近原点，其支出水平越低，如 A；越远离原点，其支出水平越高，如 C。

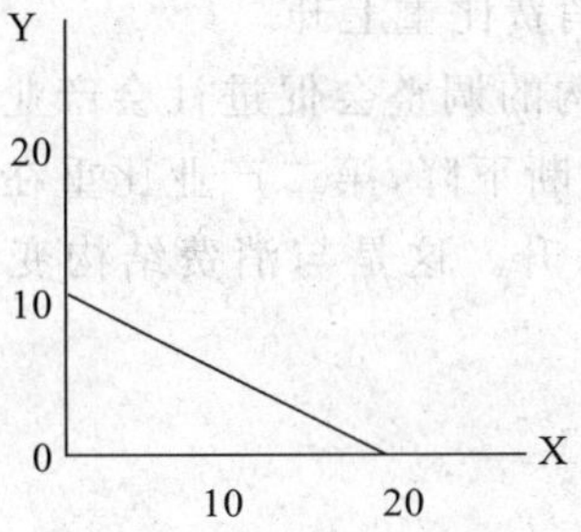

图 2-6

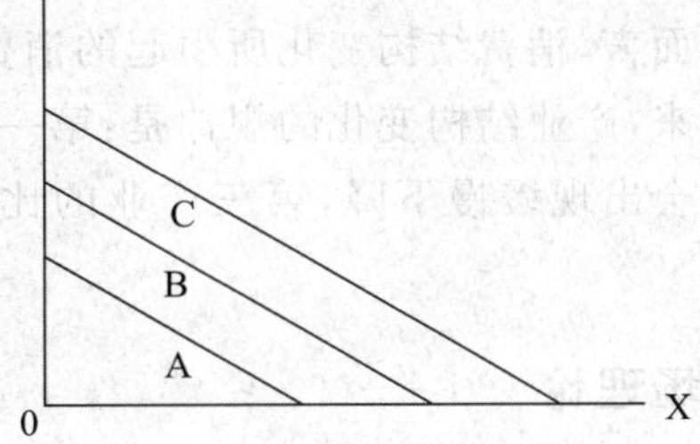

图 2-7

3. 消费者均衡点

如果把无差异曲线与消费可能线放在一个坐标图上，每条消费可能线必定与一条无差异曲线相切于一点，切点就是消费者均衡点。消费者均衡点说明，在商品价格与消费支出既定的条件下，消费者只要按照消费者均衡点所表示的两种商品的数量组合来购买商品，必然能获得最大程度的欲望满足。

(三)恩格尔定律与消费结构

1. 恩格尔定律

19 世纪德国统计学家恩格尔根据大量的经验统计资料提出这样一个看法：一个家庭收入越少，在家庭支出中食物支出所占比重会越大；一个国家经济越不发达，每个国民平均收入中用于购买食物的支出比重也越大；随着收入水平的提高，食物支出的绝对额会增加，但在总支出中所占的比重会减少。这就是恩格尔定律。

恩格尔系数是根据恩格尔定律而得出的比例数，通常用百分数表示。如 2011 年城乡居民家庭恩格尔系数分别为 36.3％和 40.4％(国家统计局马建堂，2012)。用公式表达恩格尔系数如下：

恩格尔系数＝食物支出金额÷总支出金额×100％

通过比较不同地区或同一地区不同时期的恩格尔系数，能够了解社会平均收入水平以及经济发展程度。现代西方经济学认为，恩格尔定律的普遍适用性要建立在两个前提之下：其一，要假定除收入水平外其他变量都是常数，如城市化程度、饮食习惯等；其二，“食物支出”要有统一的含义，即它只能包括维持生活所必需的食物支出，否则现代食品加工业及餐饮业的发展也会导致恩格尔系数的增大。

以后的一些学者提出，不仅食物支出具有这样的特点，衣服、住房等生活必需品支出也不同程度具有这样的规律。

2. 消费结构

消费结构是指各类消费支出在总支出中所占的比重。它可以分为微观消费结构与宏观消费结构。微观消费结构是指个人或一个家庭的消费结构；宏观消费结构是指一个国家或地区的消费结构。

影响消费结构变化的最基本因素是收入水平。另外，消费品的比较价格、广告、消费知识、消费习惯也都会影响消费结构的变化。消费结构变动一般趋势是：非商品性消费比重下降，商品性消费比重上升；生活资料消费比重下降，享受、发展资料消费比重上升；实物消费比重下降，劳务消费比重上升；吃的消费比重下降，穿、住、用的消费比重上升。

对社会而言，消费结构变化所引起的消费品生产结构的调整会促进社会产业结构的高度化。一般说来，产业结构变化的规律是：第一产业比重不断下降，第二产业比重在上升到一定程度之后也会出现缓慢下降，第三产业的比重则不断上升。这是与消费结构变动趋势相适应的。

三、市场理论

资本主义由自由竞争发展到垄断，传统的均衡价格理论对垄断条件下价格与产量的决定越来越缺乏说服力，这时的西方经济学开始注意对市场类型的研究。西方经济学把市场分为完全竞争市场、完全垄断市场、垄断竞争市场、寡头垄断市场四个类型。

1. 完全竞争市场

完全竞争是指竞争不受任何阻碍和干扰。一个完全竞争的市场应当具有以下条件：第一，市场有大量的买者和卖者；第二，市场上的商品是同质的，无差别的；第三，不存在市场的进入壁垒，各种生产资源可以在市场内外自由流动；第四，买卖各方对商品知识和市场信息都有充分的了解。农产品市场被认为是典型的完全竞争市场。在完全竞争市场条件下，市场价格只受供给总量与需求总量的影响，因而市场价格水平与均衡价格水平趋于一致。

从长期看，在完全竞争市场条件下，生产者按照均衡价格出售商品可以获得正常利润，但没有超额利润。如果不能保证生产者的正常利润，大量企业会减少或退出生产，使供给总量减少，供不应求条件下价格会上升。如果个别企业通过改进生产技术，降低成本而在短期内获得超额利润，这会诱使其他企业的模仿和吸引新的厂商加入，供给总量增加，当供过于求时价格会下降，超额利润随即消失。在价格机制的充分作用下，经济资源在部门间、企业间无障碍的趋利性流动，从而保证社会上的人力、财力、物力被分配到最有效率的部门和产品上，使资源得到充分利用。

2. 完全垄断市场

完全垄断市场是指某产品市场完全由一家企业所控制，它包括完全政府垄断和完全私人垄断。比如20世纪中国的邮政业务、铁路运输等很多公用事业是由政府完全垄断的。根据政府授予的专营权而进入市场，像烟草市场，或由于资本特别雄厚而建立的排它性企业，都属于完全垄断市场。由于区域性产业保护，现实经济活动中常见区域性完全垄断。

既然全行业只有一家企业，那么这个企业的产量也就是该产品市场上的全部供给量。独家垄断企业可以根据供求对市场价格的影响来安排其产量，也就是说，它可以在"高价少销"与"低价多销"之间进行选择，以取得最大利润。

除了由政府垄断的非盈利性的公用事业以外，生活必需品等需求价格弹性较低的产品一般不应由私人完全垄断。完全垄断市场上的商品价格将大大高于完全竞争市场上的商品价格，这时的价格被称为垄断价格。企业由于垄断而获得的超额利润又被称为垄断利润。由于一家企业独占了市场，市场进入壁垒使其他企业无法加入，超额利润可以长期存在。一般而言，完全垄断有利于生产者而不利于消费者。

3. 垄断竞争市场

垄断竞争市场又称为不完全竞争市场，是介于完全竞争与完全垄断之间的市场类型，是经济生活中大量存在的市场类型。它存在的条件是：第一，企业数目比较多，彼此之间有竞争，新企业有可能加入该行业；第二，产品之间存在差别，即产品在质量、包装、形状、商标等方面存在差别，垄断就是由于这些差别的存在而产生的。日用工业品市场被认为是典型的垄断竞争市场。

在垄断竞争市场条件下，超额利润在短期内存在，而在长期内不易存在。从短期来看，企业因产品差别所形成的垄断地位而得到超额利润，这类似于完全垄断。但从长期来看，超额利润的存在吸引着新厂商的加入和仿效，因而超额利润会消失，这又类似于完全竞争。

垄断竞争对消费者和生产者都是利弊兼有的。对消费者不利的是，消费者要以较高的价格购买商品，即支付由于产品差别而形成的超额利润；其有利之处是，产品存在差别，可以满足消费者的不同偏好。对生产者的有利之处在于，在短期内可以获得超额利润；不利之处在于，相对的垄断也会造成生产设备的利用程度不如完全竞争市场充分。

垄断竞争市场条件有利于技术创新。完全垄断缺乏竞争，厂商不会产生进行技术创新的愿望。完全竞争市场又缺少保障技术创新收益的垄断，也就是技术创新很快就会被其他企业仿效，因而也不容易产生重大的技术创新。介于二者之间的垄断竞争，既有竞争的威胁，又有一定的垄断保障，最能促进技术创新。

4. 寡头垄断市场

寡头垄断是垄断的一种，它是指在一种产品的市场上有少数几家厂商供给产品，它们各占较大的份额。这些厂商被称为寡头。汽车工业市场、钢铁工业市场通常被认为是典型的寡头垄断市场。寡头垄断条件下的市场价格不是由市场供求关系决定的，而是由寡头通过协定或默契制定的。最常见的寡头定价制度是"价格领袖制"，即由该行业最大的厂商或最有影响的厂商先制定价格或与同行其他企业协商后制定价格，价格一经确定，则同行业全部遵守。而且，寡头价格一旦确定，一般不会轻易变动。这是因为这些厂商彼此互相依存，每个厂商不得不考虑自己的产品价格对其他厂商的价格可能发生的影响，以及其他厂商的产品价格对自己的影响。因此，在经济衰退时，如果产品销不出去，寡头们宁可减少产量也不愿降价，以免引起其他厂商采取相应对策，彼此削价造成两败俱伤。

寡头之间通常通过协议来确定价格、产量和市场分配。但这些协议难以长久维持，一旦外界情况变化，它们就会打破原来的协议，要求订立更有利于自己的协议。

四、生产理论

生产理论研究的是生产者的行为规律。在市场经济条件下，生产理论就是要研究解决企业如何进行资源配置，才能在成本既定的条件下实现收益最大，或在收益既定的条件下实现成本最小。

（一）生产成本

生产成本是企业在生产活动中所投入的全部生产要素的价格，它由工资、利息、地租、利润构成。正常利润作为企业家投入管理才能获得的报酬，应和其他生产要素的报酬一样计入成本，只有超额利润才不包括在成本之内。这和马克思主义政治经济学的成本概念不包括剩余价值，即不包括利润在内是不同的。

（二）长期成本与短期成本

经济学中的长期与短期并不单纯以时间长短来划分，而是以在这个时期内生产要素能否全部调整为标准。对于不同行业、不同企业而言，长期与短期的时间长短是不同的。短期成本分析的目的在于，企业在厂房、设备等生产规模既定的条件下如何根据产量要求调整原料、燃料、工人数量等变动成本以获得最大利润。所以短期成本分析要区分固定成本与变动成本。长期成本分析的目的在于，企业根据市场的长期预测，如何调整其全部生产要素，形成适度生产规模以获得最大利润。长期成本分析着眼于企业的长远规划、发展战略，而短期成本分析则解决在企业规模既定条件下的日常经营与管理。

（三）企业收益与收益最大化

收益是指企业销售商品的收入。企业销售商品的全部收入是总收益，平均收益是企业平均销售一个单位商品的收入（商品的单价）。边际收益是指企业每多销售一单位商品所增加的收入，即总收益的增量。

企业经营的目的是获得最大利润。企业如何确定产量水平才能获得最大利润呢？西方经济学认为，当边际收益等于边际成本时的产量水平能使企业获得最大利润。边际收益等于边际成本，就是最大利润原则。如果边际收益大于边际成本时，说明企业扩大产量所需追加的投入要小于由此所带来的产出，企业还有利润潜力，这时企业扩大产量显然是有利的。反之，如果边际收益小于边际成本时，说明企业这时为增加产量所追加的投入已大于由此所带来的追加产出，企业已出现利润损失，这时企业必须减少产量。只有当边际收益等于边际成本时，企业有可能得到全部利润，即实现了利润最大化。

（四）生产要素最佳投入水平的确定

生产要素投入水平所研究的问题是，假定在生产过程中只有一种生产要素投入水平是可变的（其他各种生产要素投入量都是固定的），不同的该要素投入水平带来不同的产量，那么投入多少这种要素，其产量能使企业获得最大利润呢？

1. 生产函数

生产函数表示生产要素的某一种组合同它可能产生的最大产量之间的依存关系。生产需要多种投入要素，在一定技术水平下，产量决定于所使用的各要素投入的数量和它们之间的比例。

生产函数的方程表达式为：

$$Q_X = f(a,b,c,\cdots,n)$$

其含义是：在既定技术水平条件下，为生产 Q 数量的 X 产品，需要按一定的数量和比例投入生产要素 $a,b,c,\cdots,n$。在生产要素数量为既定的条件下，也可以用生产函数计算能生产出的最大产品数量。

2. 边际收益递减规律

边际收益递减规律是指在其他生产条件不变时，连续把某一生产要素的投入量增加到一定限度后，所得到产量增量是递减的。说明边际收益递减规律的典型例子是农业中化肥施用量与产量之间的关系。例如，在小麦地里连续增施化肥，如果水、土、种、劳动等其他生产条件不变，每单位化肥所引起的小麦增产量在达到一定水平后出现递减。

（五）生产要素最佳投入组合的确定

如果可变生产要素不是一种，而是两种，而且这两种要素在一定程度上可以相互替代，那么为了保证同样的产量水平，应该如何确定两种生产要素的配合比例才能使成本最低呢？这就是生产要素最佳投入组合所要研究的问题。

1. 等产量曲线

等产量曲线是用来表示两种可替代生产要素的不同组合得出一个定量产品的曲线。例如，假定其他生产条件不变，X 和 Y 是两种可相互替代的生产要素。为了生产一定量产品，企业可以采取 A、B、C、D 四种不同的投入组合方式，如表 2-4。

表 2-4　四种不同的投入组合方式

组合方式	X 投入量	Y 投入量
A	1	6
B	2	3
C	3	2
D	6	1

根据表 2-4，以横轴表示 X 的投入量，以纵轴表示 Y 的投入量，可以画出等产量曲线，如图 2-8。这条等产量曲线上任意一点所表示的不同的 X 与 Y 的组合都能生产出等量产品。同一平面上可以有许多条等产量曲线，如图 2-9。不同的等产量曲线所表示的产量水平不同，距原点越近的曲线所表示的产量水平越低；距原点越远产量水平越高。

2. 等成本线

等成本线是相等成本可购买的两种生产要素不同组合的轨迹。如上例中，在其他生产条件不变的情况下，企业为生产某种产品需投入 X、Y 两种可相互替代的生产要素。如果这两种生产要素的价格是既定的，企业为购买这两种要素的总支出也是既定的，那么 X 与 Y 的投入量可以有不同组合，这些组合都在同一条直线上，这条直线就是等成本线。

在一个平面坐标图上可以有许多条等成本线，同一条等成本线上各点表示不同的要素组合，其成本水平相等。不同的等成本线表示不同的成本水平，靠近原点越近的等成本线表示的

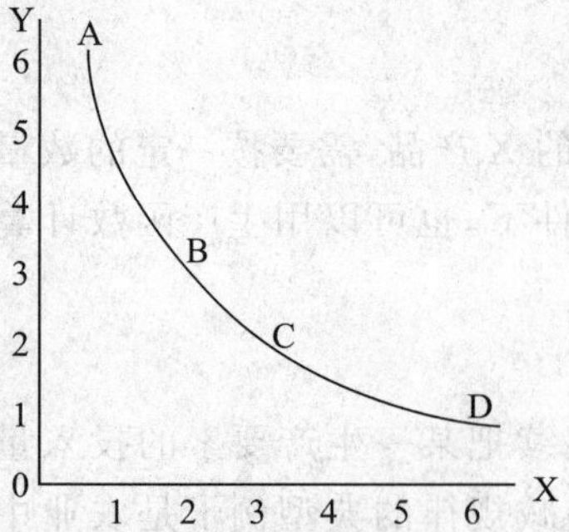

图 2-8　等产量曲线

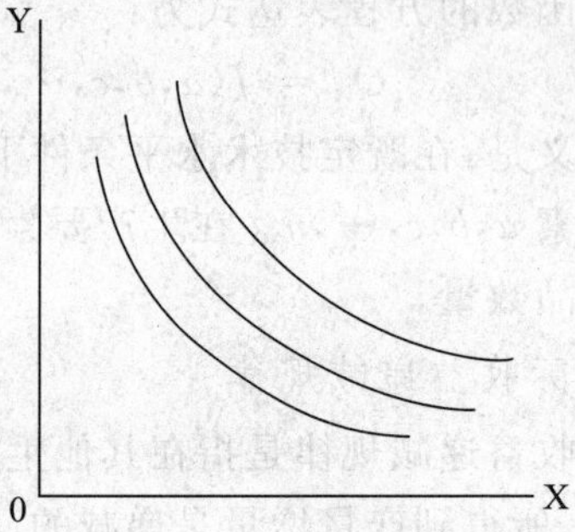

图 2-9　多条不同产量水平的等产量曲线

成本水平越低，越远成本水平越高。

3. 切点与扩展线

将等成本线与等产量线合在一个坐标图上，每条等成本线必定与某一条等产量线相切于一点，切点所表示的要素配合比例能保证使企业在成本既定的条件下获得最大产量，或在产量既定的条件下实现最小成本。这与我们在消费理论中介绍的消费者均衡点理论是相似的。

将各个切点连接起来可得到一条扩展线。扩展线的含义是，企业只要沿着这条线所表示的要素配置来扩大生产，总能保证以最小成本获得最大产量。

（六）产品最佳组合的确定

产品最佳组合所讨论的是在使用有限资源生产两种产品时，如何安排两种产品的配合比例使总收益达到最大。

1. 生产可能线

生产可能线是在既定资源条件下所能生产的两种产品不同组合的轨迹。例如，在一定的技术与资源条件下，生产 X、Y 两种产品。两种产品各自生产的数量有 A、B、C……不同的组合方式。

在坐标图上以横轴表示 X 产品的数量，以纵轴表示 Y 产品的数量，可以绘出一条曲线，线上各点所表示的不同产品组合所需资源数量都是相等的，这就是生产可能线。生产可能线内（靠近原点方向）的各点所表示的产品组合，说明现有资源未能充分利用，即还有生产潜力；线外各点所表示的产品组合是现有的资源条件所达不到的产品组合状态。

2. 机会成本

机会成本是指利用一定资源获得某种收入时必须放弃的另一种收入。利用机会成本可以对一定资源的不同利用方式所能取得的经济收益进行比较，以选择最大收益的利用方式。可行性研究正是根据机会成本这一分析理念进行的。

（七）规模经济

规模经济研究的是企业如何通过调整生产规模，引起收益变化而获得经济上的利益。

规模经济与收益递减规律不同。后者是指当其他生产要素投入量不变，而只增加一种生产要素投入量，其边际收益变动的情况。前者则是指整个生产规模，也就是全部生产要素投入同时增加所引起的收益变化。边际收益递减适用于短期成本分析，而规模经济适用于长期成本分析。随着生产规模的不断扩大,收益的变动一般经历三个阶段:第一阶段是收益增加的幅度大于规模扩大的幅度,这时扩大生产规模显然是有利的;第二阶段收益扩大的幅度与规模扩大的幅度相当;第三阶段收益扩大的幅度小于规模扩大的幅度,甚至有可能收益绝对量也在下降,这时规模扩大显然是不适当的。

规模经济可以从内在经济、外在经济两方面分析。

内在经济是指企业由于规模扩大,其自身内部发生变化所引起的收益增加。例如,企业规模扩大可以使用高效率的先进设备,可以更精细地分工,可以降低管理人员比例,可以对副产品综合利用,等等。相反,如果企业规模过大,也会由于管理效率降低等内在原因导致规模收益递减,这就是内在不经济。

外在经济是指整个行业规模扩大使个别企业收益增加。例如,全行业规模扩大,个别企业可以取得修理、服务、信息、技术人员供给等方面的好处,从而规模收益递增。相反,行业规模过大会导致生产要素供给紧张,环境污染严重,又会引起规模收益递减。这就是外在不经济。

由此可见,企业规模过大与过小都会引起规模不经济,只有适度规模的企业才最具竞争力。一般而言,劳动密集型产业的企业适度规模较小,而资本密集型产业的企业适度规模较大。企业的适度规模受很多因素影响,在具体分析时要结合产业特点、技术状况、市场容量、竞争对手等情况,做出正确的规模调整决策。

五、分配理论

西方经济学认为,不同的生产要素所有者以其提供的生产要素在生产中的贡献大小而获得相应的收入,这种收入就是生产要素的价格。分配问题就是要解决生产要素的价格决定问题。代表性的分配理论有两种:一是以边际生产力为基础的分配理论;二是以均衡价格为基础的分配理论。分配理论主要研究生产要素的四种价格形式:工资、利息、地租、利润。

1.工资

工资作为劳动的报酬,其价格是怎样决定的呢?边际生产理论者认为工资决定于边际生产力。边际生产力是指在其他生产条件不变的情况下,追加一单位某生产要素投入所增加的产量。工资取决于劳动的边际生产力,即取决于所雇佣的最后那个工人所增加的产量。

以均衡价格为基础的工资理论认为,劳动边际生产力理论仅仅分析了劳动需求对工资水平的影响,而没有注意到劳动供给对工资水平的决定作用。从供给方面看,工资水平取决于两个因素:其一,劳动力的成本,即劳动者养活自己和家庭的费用,以及劳动者受教育和接受培训的费用;其二,劳动对劳动者的负效用,这其中还包括机会成本分析的闲暇对劳动者的效用,即劳动者将在劳动与闲暇之间选择。工资水平是劳动力的供给与需求两种力量作用的结果。

西方经济学认为,工会可以采取一些手段来影响劳动力的供给与需求,从而提高工资水平。这些手段包括:①支持保护关税、出口津贴等外贸措施,增加企业产品销量,以扩大雇主对劳动力的需求;②支持限制移民,减少童工,缩短工作时间,强迫退休等措施,以减少劳动力供给;③通过罢工要求把工资水平提高到均衡工资率以上。

2.利息

边际生产力理论认为,利息作为资本的报酬取决于资本的边际生产力。资本边际生产力是指在其他生产条件不变的情况下,最后追加的单位资本投入所增加的产量。如果利息率高于资本边际生产力,企业会减少资本投入量;相反,如果利息率低于资本边际生产力,企业会增加资本投入量，只有利息率等于资本边际生产力时，对资本的需求才会维持稳定。

均衡理论认为，利息率不仅决定于对资本的需求，还决定于对资本的供给。从资本供给方面来看，利息是资本所有者牺牲现期消费的报酬。如果利息率太低，资本所有者是不愿意牺牲现期消费的。利息率取决于现期消费与未来消费之间的替代率。影响利息率水平的因素除了资本的供给量与需求量之外，还有诸如贷款风险、贷款期限、贷款数额等因素。

3. 地租

地租是使用土地的报酬。边际生产力理论认为，土地是资本的特殊形态，因而地租就是利息的特殊形态。地租取决于土地的边际生产力。但是，土地和资本不同，资本的供给可以是无限的，而土地的供给是固定的。随着经济的发展和对土地的需求增加，地租有上升的趋势。地租率的高低还与土地的肥沃程度和地理位置有关，由此所产生的地租率差异被称为级差地租。

4. 利润

西方经济学把利润区分为正常利润与超额利润。正常利润是企业家投入管理才能这种生产要素的报酬，它包括在成本之内，它决定于对企业家才能的需求与供给。

超额利润是指超过正常利润的那部分利润，它主要来自于三个方面。第一，创新。包括开发新产品、引进新技术、开辟新市场、获得新货源和创新企业组织形式等。进行创新的企业家可以通过提高产品质量，降低产品成本，开发新的产品而获得超额利润。超额利润的存在是创新的动力，创新推动了社会经济的进步。因而企业由于创新所获得的超额利润被认为是合理的。第二，风险。为了消除人们对风险的厌恶，就有必要给愿冒风险的投资者以奖励。由于承担风险而获得的超额利润也是合理的。第三，垄断。垄断会产生超额利润，西方经济学认为，由垄断而产生的超额利润是一种剥削，是在社会收入分配中应尽力避免的。

5. 洛伦茨曲线和基尼系数

洛伦茨曲线是用来反映社会收入分配平均程度的曲线。把某社会的人口按收入水平分为 10 个等级，各占人口的 10%。将各等级人口的收入在国民总收入中所占比重用坐标图表示，如图 2－10。

图中横轴 OP 表示人口百分比。纵轴 OI 表示收入百分比。对角线 OY 是绝对平均曲线，线上任何一点到横轴与纵轴的距离都是相等的，它表示社会中等比例的人口占有等比例的收入，社会收入分配是绝对平均的。OPY 线是绝对不平均曲线，它表示社会除一人外，其他人的收入都是零。实际收入分配曲线 X 就是洛伦茨曲线，它介于绝对平均与绝对不平均曲线之间。线上各点表示，社会上某一百分比的人口所拥有的收入占社会总收入的百分比。它越靠近绝对平均曲线，说明社会收入分配越平均。它越靠近绝对不平均曲线，说明社会收入分配越不平均。

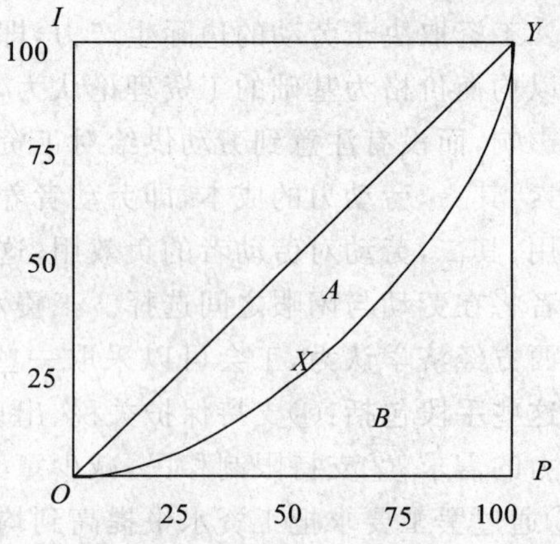

图 2－10　洛伦茨曲线

根据洛伦茨曲线可以计算出反映收入分配平均程度的指标，这就是基尼系数。我们把图 2－10 分为两个部分：A 是绝对平均曲线与洛伦茨曲线之间的面积，B 是洛伦茨曲线与绝对不

平均曲线之间的面积，那么

$$基尼系数=A/(A+B)$$

如果 $A=0$，则基尼系数$=0$，说明收入分配绝对平均。如果 $B=0$，则基尼系数$=1$，说明收入分配绝对不平均。基尼系数在 0 与 1 之间。它越小，说明收入分配越平均；越大，则收入分配越不平均。

第二节　宏观经济学基础知识

宏观经济学与微观经济学相对应，共同组构了现代西方经济学。宏观经济学是 1936 年以凯恩斯《就业利息和货币通论》的发表为标志而建立起来的。宏观经济学以整个国民经济为研究对象，研究各有关经济总量的决定及其变化规律。其基本原理包括：国民收入核算、国民收入决定、失业和通货膨胀、经济周期与经济增长等理论，以及宏观经济政策等，其中以国民收入决定理论为中心内容。

一、国民收入核算理论

国民收入是反映一个社会经济发展水平最基本的经济变量。宏观经济学从研究国民收入的决定及其变化着手展开全部宏观经济理论。

1. 国民经济核算的指标体系

国民经济核算体系（System of National Accounts，SNA），是一套系统地整理、表示市场经济国家国民经济的各种价值流量和存量的完整方法，它把国民收入核算、投入产出表、资金流量表、国际收支平衡表及资产负债表五种重要的国民经济核算方法，结合进一个严密而又相互联系的体系中，对整个国民经济运行进行描述、测定和计算，是最高层次的宏观核算和宏观经济信息系统。

自 1992 年开始，我国全面实施新国民经济核算体系，用国内生产总值 GDP（Gross Domestic Product）取代国民收入 GNP（Gross National Product），从此 GDP 成为反映国民经济发展变化情况最重要的统计指标。GDP 是指在本国领土范围内本国居民和外国居民生产的最终产品或劳务的总量。国内生产总值加上常住生产单位在国外投资和提供服务所取得的收入（包括利润、红利、劳务报酬等），减去非本国常住生产单位在本国投资和提供服务所取得的收入，才是国民生产总值。

20 世纪 90 年代以来，又出现了 GGDP（Green Gross Domestic Product），也就是"绿色GDP"，主要是将资源环境及相关社会问题的代价因素纳入到国民经济核算中，作为成本的一部分。换句话说，核算出来的资源、环境及相关社会问题的成本费用在国内生产总值（GDP）中被扣除，就可以得到 GGDP。本书将在第十二章作进一步介绍。

2. GDP 核算的基本方法

我国的新核算体系把所有常住基层单位划分为 16 个产业部门，并对这些行业进行了三次产业划分。GDP 核算在生产范围的界定上力求与 1993 年 SNA 的国际规定一致，主要包括以下内容：①所有提供或供给其他单位的货物或服务的生产；②生产者用于自身最终消费或资本形成的一切自给性生产；③自有住房服务和付酬家庭雇员提供的家庭或个人服务的自给性生产。

主要核算方法有：

(1)支出法：国内生产总值＝总消费＋总投资＋(出口－进口)；

(2)收入法：国内生产总值＝固定资产折旧＋劳动者报酬＋生产税净额＋营业盈余；

(3)生产法：国内生产总值＝总投入－中间投入。

二、国民收入决定理论

国民收入决定理论是要说明总需求与总供给如何决定均衡的国民收入水平，以及均衡的国民收入水平是如何变动的。

1. 国民收入的构成

国民收入可以从总供给和总需求两个方面来分析。

总供给方面分析，国民收入是一国在一定时期内各生产要素，即劳动、资本、土地和企业家才能供给的总和。或者说，等于各生产要素所有者相应得到的报酬总和，即工资、利息、地租、利润的总和。所以：

国民收入＝总供给
＝劳动的供给＋资本的供给＋土地的供给＋企业家才能的供给
＝劳动供给报酬＋资本供给报酬＋土地供给报酬
＋企业家才能供给报酬
＝工资＋利息＋地租＋利润

各生产要素供给的报酬，除了用于个人消费外，余下的部分用于储蓄。所以：

国民收入＝消费＋储蓄

从总需求方面分析，国民收入是一国在一定时期内用于消费支出和用于投资支出的总和，也就是等于国内对消费品需求和投资品(即生产资料)需求的总和，亦即消费和投资的总和。所以：

国民收入＝总需求
＝消费支出＋投资支出
＝消费品需求＋投资品需求
＝消费＋投资

用 Y 表示国民收入，C 表示消费，I 表示投资，S 表示储蓄，上述公式可写为：

从总供给方面看　$Y = C + S$

从总需求方面看　$Y = C + I$

这就是国民收入构成最简单的公式。

2. 国民收入的均衡

国民收入水平是由总需求和总供给决定的，只有总需求等于总供给，国民收入才能实现均衡。也就是说，一定时期内向市场提供的商品与劳务的价值总和刚好等于社会购买力时，国民收入才能均衡。如果总需求小于总供给，表明社会需求不足，产品卖不出去，价格必然下跌，生产必然收缩，从而总供给减少，国民收入随之减少。如果总需求大于总供给，表明社会供给不足，产品供不应求，物价就会上升，生产必然扩大，从而总供给增加，国民收入也会增加。而只有总需求等于总供给，则生产不增加也不会减少，从而国民收入处于均衡状态。由此可以得

出:国民收入均衡的基本条件是,总需求等于总供给,其公式是:

总需求=总供给

或 $C+S=C+I$

等式两边消去 C,则 $S=I$

总之,总需求小于总供给,国民收入缩减;总需求大于总供给,国民收入扩张;总需求等于总供给,国民收入均衡。但国民收入均衡并不等于实现了充分就业。国民收入的均衡有以下三种不同的均衡:第一种是低水平的均衡,反映的是生产能力利用不足,失业增多,国民收入不景气,是一种小于充分就业的均衡;第二种是高水平的均衡,反映的是生产能力得到充分利用,失业基本解决,经济呈现繁荣,是充分就业的均衡;第三种是超能力的均衡,它仅表现为货币均衡。

3. 政府起作用时的国民收入均衡

上述是在假定政府不直接介入经济时所发生的情况。现在把政府的经济活动引入国民收入运行,包括政府收入和政府支出。那么,国民收入的构成则为:

总需求=消费+投资+政府支出(政府购买和政府转移支付)

总供给=消费+储蓄+政府收入(税收)

用 G 表示政府支出,T 表示政府收入,国民收入均衡的公式为:

$$C+I+G=C+S+T$$

即

$$I+G=S+T$$

由于加入了政府的经济活动,在遇到总需求与总供给失衡时,则可以运用增减政府支出和收入的办法来使之平衡。这就是政府干预经济的理论依据。

4. 存在外贸时的国民收入均衡

以上所述是假定为封闭经济时的情况。现在再把外贸引进来分析国民收入,这时国民收入又增加了新内容:

总需求=消费+投资+政府支出+出口

总供给=消费+储蓄+政府收入+进口

用 M 表示进口(国外供给),用 X 表示出口(国外需求),则:

$$C+I+G+X=C+S+T+M$$

消去 C,则:

$$I+G+X=S+T+M$$

由于外贸参与经济活动,又多了一个国民收入均衡的手段:扩大或压缩进出口贸易。

三、失业与通货膨胀理论

宏观经济学运用国民收入决定理论分析失业与通货膨胀的原因、相互关系及政策,从而建立了失业与通货膨胀理论。

1. 失业理论

在一定年龄范围内愿意工作而没有工作的人就是失业者。皮尔斯主编的《现代经济学词典》给失业者下的定义是“所有那些未曾受雇,以及正在调往新岗位或未能按当时通行的实际工资率找到工作的人”。衡量社会失业状况的一个基本指标是失业率,即失业人数占劳动力总数的百分比。在一定工资水平下，一切愿意工作的人都有工作，此种就业状况即为充分就业。在西方经济学中，充分就业并非人人都有工作，只要“非自愿失业”即周期性失业消失了，就算是充分就业。例如，美国有93.5%～94.5%的人就业就是实现了充分就业。

依据失业的原因不同，失业有以下类型：

(1)周期性失业。凯恩斯认为，社会就业量决定于国民收入水平，有效需求不足时就会出现非自愿失业(即愿意接受现行工资水平却找不到工作而造成的失业)。此类型的失业多发生在经济周期的萧条阶段，故称周期性失业。

(2)自然失业。某些难以避免的原因所引起的失业，包括摩擦性失业(比如劳动力的正常流动、工作季节性、原料缺乏、机器发生故障等原因而造成的暂时性失业)和结构性失业(比如劳动力供给不适应产业结构、不适应生产技术水平，或不适应地区结构需求而引起的失业)。

(3)隐蔽性失业。隐蔽性失业是指表面已有工作，实际上对生产并没有任何贡献的从业者，例如发展中国家农业中存在大量这样的失业者。

2.通货膨胀理论

多数西方经济学家认为，通货膨胀是物价水平普遍而持续的上涨现象。它包括两层含义：一是物价总水平上涨，而不是一种或几种商品价格上涨；二是物价水平持续上涨，即不是一时的短暂的涨价。通货膨胀对经济和人民生活有着巨大的影响：其一，通货膨胀会把工资和薪金领取者手中一部分收入通过涨价转移到雇主手中，也降低了领取租金、利息和养老补助金等固定收入者的实际购买力；其二，适度的通货膨胀减少了工人工资，增加了雇主利润，有利于促进投资和生产发展；其三，对外贸有影响；其四，过度的通货膨胀，不利于社会安定，甚至会引起社会、政治、经济的震荡或崩溃。

通货膨胀依据其成因的不同，可以分成如下几种类型：

(1)需求拉动型通货膨胀。从需求角度来解释，认为总需求过度增长，对产品和劳务的需求超过了按现行价格可能的供给，使物价水平被需求拉动而上升，形成通货膨胀。对于总需求过度的原因有两种说法：凯恩斯主义者强调实际因素对总需求的影响，认为当社会达到充分就业时，闲置的资源已被使用，产量不能继续增长，这时总需求继续扩大，必然会出现需求拉动型通货膨胀；货币主义者强调货币因素的作用，认为货币的过量发行会扩大对商品和劳务的需求，一旦商品和劳务供给达到极限，只能出现通货膨胀，并以此来抑制需求。

(2)供给推动型通货膨胀。从供给方面看，生产成本的增长，即生产要素价格上升也会引起通货膨胀，所以又称成本推动型通货膨胀。由于生产要素不同，又可分为因工资提高而引起的工资推动型通货膨胀，因垄断厂商提高利润而引起的利润推动型通货膨胀等。

(3)结构性通货膨胀。这是由于经济结构的原因而引起的通货膨胀。一种观点认为，当某种关键商品(石油、粮食等)供不应求时，该商品的价格就会上升，并能带动其他相关商品涨价，从而导致通货膨胀。还有一种观点认为，当国内劳动生产率提高较快的经济部门的工资提高后，由于攀比导致劳动生产率提高较慢的部门也要增加工资，于是全社会的工资增长率大于劳动生产率的增长，必然会导致通货膨胀。

(4)国际传递型通货膨胀。由于市场经济日益国际化，一国的物价上涨到一定程度就可能传递到他国，出现国际传递型通货膨胀。其传递途径有：价格途径、需求途径(一国大量进口商品，会引起相应出口国因扩大出口而出现需求拉动型通货膨胀)、国际性预期及示范作用(由于国外涨价或增加工资的示范作用，国内居民对国内物价做出上升预期，从而要求增加工资或抢先提高物价,由此导致国内通货膨胀)。

3.失业与通货膨胀的关系

按照凯恩斯的观点,通货膨胀是过度需求引起的,失业则是需求不足引起的。因此,从理论上说,通货膨胀与失业是不能同时并发,而是一种"有此无彼"的交替关系。后来,凯恩斯的继承者进一步提出了二者之间是"此消彼长"的交替关系(菲利普斯是最重要的代表),即通货膨胀和失业可以同时存在,但失业率下降,会引起通货膨胀率上升;反之,通货膨胀率下降则会带来失业率上升。

1958 年,英国经济学家菲利普斯根据英国近百年的统计资料,提出一条用以表示失业率和货币工资率之间交替关系的曲线。根据成本推动通货膨胀理论,货币工资增长率可以表示通货膨胀率。因此这条曲线也可以用来表示失业率与通货膨胀率之间的关系,见图 2-11(横轴表示失业率,纵轴表示通货膨胀率,PP 为菲利普斯曲线)。菲利普斯曲线基本上反映了 20 世纪中叶西方国家的实际。

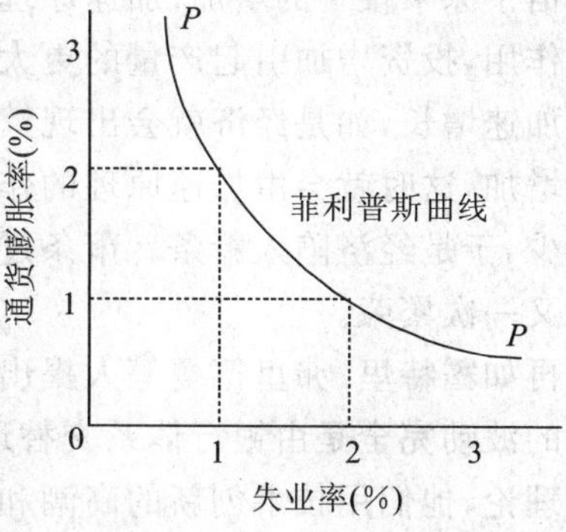

图 2-11 菲利普斯曲线

菲利普斯曲线告诉人们,要高就业,通货膨胀就在所难免;而要消除通货膨胀,则必然忍受失业之苦。此理论把通货膨胀的原因归之于高就业,因而受到西方政府的欢迎,并成为政策选择的理论依据。政府可以用扩张性宏观政策,以高通货膨胀"换取"低失业率,也可以用紧缩性政策以较高的失业率"换取"低通货膨胀率。

四、经济周期理论

宏观经济学把经济周期和经济增长看作是以国民收入为中心的经济活动的波动。经济周期是由总需求变动引起的国民收入短期波动;而经济增长则是由总供给变动引起的国民收入长期增长。

1.经济周期的含义和阶段

经济周期是以商品经济为主的国家总体经济活动的一种波动,一个周期由繁荣、衰退、萧条与复苏四个阶段所组成,并重复出现。繁荣是国民收入的扩张阶段,生产、投资迅速增加,信用扩张,物价上升,就业增加。衰退即由繁荣到萧条的过渡阶段。萧条即国民收入和经济活动低于正常水平的阶段,生产急剧下降,投资大量缩减,信用紧缩,失业严重。复苏是从萧条到繁荣的过渡阶段,经济开始回升,但还未到正常水平。

2.经济周期的分类

西方经济学家依据经济周期持续时间的长短,把经济周期分为中、短、长三种类型。中周期,由法国朱格拉于 1860 年提出,认为每个周期 9~10 年,由繁荣、危机和清偿三个阶段组成,又称朱格拉周期。短周期,由美国基钦于 1923 年提出,经济周期分为大周期和小周期二类,大周期包括 2~3 个小周期,即短周期,平均长度为 3~4 年,又称基钦周期。长周期,1925 年由苏联康德拉耶夫提出,一个长周期为 50 年,从 18 世纪末期以来,已经历了三个长周期。造成长周期的因素为技术革新、货币供给量和战争。长周期还包括 7~10 年的中周期。1936 年熊彼特综合了以上三种周期理论，认为一个长周期包括六个中周期，一个中周期包括三个短周期。美国库兹涅茨还提出一种与建筑业相关的长周期，平均为 20 年一个周期。

3. 经济周期的原因

西方经济学家提出各种理论来说明经济周期发生的原因。

美国汉森和萨缪尔森建立的乘数-加速原理相互作用理论（乘数原理是指投资变动所引起的产量变动：由于经济各部门之间存在密切联系，某部门的一笔投资不仅会使本部门的产量增加，而且会对其他部门产生连锁反应，引起这些部门投资与产量的增加，从而使最终产量的增加数倍于原来投资的增加；加速原理是指产量变动所引起投资的变动），他们认为由于乘数原理的作用，投资增加引起产量的更大增长；又由于加速原理的作用，产量的成倍增加又引起投资的加速增长，如是经济就会出现繁荣。产量达到一定水平后，由于社会需求与资源的限制无法再增加，这时就会由加速原理的作用使投资减少，投资减少又会由乘数原理的作用使产量继续减少，于是经济陷入萧条。萧条过后，由于产量回升又使投资增加，产量再增加，从而使经济进入又一次繁荣。

再如霍特里、弗里德曼等人提出的货币周期理论，他们认为经济周期是一种货币现象，周期性的波动完全是由银行体系交替地扩大和紧缩信用造成的。熊彼特、汉森等人提出的创新周期理论，他们用技术创新的高潮和低潮来说明经济周期波动的原因。庇古、巴奇霍特等人的心理周期理论认为经济周期是人们的悲观和乐观预期相互交替出现的结果（人们对前途抱乐观态度时，积极投资消费，促成经济繁荣；反之，人们悲观时，则会导致投资消费下降，经济走向衰退）。消费不足周期理论认为消费不足，引起消费品生产过剩，进而引起对资本品需求不足，致使整个经济出现生产过剩危机。此外，还有用政府交替实行扩张性和紧缩性政策来说明周期的政治周期理论；用预期失误来说明周期的预期学派的均衡周期理论等。

五、宏观经济政策

宏观经济学的任务是要为国家干预经济提供理论依据和政策指导。因此，经济政策是宏观经济学的重要组成部分。西方经济学认为，宏观经济政策的总目标是保持社会总需求和总供给平衡，以实现经济稳定增长。具体目标包括充分就业、物价稳定、经济增长和国际收支平衡。政策目标要靠政策工具来实现。在不考虑对外经济关系的情况下，常用的政策工具有需求管理和供给管理政策。

1. 财政政策

财政政策主要包括财政收入政策和财政支出政策。财政收入政策主要是税收政策；财政支出政策有政府对商品（或劳务）的购买、兴办公共工程和转移支付（如社会救济、补助）等政策。西方经济学家认为财政制度具有自动调节经济，使之趋向稳定的内在功能，因而被称为“内在稳定器”。这种稳定器的主要“部件”包括个人和公司所得税、转移支付、公司和家庭储蓄。

在经济萧条时，公司和个人的收入下降，这时达到税收起征点和高税率的就会减少，税收自动减少；失业补助和其他福利转移支出也因失业增加而自动增加；公司和个人储蓄也因收入减少而自动减少。这一切都会有助于提高总需求，能起缓和经济萧条的作用。

在通货膨胀时期，公司和个人收入增加，失业人数减少，这样税收会自动增加，失业补助等转移支付减少；公司个人储蓄也会自动增加。这些都会抑制总需求扩大，有利于减轻通货膨胀。

2.货币政策

货币政策是指运用货币供应量的增减来调整利息率，再通过利息率的变动来影响总需求，使之与总供给趋于一致。货币政策分为扩张性货币政策（放松银根）和紧缩性（抽紧银根）货币政策，主要由中央银行采取公开市场业务、调整对商业银行的贴现率和调整法定准备率三项措施来实施。

在经济萧条时期，采取扩张性货币政策。中央银行在金融市场购进有价证券，降低法定准备率和贴现率，扩大货币供应量，降低利率，扶植产业发展，扩大总需求，有利于缓解经济萧条。反之，当经济过热，出现通货膨胀时，中央银行实行紧缩性货币政策，大量抛售有价证券，提高法定准备率和贴现率，抽紧银根，提高利率，使企业减少贷款，缩小投资，进而压缩总需求，有利于消除通货膨胀。

3.供给管理政策

财政政策和货币政策微观化，是指针对个别市场和个别部门的具体情况而制定的区别对待的政策。财政政策微观化，首先是财政支出微观化，即在不变动支出总量的前提下，调整财政支出项目和各种项目份额，以促进某些部门的优先增长。其次是财政收入微观化，在总收入不变的前提下，调整税收结构和征税范围，调整税种和税率，以促进投资结构和消费结构合理化，促进资源合理配置与利用。货币政策微观化，是指根据经济发展的总体要求，有差别地规定不同部门不同种类借贷的放款限额、借贷条件和利息率，以增加资本的流动性，调整资本的供求，促进或抑制某些部门的经济增长，实现经济结构合理化。

收入政策是通过控制工资与物价来制止通货膨胀的政策。因为控制的重点是工资，故称为收入政策。它主要从三个方面进行管制：其一，政府冻结工资物价；其二，由政府、企业、工会协商工资增长界限，共同遵守；其三，以税收为基础的工资增长限制措施。

人力政策，又称劳动力市场政策。它主要对劳动的供给发生作用，目的是解决失业与“空位”并存的问题。其主要内容有三个方面：其一，进行人力资本投资，培训劳动者，提高其文化技术素质，以适应劳动力市场变动的需要；其二，完善劳动力市场，提供就业信息，减少失业；其三，从物质上帮助工人迁移，以解决劳工地区流动困难，等等。

第三节　早期西方环境与资源经济学思想简介

“劳动是财富之父，土地是财富之母”——威廉·佩第（William Petty，1623—1687 年）。在经济学的起源阶段，自然资源与人类劳动（或资源化称之为人力资源）都在其研究范围之内，两者密不可分，并列为价值的源泉。自亚当·斯密之后，经济学对价值理论研究的重心逐渐转向社会经济关系方面，自然资源基础则被忽略。马克思则明确地区分了价值概念：由社会劳动关系决定的价值称之为社会价值；由物质条件（包括自然资源）决定的价值称之为使用价值。

一、斯密设定

亚当·斯密（Adam Smith，1723—1790 年）是英国产业革命前期工场手工业时期的经济学家，英国古典经济学理论体系的创立者。1759 年出版的《道德情操论》使斯密成为英国公认的一流学者；1776 年出版《国民财富的性质和原因研究》，成为英国古典政治经济学的创立人。

斯密生活的时期正是英国产业革命的前夜。社会生产力正在急剧膨胀，斯密观察到了劳动和资本在推动物质生产中的巨大作用，因而把国民财富的源泉确定为劳动，把年产品与消费者人数的比例作为衡量国民富裕程度的标志，着重讨论了决定这一比例的两个条件，即国民劳动的素质和生产性、非生产性劳动者的比例。构筑起了经济增长的基本模式：$\Delta G=f(L,K)$。式中：ΔG 为经济增长速度；L 为劳动；K 表示资本。这一模式成为经济学的准则之一，为以后的经济学家所遵循。

但是这一模式隐含着一个重要的假设前提，即劳动和资本所推动的自然资源和环境基础不存在任何障碍，它可以无限地满足劳动和资本的要求。对于斯密所考察的对象——资本主义经济体系来说，阻碍经济增长的关键不是自然资源和环境，而是劳动和资本。这种设定自斯密开始流传甚广，称之为"斯密设定"。

二、马尔萨斯模型

18 世纪末期，以英国乌托邦主义者葛德文为代表的小资产阶段乐观主义颇为流行，他们认为，如果没有各种人为制度（如私有财产制度）的阻碍，凭社会经济自身的发展规律，人类社会可以达到完善、富足的境界。作为对这种乐观主义的"消毒剂"，1798 年托马斯·罗伯特·马尔萨斯（Thomas Robert Malthus，1766—1834 年）推出了他的《人口论》。马尔萨斯的人口理论从讨论两个"公理"（"第一，食物为人类生存所必需；第二，两性间的情欲是必然的，且几乎会保持现状"）开始，并从这两个"公理"出发，断言人类有一种比粮食增加更快的趋势（在无妨碍时，人口以几何级数率增加，而生产资料只以算数级数率增加）。

马尔萨斯首次明确提出了生产资料（即土地）的有限性对经济增长的制约问题（图2－12）。这一思想集中地体现在 1820 年出版的《政治经济学原理》一书中。马尔萨斯认为地租的产生有三个原因："第一，也是主要的，是土地的性质，基于这种性质，土地能够生产出比维持耕种者的需要还多的生活必需品。第二，是生活必需品所特有的性质，基于这种性质，生活必需品在适当分配以后，就能够产生出它自身的需求，或者能够按其生产量的多寡而养活若干的需求者。第三，肥沃土地的相对稀少性，或是天然的或是人为的。"

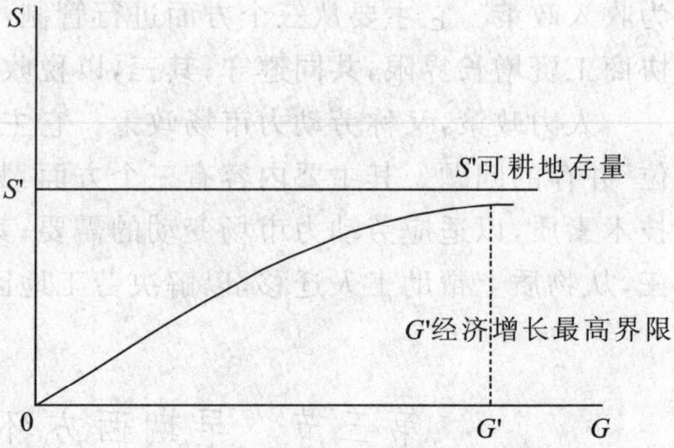

图 2－12　悲观的马尔萨斯模型

当肥沃土地很多，任何人只要感到需要就可以获得土地时，就不会有人向地主支付地租；可是肥沃土地终究是有限的，当资本积累达到使优等土地上追加资本的报酬低于在次等土地上的投资所得时，资本将会被用于耕种次等土地。这时农产品价格不变，但由于利润下降，人口增长超过生活资料的增长，而压低的工资会降低生产费用，因而较优土地上农产品价格超过利润和工资的部分就分离出来形成地租。地租就在一定程度上成为土地资源稀缺程度的标志。

在马尔萨斯看来，随着人类经济的发展，等级程度不断降低的土地会不断地得到开发使用，地租也会相应地不断上涨。但可耕地的存量毕竟有一个绝对的数量界限，而整个经济体系又依赖于这样一种核心的自然资源，即经济体系对可耕地的需求缺乏可替代性，一旦社会经济的发展达到可耕地的绝对数量界限，持续的人口增长和由于过高的地租剥离而造成的产品实现问题就成为经济增长不可逾越的障碍。

三、李嘉图模型

大卫·李嘉图(David Ricardo,1772—1823 年)在"可耕地存量是否是经济增长的绝对限制"问题上持否定态度。他的这一观点主要体现在 1817 年出版的《政治经济学及赋税原理》的"地租论"中:"假定第一、二、三等土地使用等量资本和劳动时所产净产品分别为 100 夸脱、90 夸脱和 80 夸脱(1 夸脱=1.1365 升,下同)谷物。在一个新开辟的地区中,肥沃的土地相对于人口而言很丰富,因而只需要耕种第一等土地。在这里,全部净产品将属于耕种者,成为所垫付的资本的利润。一旦人口增加到一种程度,以致必须耕种第二等土地时,第一等土地马上就会有了地租,因为要么农业资本必须有两种利润率,要么就必须从第一等土地的产品中扣出 10 夸脱或相当于 10 夸脱的价值用于某种其他用途。无论耕种第一等土地的是土地所有者还是别人,这 10 夸脱都同样会形成地租。第二等土地的耕种者无论是耕种第一等土地而支付 10 夸脱地租,还是不支付地租而继续耕种第二等土地,他用他的资本所获得的结果总是相同的。同样,我们也可以证明:当第三等土地投入耕种时,第二等土地的地租必然是 10 夸脱或相当于 10 夸脱的价值,而第一等土地的地租则增长到 20 夸脱"。

李嘉图实际上同马尔萨斯一样,把地租的变动作为肥沃土地稀缺程度的标志,肯定了"土地报酬递减规律"和农业劳动生产率下降的趋势,把经济增长最终归结为自然资源的约束(主要是取决于土地的肥力)。但与马尔萨斯把可耕地的存量作为经济增长的绝对数量界限不同,李嘉图在肯定存在从好地到坏地的"耕作顺序"的过程中,引入了谷物贸易、科技进步等因素,否定了绝对界限的存在,强调由于不断耕种肥沃程度更低的土地而形成的谷价上涨、工资上涨、利润下降,最后出现的"静止状态",只是经济增长的一种不断逼近的趋势,并不是经济增长肯定会出现的最终结果。因此,在一定意义上,李嘉图的经济增长模型可以看成是对马尔萨斯绝对制约条件的放松。

从劳动价值理论角度分析,无论是马尔萨斯,还是李嘉图的地租理论都存在缺陷,关于这一点,马克思在《剩余价值理论》中已做过深入细致的批判,并对李嘉图理论中的某些合理因素给予了充分肯定。在这里,我们不想对两位古典经济学家地租理论做过多讨论。需要指出的是,自然资源,特别是土地资源对经济增长的制约问题,在古典经济学家的视野中已经有了不同程度的反映。

四、穆勒的归纳

约翰·斯图亚特·穆勒(John Stuart Mill,1806—1873 年)是 19 世纪中叶英国最著名的经济学家。他于 1848 年出版的《政治经济学原理及其在社会哲学上的应用》在很长时间内被奉为经济理论的"圣经",是英国流传最广的最有权威的经济学教材。穆勒赞同古典经济学家的观点,认为在长期内,经济增长不可避免地会遇到农业生产收益率降低的问题,并由此导致利润下降、地租上升和生存费用上升。随着人口不断增长、土地数量的绝对减少以及可耕地生产率的降低,经济增长将不可避免地进入静止状态。不过,在穆勒看来,这种处于静止状态的静止社会,并不像他的前辈所描绘的是一种经济停滞、生活贫困的社会,而是一种资本和人口不再增长,不再需要进一步开发肥力更低的土地或进一步耗竭自然资源,而人类的精神、道德及生产技术仍在发展的富裕而公正的理想社会。

其对环境与资源经济学的主要贡献有以下四个方面：第一，意识到了技术进步对放松自然资源约束的重要意义；第二，认为自然资源渐进的相对稀缺现象可以在市场价格中反映出来；第三，把古典经济学家的自然资源稀缺概念推广到了不可更新资源，认为矿产资源尽管有可能被新发现的、储量相同甚至更为丰富的其他资源所替代，但在长期内，矿产资源也将受到收益递减和成本上升的影响，因而不可更新资源的稀缺是由人口增长引起的自然资源（主要是土地）稀缺之外的将会对经济过程产生潜在约束的另一制约性因素；第四，首次对经济增长给环境质量可能带来的影响给予了高度重视。在穆勒看来，环境有两类用途：其一，为人类提供生存的空间。当一种自然资源（如土地）不是被用于农业而是用于人类居住时，其相对稀缺也应在市场体系中得到反映，也应产生地租，并且由农业用地一样的原理所决定，特别是风景优美的居住场所供给有限而需求巨大，其稀缺价值就应得到更明确的表现。其二，给人类的生活增加舒适、愉悦、美感等。但是自然环境给人类提供的这类用途将会受到经济增长的严重威胁，并且经济增长对环境质量的破坏还不能及时通过市场机制反映出来。在穆勒看来，只有到了"静态社会"，人们才会自觉地行动起来，去消除经济增长对环境质量的损害。

五、杰文斯的煤炭问题

杰文斯（William Stanley Jevons，1835—1882 年）在 1871 年出版的著作《政治经济学理论》中，提出了一个以主观主义心理学为出发点、以效用为基础、以数学为分析工具的数理经济理论体系。在《煤炭问题：对有关国家的发展和我们煤矿资源可能耗竭问题的探讨》一书中，着重分析了矿产资源对经济增长的限制。他认为不可再生资源（特别是煤）被耗竭的可能性是制约工业化国家（如英国）经济增长的最大威胁，他甚至预言不可再生资源（如煤）的存量是英国经济增长的绝对界线。

杰文斯所提出的"煤炭问题"，不仅深化了穆勒对不可更新资源所做的分析，而且进一步分析了不可更新资源对经济增长的制约作用。杰文斯总结到：如果再以同样的速度消耗下去，煤的矿井挖掘深度将达到 4 000 英尺（约 1 200m），煤的平均价格将不可避免地大幅度上升，由此将引起商品生产成本和价格的上升。当商品的生产成本和价格上升到超过国外同类商品生产成本的价格时，对外贸易就要遭受到毁灭性打击，英国经济将陷入停滞状态。

六、马歇尔的市场神话

马歇尔（Alfred Marshall，1842—1924 年）的经济学体系在西方被认为是古典经济学的继承和发展，因而马歇尔又被认为是新古典学派的创始者。其主要著作《经济学原理》从出版之日起到 20 世纪 20 年代末期，在西方经济学界一直占据支配地位。这本书也包含有相当丰富的环境和资源经济学思想，主要体现在以下四个方面：第一，马歇尔保留了他认为正确的古典自然资源和环境经济学观点，例如土地收益递减的分析。但不认为肥沃土地的稀缺会制约经济增长。在他看来，趋于上升的农产品价格将刺激农业组织的出现。这些为农业生产服务的组织，以及农业劳动者知识水平的逐步提高和其他方面的变革将会减弱土地收益递减规律对经济增长的限制。第二，认为不可更新资源不存在收益递减规律。因为矿产资源的开采能力不仅与开采的投入和逐步加大的开采难度有关，而且与矿产资源的耗竭速度有关。如果开采初期就投入较多的劳动和资本以较快的速度开采，则同样储量的矿产只能持续较短的时间。因此，矿产资源的稀缺程度与价格之间的关系远较农产品复杂。第三，除了为生产提供要素投人之外，对资源环境所提供的其他功能也有较深刻的认识。他认为自然环境（如风景）的价值不容忽视，许多环境服务的“直接货币价值”远远低于它们的“真实价值”，在许多产品价值中，环境提供的服务并未计算在内。第四，认为自然资源稀缺可以通过价格机制得到反映，并通过市场供求关系的自发调节得到消除。这一论断代表了新古典经济学家对资源环境问题的基本看法。

根据新古典经济学理论，与人类的需求相比较，资源永远都是相对稀缺的。在市场经济中，相对稀缺的资源通过价格机制进行分配。当对某种资源需求增加时，其价格将会上涨，进而刺激供给扩大。随着矿产资源开采量的增加，资源质量品级随之降低，开采难度也相应增大，为维持或提高原有产量，就必须投入更多的劳动和资本，开采的平均成本相应提高。但在最优化的动态经济条件下，必然会刺激旨在提高开采效率的新技术、新发明的出现，促使人们寻找能够降低成本的替代品，或者是对已有的自然资源进行深加工、回收和更有效率地利用。因而在长期内，不存在资源环境对经济增长的限制。新古典经济学家的这一基本观点可以看作是对“乐观的李嘉图”模型的进一步放松，并且在 20 世纪 60 年代以前一直被推崇为正统的资源环境思想。

七、马克思和恩格斯的观点

马克思从劳动价值论出发，分析资本主义生产方式下的土地地租、矿山地租和建筑用地地租。他认为：“凡是自然力能被垄断并保证使用它的产业家得到超额利润的地方（不论是瀑布，是富饶的矿山，是盛产鱼类的水域，还是位置有利的建筑地段），那些因对一部分土地享有权利而成为这种自然物所有者的人，就会以地租的形式从执行职能的资本那里把这种超额利润夺走。”他认为地租产生的源泉是对劳动的剥削，产生的原因是对土地的私有权。任何存在土地私有权的地方，不论土地的质量多么低劣，都有私有权实现的要求，都会产生绝对地租。建筑用地地租、矿山地租的决定，与农业用地的地租决定完全一样。马克思把自然资源的耗竭和环境的破坏与资本主义的生产方式联系在一起。他指出资本主义生产方式不仅“使劳动者精力衰竭”，而且“使土地日益贫瘠”。只有在以最大限度地攫取剩余价值为目的的资本主义生产方式消亡时，自然资源的稀缺和对环境的破坏才会最终消失。

恩格斯肯定了自然资源在创造使用价值方面的作用。在《自然辩证法》中批判了“劳动是一切财富的源泉”的提法。他指出：“其实劳动和自然界一起才是一切财富的源泉，自然界为劳动提供材料，劳动把材料变成财富。”在《劳动在从猿到人转变过程中的作用》一文中论及人类的生产活动同自然界的相互关系时，恩格斯强调：“我们不要过分陶醉于我们对自然界的胜利。对于每一次这样的胜利，自然界都报复了我们。每一次胜利，在第一步都确实取得了我们预期的结果，但是在第二步和第三步却有了完全不同的、出乎预料的影响，常常把第一个结果又取消了。美索不达米亚、希腊、小亚细亚以及其他各地的居民，为了想得到耕地，把森林都砍完了，但是他们梦想不到，这些地方今天竟因此成为不毛之地，因为他们使这些地方失去了森林，也失去了积聚和贮存水分的中心。……因此我们必须时时记住：我们统治自然界，决不像征服者统治异民族一样，决不像站在自然界以外的人一样，——相反地，我们连同我们的肉、血和头脑都是属于自然界，存在于自然界的；我们对自然界的整个统治，是在于我们比其他一切动物强，能够认识和正确运用自然规律。”

第四节　环境与资源经济学的基本理论

环境与资源经济学的两个奠基性理论:其一,帕累托从伦理意义上探讨资源配置效率提出的“帕累托最优”理论;其二,由马歇尔和庇古等发展起来的外部性理论。可持续发展理论和循环经济理论是当前环境与资源经济学研究的最新成果,也是环境与资源经济学思想的又一次飞跃。

一、经济效率理论

经济效率(economic efficiency)是指人们在运用和配置资源上的效率。它要求在不同的生产目的之间合理地分配和使用资源,最大限度地满足人们的各种需要。要达到最大经济效率,就是将经济活动中的各种资源在各种不同的使用方面和方向之间,分出轻重缓急,决定生产的最佳种类和数量,并寻求一种最佳分配方式,从而使社会福利达到最大化,使社会达到最佳状态。经济上的效率可以分为两个层次:资源运用效率与资源配置效率。资源运用效率是指一个生产单位、一个部门或一个区域如何组织并运用自己可支配的稀缺资源,使之发挥出最大作用,即用一定的生产要素生产出最大量的产品。资源运用效率的分析主要是考虑单个资源开发者的行为,目标是使利润最大化,包括短期利润最大化和长期利润最大化。资源配置效率是指通过在不同生产单位、不同行业或不同区域之间分配有限的经济资源而达到的效率,这种效率使每一种资源都有效地配置于最适宜的使用方面和方向上。资源配置效率的分析是考虑多元主体参与的行为,须解决“集合体效用极大化问题”。帕累托效率是评价资源配置效率的一个基本标准。

将经济效率作为经济运行状况的检验指标和经济绩效的判断标准,需要注意一个问题:一个企业按照成本收益分析赚到了利润,对自身而言可能是有效率的,但是当站在全社会或是全人类角度评价该企业绩效时可能就是无效率,甚至负效率,这时我们需要使用广义的经济效率概念(此时的经济效率必须涵盖经济决策给社会带来的全部成本和收益,尤其是对环境的影响)。作为洛桑学派的主要代表人之一的帕累托,于 1906 年以“序数效用论”为基础,提出了帕累托效率的概念。帕累托效率(Pareto efficiency),又称帕累托最优(Pareto optimum),指的是当资源在各部门之间的分配与使用已经达到这样一种状态:对生产资源进行任何一种重新配置,已经不可能使任何一个人的处境变好,而不使另一个人的处境变坏,或者说任何一种产品要进一步增加产出,只有减少其他产品的产出才能实现。

对社会总体而言,当边际收益等于边际成本时,生产就是有效率的;换言之,只要净收益最大化,谁得到这些净收益无关紧要。即一个人获得 100 元收益和 100 人每人获得 1 元收益并没有区别。简单讲,效率不因人而论。但是,现实社会中多数人都认同牺牲穷人利益使少数富人受惠的产出是不公平的。也就是说,如果大家都认为分配是公平的,那么选择产出水平时只用经济效率一个标准就可以了;如果分配不公平,单一的效率标准就会过于狭隘。是效率重要,还是公平优先?不仅政治领域存在争议,就连经济学家们自身也没能统一观点。

二、外部性理论

外部性(externality),又称溢出效应、外部影响,是指一个经济主体(生产者或消费者)在自己的活动中对旁观者的福利产生了一种有利影响或不利影响，这种有利影响带来的利益（或者说收益）或不利影响带来的损失（或者说成本），都不是生产者或消费者本人所获得或承担的，是一种经济力量对另一种经济力量"非市场性"的附带影响。即没有将这种影响计入市场交易的成本与价格之中的经济现象。按照影响的范围划分，外部性可以分为"消费外部性"和"生产外部性"；根据外部影响的"好与坏"，外部性可分为正外部性（外部经济性）和负外部性（外部不经济性）。

消费外部性指的是一个消费者的消费行为直接影响了另一个经济行为人生产或消费的可能性；生产外部性指的是厂商的生产影响了其他人的福利。正外部性（positive externality）也称"外部经济"，指某个经济行为主体的行动使他人或社会受益，而受益者无须花费代价；负外部性（negative externality）也称"外部不经济"，指某个经济行为主体的行动使他人或社会受损，而造成外部不经济的人却没有为此承担成本。

外部性理论是分析现实中人与人之间或经济主体之间经济行为的另外一种相互影响。解决外部性的基本思路是让外部性内部化（internalize the externalities），即通过制度安排经济主体经济活动所产生的社会收益或社会成本转为私人收益或私人成本，使技术上的外部性转为金钱上的外部性，在某种程度上强制实现原来并不存在的货币转让。典型的办法有：行政手段、经济措施、法律手段等。行政手段主要是政府管制与指导；经济措施主要是征税与补贴，例如著名的庇古税；法律手段主要是制定规则和采取法律约束，例如斯蒂格利茨的法律主张、科斯的产权交易等。

三、可持续发展理论

世界环境与发展委员会在《我们共同的未来》中将可持续发展定义为：既满足当代人的需要，又不损害后代人满足需要的能力，此种经济发展模式称为可持续发展。其核心思想是：健康的经济发展应建立在生态可持续能力、社会公正和人民积极参与自身发展决策的基础上。其所追求的目标是，既要使人类的各种需要得到满足，个人得到充分发展，又要保护资源和生态环境，不对后代人的生存和发展构成威胁，它特别关注的是各种活动的生态合理性。

作为人类新的发展模式的可持续发展，需要在生态环境、经济增长、社会发展方面形成一个持续高效的协调运行机制，必须遵循公平性、可持续性和共同性三项原则。公平性原则即机会选择的平等，包括本代人的公平、代际间的公平，以及公平分配有限资源；可持续性原则的核心是人类经济和社会发展不能超越资源与环境的承载能力；共同性原则意味着为实现可持续发展，必须采取全球共同的联合行动。

人类社会从传统的经济增长战略到可持续发展战略，需转变发展目标、模式和途径。从可持续发展的目标以及本质要求出发，可持续发展的基本途径主要包括将环境、资源价值纳入国民经济核算体系，转变生产与消费方式，调整产业及经济政策，维持自然资源可持续利用等方面。其中，政府在可持续发展中要发挥重要作用。

四、循环经济理论

循环经济，又可称为资源循环型经济，是以资源的高效利用和循环利用为目标，以"减量化、再利用、资源化"为原则，以物质闭路循环和能量梯次使用为特征，按照自然生态系统的物质循环和能量流动的方式运行的经济模式。循环经济的核心是资源的循环利用和节约，最大限度地提高资源的使用效率,其结果是节约资源、提高效率、减少环境污染。

循环经济模式的理论依据主要是"科斯定理",指出只要产权明晰,就可以通过谈判的方式解决环境污染问题,并且可以达到帕累托最优。循环经济强调的主要是把清洁生产和废弃物的综合利用融为一体,它要求遵循生态学规律,合理利用自然资源和环境容量,在物质不断循环利用的基础上发展经济,使经济系统和谐地纳入到自然生态系统的物质循环过程中,实现经济活动的生态化。它既要求进入系统的所有物质和能源在不断进行的循环过程中得到合理的持续利用,尽量减少对物质特别是自然资源的消耗;又要求经济体系排放到环境中的废弃物可以为环境同化,并且排放量不超过环境的自净能力。可以用"资源—生产—流通—消费—再生资源"的反馈式流程表示其运行模式,实现从"排除废物"到"净化废物"到"利用废物"的过程,达到"最佳生产,最适消费,最少废弃"的效果。

关键点

1. 经济学就是在稀缺的条件下研究选择问题。当供不应求时,供给相对"稀缺",商品价格会上升;当供过于求时,需求相对稀缺,商品价格会下降。

2. 按照基本经济功能,市场中独立的经济单位分为两大类:买方和卖方。市场机制通过市场价格和供求关系,以及买卖双方之间的竞争实现资源配置。

3. 经济效率用帕累托最优来表示。帕累托最优指的是这样一种资源配置状态:在该状态下,任何新的资源配置都不可能使至少一个人的福利提升而又不使其他任何人的福利下降。

参考文献

Barry C. Field, Martha K. Field. Environmental economics: an introduction (fifth edition) [G]. McGraw-Hill Education, 2009

高鸿业. 西方经济学[M]. 北京:中国经济出版社,1996

李克国,魏国印,等. 环境经济学[M]. 北京:中国环境出版社,2003

历以宁. 西方经济学[M]. 北京:高等教育出版社,1999

马建堂. 科学发展,铸就辉煌[J]. 求是,2012(12):11-14

马中. 环境与自然资源经济学概论(第二版)[M]. 北京:高等教育出版社,2006

聂希斌. 现代西方经济学[M]. 北京:中共中央党校出版社,1995

孙进,钱邵军,蔡长青. 世界经济学名著[M]. 北京:中国致公出版社,2000

汪安佑,雷涯邻,沙景华. 资源环境经济学[M]. 北京:地质出版社,2005

杨树珍. 国土经济学[M]. 天津:天津人民出版社,1986

思考题

1. 基本概念:需求曲线,供给曲线,需求价格弹性,边际效用,恩格尔定律,基尼系数,机会成本,洛伦茨曲线,边际收益递减规律,国内生产总值,通货膨胀,外部性,经济效率。

2. 均衡价格是如何形成的?

3. 为什么要制定限制价格（支持价格）？

4. 分析政府对公用事业实行完全垄断的利与弊。

5. 简述宏观经济政策的目标是什么？

6. 斯密设定有什么缺陷？

7. 运用经济效率指标时要注意哪些问题？

第三章　环境与资源的基础知识

导　读

自然环境是人类生存的空间载体，资源是国民经济与社会发展的重要物质基础。自然系统为经济系统提供原料和能源，并吸纳人类生产和消费的剩余废物。任何经济系统都是自然界的子系统，其运行和变化受自然规律的支配。环境与资源是人类生存和发展的基本条件。一部人类社会的经济发展史，其基础就是人类开发利用资源与环境的历史。我们以何种思想看待环境与资源、如何评价其功能价值、如何更有效率的利用资源环境值得深思。

关键问题

1. 对于人类来说，自然界提供了哪些福利？
2. 有哪些方法和手段可以用以评估环境与资源的经济价值？

第一节　环境与资源的经济学内涵

环境与资源密不可分。从自然角度看，资源是环境的组成部分，资源和环境都是自然界的组分；从经济角度看，环境也是一种资源，环境和资源都是生产要素，共同为人类经济发展提供福利；从人类发展历史看，资源开发是对自然环境的改变，也是对人文环境的建设。

一、环境与资源的定义

在环境科学领域，环境(environment)是指以人类社会为主体的外部世界的总和。即“直接或间接影响到人类的一切自然形成的物质、能量和自然现象的总体”。《中华人民共和国环境保护法》所称环境的范围则较为宽广，是指“影响人类社会生存和发展的各种天然的和经过人工改造的自然因素的总体，包括大气、水、海洋、土地、矿藏、森林、草原、野生动物、自然古迹、人文遗迹、自然保护区、风景名胜区、城市和乡村等”。

环境不仅包括各种自然要素的组合，还包括人类与自然要素之间形成的各种生态关系的组合。根据人类生存与发展需求的层次性，环境的概念可以分为四个层次：第一个层次的环境，只考虑自然方面的人类环境，即人类的自然生态环境；第二个层次的环境，包括风景名胜、文物古迹，以及土地利用状态等人文环境；第三个层次的环境，增加了美学环境、人居环境及精神环境；第四个层次的环境，是指自然生态环境和社会经济环境的组合，因此它还要增加经济发展状态、教育状态、公共安全及其他的福利状态等因素。环境不仅是一个自然科学概念，也是一个经济学概念。环境是一种为人类提供各种服务的资源,因为它提供生命支持系统以维持人类生存与发展,环境资源属于经济资源的范畴。

《辞海》中的"资源"被解释为"资财之源,一般指天然的财源"。联合国环境规划署(UNEP)对资源的定义侧重于自然资源,是指在一定时间、地点下能够产生经济价值的、以提高人类当前和将来福利的自然环境因素和条件的总称。《英国大百科全书》中把资源定义为人类可以利用的自然生成物以及生成这些成分的环境功能。前者包括土地、水、大气、岩石、矿物及其森林、草地、矿产和海洋等,后者则指太阳能、生态系统的环境机能、地球物理化学的循环机能等。

从广义角度看,环境和资源都是人类所需,为人类生存发展和享受提供一切物质的和非物质的要素。为了区分环境与资源,《环境与资源经济学教程》中"资源"特指"经济资源"——为人类所需且稀缺的资源(不稀缺的,或取之不尽的,不存在经济学上的分配,因而不是经济资源。比如,大气为人类呼吸所需,但目前尚不稀缺,不能成为经济资源进入分配领域)。它不仅包括自然资源(如矿藏资源、森林资源等),而且包括已经人类加工的物质财富和人类本身,以及科学技术、信息等无形资源。回顾人类社会的发展历史,在不同的发展时期,技术的进步拓展了与新技术相适应的新资源。资源的范畴伴随人类社会和科学技术的发展而扩展,多种资源定义并存的局面从一个侧面反映出资源科学也在不断地发展变化之中。

根据成因、作用和形态等方面存在的差异,经济资源可分为四类:一是自然资源,包括土地资源、水资源、矿产资源、生物资源等;二是人力资源,包括人的体力和智力两个方面;三是资本资源,包括非货币形式的有形资本资源(厂房、设备等)、货币资本资源;四是信息资源。

二、环境与资源的类别

分类的目的是为了更好地理解和把握不同环境、资源之间的相互关系及同类资源的共同特征,以便更好更合理地利用环境和资源。

人们习惯上将环境分为自然环境和社会环境。自然环境亦称地理环境,是指环绕于人类周围的自然界。它包括大气、水、土壤、生物和各种矿物资源等,在自然地理学上,通常把这些构成自然环境总体的因素,分别划分为大气圈、水圈、土圈、生物圈和岩石圈五个自然圈层。自然环境是人类赖以生存和发展的物质基础。社会环境是指人类在自然环境的基础上,为不断提高物质和精神生活水平,通过长期有计划、有目的的发展,逐步创造和建立起来的人工环境,如城市、农村、工矿区等。社会环境的发展和演替,受自然规律、经济规律以及社会规律的支配和制约,其质量是人类物质文明建设和精神文明建设的标志之一。如果按照环境要素来分类,可以分为大气环境、水环境、地质环境、土壤环境及生物环境。按照人类生存环境的空间范围,可由近及远、由小到大地分为聚落环境、地理环境、地质环境和星际环境等层次结构,而每一层次均包含各种不同的环境性质和要素,并由自然环境和社会环境共同组成。

对于资源,从不同的角度、标准有着各种各样的分类方法。例如,按照生产要素的实物形态,可以划分为人力资源和物资资源;按资源的利用限度,可划分为可再生资源和不可再生资源;按资源根本属性的不同,可划分为自然资源和社会资源。自然资源按实物类型可划分为土地资源、气候资源、水资源、生物资源、矿产资源、海洋资源、能源资源、旅游资源等。社会资源包括人力资源、智力资源、信息资源、管理资源等。

三、资源的基本特征

人类社会经济发展，如果能按照自然规律、经济规律和社会规律进行，环境、资源、经济、社会就能协调持续发展，人类就将受益于自然界；相反，如果不能按规律进行，则生态破坏、环境恶化、资源枯竭、经济萧条，人类将受困于自然界。因此，人们要正确掌握环境和资源的特点，消除各项工作中的主观性和片面性。

1. 有限性

有限性是自然资源最本质的特征。资源的有限性具有两方面的含义：第一，任何资源在数量上都是有限的；第二，可替代资源的品种是有限的。长期以来，存在着两种截然不同的片面观点看待资源的有限性方面。一种乐观的认为，人类在今后的生产实践过程中会依靠科学技术和发明创造，不断发掘出新的资源或替代资源，人类的前途是无限光明的，人们不必因暂时的资源短缺而杞人忧天。而另一种悲观态度认为，由于资源的有限性在本质上是无法改变的，虽然科学技术能使人类发掘出新的资源，但不能完全解决资源危机问题。

不同资源的更新能力不同、更新周期不同。不合理的开发利用，会消耗甚至摧毁其更新能力，直至其从地球上消失。但人类社会的发展要以一定的经济增长为基础，经济增长又离不开资源的消耗。因此，辩证地对待资源的有限性应当是协调好人与资源的关系：一方面，人类在开发利用自然资源时必须从长计议，珍惜一切自然资源，注意保护与合理开发利用；另一方面，依靠科技进步，提高现有资源的利用率，拓展可利用的资源范围。

2. 区域性

区域性是指资源分布的不平衡，存在数量或质量上的显著地域差异。受太阳辐射、大气环流、地质构造和地表形态结构等因素的影响，资源的种类特性、数量多寡、质量优劣等都具有明显的区域差异。例如，我国能源资源北多南少，水资源北少南多，金属矿产资源基本上分布在由西部高原到东部山地丘陵的过渡地带。从世界范围来看，资源的分布也是不均匀的，波斯湾石油沉积盆地集中了约占世界探明总储量的58%的石油，全世界煤炭总量的87%分布在美国、中国和前苏联三大国或地区等。资源的空间分布不均匀迫使人类必须通过贸易活动使资源在地域间流通和调剂。

3. 多用性

多用性是指任何一种资源都有多种用途。自然资源的多用性为人类利用资源提供了不同用途选择的可能性。例如，高岭土既可用于烧瓷，也可用于造纸、化妆品以及一些高新技术领域，如航空材料、切削刀具、车床钻头和内燃机外壳等。同一种资源可以作为不同生产过程的投入要素，不同的行业对同一种资源存在着投入需求；同一行业的不同部门以及同一部门的不同经济单位，甚至于同一经济单位的不同企业或同一企业的不同车间、班组或工序都会同时存在着对同一种资源（如电力）的需求。资源的多用性要求在对资源开发利用时，必须根据其可供利用的广度和深度，实行综合开发、综合利用和综合治理，以做到物尽其用，取得最佳效益。

四、环境的基本特征

环境系统是一个复杂的，有时、空、量、序变化的动态系统和开放系统。由于人类环境存在着连续不断的、巨大的和高速的物质、能量和信息的流动，表现出其对人类活动的干扰与压力，具有不容忽视的特性。总体来说，环境具有以下几个特征。

1. 整体性

环境构成为一个系统，是由于在各种子系统和各组成成分之间，存在着相互作用，并构成一定的网络结构。正是由于这种网络结构，使环境具有整体功能，形成集体效应，起着协同作用。环境系统各部分之间存在着紧密的相互联系、相互制约关系，局部地区的环境污染或破坏，可能会对其他地区造成影响和危害。例如，燃烧释放出来的 SO_2、NO_2 等气体造成的酸雨沉降，不仅会造成局部地区的森林破坏和水体污染等，还会造成流域内其他地区的生态、土壤、建筑等的破坏或污染。所以人类的生存环境，从整体上看是没有地区界线、省界和国界的。

2. 不可逆性

人类的环境系统在其运转过程中，存在着能量流动和物质循环。物质循环过程是可逆的，但能量流动过程是不可逆的，因此根据热力学理论，整个环境系统的运转过程是不可逆的。环境一旦遭到严重的破坏，即使利用现代科学技术可以实现局部的环境恢复，但也不能彻底回到原来的状态。当然，有时候人类是有意改造环境的，例如，盐碱地的土壤改良、丘陵地区的“坡改梯”等。

3. 隐显性与持续反应性

除了事故性的污染与破坏（如森林大火、化工厂爆炸事故等）可直观其后果外，日常的环境污染与环境破坏对人们的影响，其后果的显现要有一个过程，需要经过一段时间才能被察觉。事实告诉人们，环境污染不但影响当代人的健康，而且还会造成世世代代的遗传隐患。

4. 灾害放大性

实践证明，某些不受关注的环境污染与破坏，经过环境的作用以后，其危害性或灾害性，无论从深度和广度都会明显放大。例如，由于生物的富集作用，食物链低端的动植物中含有的少量污染元素会在食物链高端动物体内积聚，导致生物体机能受损，特别是处于最顶端的人类，其所受危害更加显著。

第二节 环境与资源的价值

环境与自然资源是一个能够有多种多样产出及其关联产品的复合系统，称为“自然资源-环境复合系统”，简称为“资源-环境系统”。资源-环境系统能够提供四种服务：①提供物质性原材料；②调节与维持生命系统；③提供文化娱乐功能；④分解、转移、容纳经济活动的副产品。正因为如此，环境与自然资源具有功能效用性的经济价值。

一、价值理论

价值是经济学中特有的一种分析工具。价值问题也一直是经济学研究的重要内容。古希腊思想家色诺芬在《经济论》中指出，财富是指一个人能够从中得到好处的东西，是有使用价值的东西；英国著名经济学家威廉·配第在《赋税论》中指出用劳动来确定商品的价值；英国古典经济学家亚当·斯密在《国民财富的性质和原因的研究》中指出，只有人类劳动才能创造价值，价值包括使用价值和交换价值两层意思，使用价值是指物品所具有的能够满足人类某种欲望的效用,交换价值是指占有某物而取得的对其他货物的购买力;英国经济学家萨伊在《政治经济学概论》中指出物品的效用是其价值的源泉,也即是“效用价值论”的最初原型;卡尔·马克思在《资本论》中提出,价值的衡量标准是凝结在商品中的无差别的人类劳动的多少;阿弗里德·马歇尔在《经济学原理》中指出,一个人对某物实际所付价格,决不会超过并且很少达到他愿意支付的价格水平,将消费者剩余、供求关系等理论引入价值评价当中。

数理经济学派的杰文斯在《政治经济学理论》一书中提出效用就是一物所具有的产生快乐和防止痛苦的性质,它表示一物对一人的快乐和痛苦的关系。认为效用反映的是人与物之间的关系,“最后效用程度”决定价值量的大小,并指出可以用数学方法来计算其大小;美国科罗拉多州立大学哲学教授、国际环境伦理学会创始人罗尔斯顿认为:价值是由自然系统结构决定的一种性质,自然系统是产生价值的源泉,自然系统价值的存在不依赖于评价主体。环境价值论认为生态环境有价值,而且具有内在价值,这种内在价值固有存在、不因人类意志而转移、人类是无法评判的。

能值价值理论认为自然力和人类劳动是价值的两个来源,自然过程与人类劳动都创造价值;认为将自然过程和人类生产所固定、转化的各种形式的能量换算成太阳能即可定量分析。所包含的太阳能值越高,其价值也就越大。

围绕价值研究形成了许多学说体系,最具影响力的学说体系要数马克思的劳动价值理论和现代西方经济学的效用价值理论。在两大价值理论的形成与发展过程中,一些代表性人物的主要理论观点见表 3-1。

表 3-1 劳动价值论与效用价值论的主要代表人物及其观点

劳动价值理论	效用价值理论
①威廉·配第:商品价值来源于劳动,区分了商品的自然价格(即价值),政治价格(即交换价值),市场价格(即价格); ②亚当·斯密:所有生产商品的劳动都创造价值,将创造价值的劳动归结为一般的社会劳动; ③大卫·李嘉图:区分了使用价值与交换价值,将使用价值作为交换价值的承担者; ④卡尔·马克思:商品是用来交换的劳动产品,是使用价值和价值的统一体,计量商品价值量的只能是社会必要劳动量	①阿弗里德·马歇尔:将效用作为需求的基础,由供给与需求所决定的市场均衡价格来评判价值; ②保罗·萨缪尔森:提出“显示偏好理论”,认为经济学家可以通过消费行为来观测和推断消费者内在的行为规范; ③阿瑟·塞西尔·庇古:以边际效用理论为基础,提出福利的概念(一个人所获得的所有满足),用福利评价价值,并指出经济福利是福利中可以用货币计量的那部分; ④效用就是一物所具有的产生快乐和防止痛苦的性质,反映的是人与物之间的关系

如果按照劳动价值理论,价值是指凝结在商品之中的人类一般劳动,价值量的大小由社会平均必要劳动时间决定,那么环境和自然资源是没有价值的,即使是人工生态系统,其许多功能,比如休闲娱乐、改良土壤、调节气候、维持生境等功能,也无法体现其价值量。因为这些功能都是自然过程,并没有人类劳动的参与。依照马克思的劳动价值理论,商品才有价值,而某物品要成为商品,必须是人类劳动的产品,并且能用于交换,但是作为生态环境的许多功能皆不可转移、无法交换,更不是人类劳动的产品。

如果全面接受环境伦理学的观点，自然系统价值的存在不依赖于评价主体，生态环境的价值是难以评判，我们面对资源环境的选择问题时将束手无策。但在现实中，人类常常面临诸多选择，任何决策都意味着为了获得某物而必须牺牲另一物，或者是获得资源的某种价值而必须放弃其另一种价值。所以我们只有寻找方法，用环境伦理学看似“主观”的人类观点，去评判生态环境的价值，去权衡各种功能的价值大小。

能值价值理论运用能量定律、系统生态学巧妙地找到了生态系统和人类经济系统的“连接点”，以“能值”的高低来比较价值的大小，也为生态环境价值评价开拓了新的思路。但是，不同系统的能量具有不同的性质，其价值具有本质区别，不可简单地进行大小比较。当然，众多学者的研究正逐步完善这个体系，也取得了一些进展。

效用价值理论是从人对物的评价过程中抽象出来的，符合目前环境影响损失评价的初衷，本质上反映了人与自然的关系，较为适合研究环境经济问题与资源经济问题，特别是环境影响的损失评价问题。生态环境影响损失的结果，表现为生态系统效用的减少。由于生态系统的服务功能，更多的针对它的消费群体人类而言(具有与商品类似的特性)，其服务功能的损失则是直接针对人类现实福利或将来福利的而言。因此，以效用价值理论为基础，引入经济学需求理论可以评价生态系统服务功能的经济价值。

二、价值分类

环境和自然资源作为人类生存和发展的物质基础，可以使人们获得物质和心理上的享受，即便是最劣等的资源，也仍可能具有使用价值，可以满足人类某些方面的需要。按照效用价值理论，有用性是资源具有价值的前提和必要条件，无论环境和自然资源中是否凝结了人类的劳动，因其“有用性”就决定了它具有效用价值。价值反映物质对人类的效用，资源-环境系统为人类提供的效用是多种多样的。

国内外学者和研究机构，将资源-环境系统的效用以生态环境服务功能的形式表达出来。资源-环境系统拥有众多不同类型的功能，多种功能之间又存在错综复杂的相互依存、相互影响的关系。将其分类阐述较为困难，目前的主要观点，如表 3 - 2 所示。

Pearce 等人认为生态环境功能的价值由使用价值(use value)和非使用价值(non - use value)构成，其中非使用价值通常占据较大的比重。这是文献中较早出现有关生态环境功能价值的论述。针对生态环境功能价值，现有文献中比较权威的分类方法有三种，分别为联合国环境规划署(1993)、我国原国家科学技术委员会(1994)和原国家环境保护总局(1998)的分类标准。另外，还有一些学者提出的某些模式。

1993 年，联合国环境规划署(UNEP)编写的《生物多样性国情研究指南》中将生物环境功能价值分为五个方面：①实物形式的直接价值；②非实物形式的直接价值；③间接价值；④选择价值；⑤消极价值。

1994 年，原国家科学技术委员会组织的自然资源核算研究中，将生态环境价值分为使用价值和非使用价值两大部分，并提到选择价值和存在价值的概念。

1998 年，由原国家环境保护总局出版的《中国生物多样性国情研究报告》中，将生物多样性的价值分为三个方面：①使用价值，即被人类作为资源使用的价值，又分为直接使用价值和间接使用价值。直接使用价值：生物为人类提供食物、纤维、建筑和家具材料、药物及其他工业原料。间接使用价值：指间接地支持和保护经济活动和财产的环境调节功能，如地球大气圈对

表 3－2　生态环境服务功能分类

研究机构(学者)(年份)	序号	功能分类(举例或说明)
联合国组织的千年生态系统评估(2003年)	1	供给功能(如粮食与水的供给)
	2	调节功能(如对气候、水资源、疾病等的调节)
	3	支持功能(初级生产、土壤形成与养分循环等)
	4	文化功能(娱乐、精神、宗教等非物质方面的效益)
Costanza 等(1997年)	1	大气调节(大气化学组分调节、CO_2/O_2 平衡、臭氧层防护等)
	2	气候调节(如温室气体调节,对气温、降水的调节)
	3	干扰调节(调节暴风雨、洪涝、干旱等对栖息地环境的影响)
	4	水资源调节(调节水循环过程)
	5	水资源储存(江河、湖泊、水库等水域,地下含水层等储存水分)
	6	侵蚀控制与土层保护(防治土壤侵蚀和水土流失)
	7	土壤形成(有利于土壤的形成和有机物质的聚集)
	8	营养循环(有机物的生产、传递,如 N、P 等营养元素的循环)
	9	废物吸收(废物分解、吸收、解毒等)
	10	植物授粉(花粉传递,植物种群的再生产)
	11	生物控制(营养物质的食物链传递,调控各营养级生物数量)
	12	庇护作用(生物栖息地)
	13	食物生产(如谷物、水果、鱼类等)
	14	原料生产(如木材、薪材、饲料等)
	15	基因资源库(生物原料和产品,如谷物抗病虫害的基因)
	16	娱乐休闲(作为生态科学普及、生态旅游场所)
	17	文化科普(美学、艺术、教育、科研)
Daily GC(1997年)	1	空气与水的净化
	2	减轻洪灾和旱灾
	3	废物分解与解毒
	4	土壤形成与肥力恢复
	5	农作物与植物授粉
	6	控制大规模的虫害
	7	种子传播与营养物转换
	8	维持生物多样性(以供应人类工农业、医药业等原料)
	9	紫外线防护
	10	局部气候稳定
	11	缓和极端气温,减轻风浪损害
	12	支持多样的人类文明
	13	文化美学功能
欧阳志云等(1999年)	1	有机质生产(第一性生产与次级生产、合成与生产有机质及其产品)
	2	生境创造与维持(为各类物种提供繁衍生息的场所,保存遗传基因信息)
	3	调节气候(固定大气中的 CO_2 而减缓地球的温室效应)
	4	减轻洪涝与干旱(如湿地调蓄洪水,森林涵养水源)
	5	土壤的生态功能(如有机质的降解与营养物的循环)
	6	传粉与种子扩散(大多数显花植物需要动物传粉才得以繁衍)
	7	有害生物的控制(通过竞争、捕食等营养结构形成自然平衡)
	8	环境净化(如植物对大气污染的净化作用)

地球表面温度的调节。②选择价值(或称为潜在价值),即为后代人提供选择机会的价值。因为许多生物和生态环境的价值目前还不清楚,如果这些物种遭到破坏,后代人就再没有机会利用或在各种可能性中加以选择。③存在价值(又称伦理或道德价值),指每种生物都有它自己的生存权利,还有理解为自然界繁复的物种及其系统的存在,有利于地球生命支持系统功能的保持与结构的稳定。

欧阳志云、王如松、赵景柱(1999)在沿用原国家环境保护总局标准时,将直接使用价值与间接使用价值分开,独立成两部分,用以"直接利用价值、间接利用价值、选择价值、存在价值"四个方面来评价生态环境服务功能的总价值。

孙发平、曾贤刚(2008)又增加了"遗产价值",形成"生态环境价值=(直接使用价值+间接使用价值)+(选择价值+存在价值+遗产价值)"的生态环境价值评价表达式。并把遗产价值与选择价值、存在价值一起归纳为非使用价值。关于选择价值,世界银行环境局的《环境评价资源手册更新》(1998 年 4 月第 23 号)认为属于使用价值范畴(将利用这些价值的机会留给未来的某个时候)。

陈应发和陈放鸣(1995)根据国外研究成果,将森林环境资源价值分为内在价值(inherent value)、社会价值(social value)、经济价值(economic value)三个类型。并解释内在价值为一种与人类的存在、利用和爱好无关的价值,如自然资源的环境服务或生态系统服务;社会价值是一种与人类生存、发展、开发、利用等相关的主客观价值,它既是一种认识价值,也是一种赋予价值,包括文化价值(cultural value)、社会关系价值(societal value)、生理价值(biological value)和心理价值(psychological value);经济价值是指森林资源可用于市场交换的货币价值。

为了有别于传统的忽视环境与自然资源价值的理论和方法,马中在《环境与自然资源经济学概论》中提出环境与自然资源的总经济价值(total economic value,TEV)分为两部分:使用价值(use value,UV)或称有用性价值(instrumental value)和非使用价值(non use value,NUV)或称内在价值(intrinsic value)。环境的使用价值可进一步划分为直接使用价值(direct use value,DUV)、间接使用价值(indirect use value, IUV)和选择价值(option value,OV)。

三、价值评估

首先,有一个基本的假设:人类对于环境质量和自然资源保护的偏好对资源配置产生重要影响。在这个前提条件下对环境与自然资源的经济价值评估,就通过个人的经济偏好来反映。因此,人们对于环境改善的支付意愿(willingness to pay,WTP)或忍受环境损失的接受赔偿意愿(willingness to accept,WTA)构成了环境与自然资源的经济价值评价与估算的基础。

1. 直接市场估价法

直接市场估价法又称物理影响的市场评价法或常规市场法,它是一种根据生产率的变动情况来评估资源环境价值的方法。这种方法可以从直接受到影响的物品的相关市场信息中获得人们的偏好和支付意愿或接受意愿。所有由于资源环境改变带来的外部成本的增加之和,可以被当作资源环境改变的市场估价。市场价值估价法利用市场价格(或影子价格)估算资源环境损坏的价值(资源环境成本)或评价环境改善带来的利益。常用的直接市场估价法有:剂量-反应法、生产率变动法、疾病成本法、人力资本法、机会成本法、重置成本法等。

剂量-反应法(does - response technique)是通过一定的手段评估资源环境变化给受者造成影响的物理效果。该方法是以建立环境损害(反应)和造成损害的原因之间的关系为目的,评价在一定的污染水平下,产品或服务产出的变化,并进而通过市场价格(或影子价格)对这种产出的变化进行评估。剂量-反应法为其他的直接市场评价法提供信息和数据基础,特别是它将提供环境质量的边际变化与受影响的产品或服务产出的边际变化的关系。这种方法主要用于评估环境变化对市场产品或服务的影响,因此,它不适用于对非使用价值的评估。

生产率变动法(changes in productivity approach)也称生产效应法(effect on production approach),是利用生产率的变动来评价资源环境状况变动的影响的方法。这种方法把资源环境质量看作一个生产要素,资源环境变化可以通过生产过程影响生产物品的产量、成本和利润,或是通过消费品的供给与价格变动影响消费者福利。资源环境质量的变化导致生产率和生产成本的变化,从而导致产品价格和产量的变化。生产率的变动是利用投入品和产出品的市场价格计量的。当存在价格扭曲时,需要对市场价格进行调整。

疾病成本法(cost of illness approach)和人力资本法(human capital approach)是用于估算环境变化造成的人们健康损失成本的主要方法,或者是通过评价反映在人体健康上的环境价值的方法。环境基本功能之一,就是为人类生存提供必要的支撑条件。因此,环境的恶化必将导致人类生存空间的减少和人类生存质量的下降。在这样的影响下,人们直接的损失是为健康问题支付的费用不得不增加(即疾病成本增加),间接的损失表现为脑力和体力劳动生产率下降导致经济组织利润减少,以及个人各种可能收入减少等(即人力资本回报减少)。

由于资源的稀缺性,每一个时期人们对待资源的使用都必须做出选择,以决定将稀缺资源配置于哪一类产品与劳务的生产,满足人们哪一方面的欲望,使得总的效果最大。某种资源的全部或部分用于某种商品的生产,另一种商品或劳务的生产在使用该资源的时候必将减少。资源的这种稀缺性以及由此而限定的选择引出了经济学中的一个重要概念,即机会成本。使用一种资源的机会成本是指把该资源投入某一特定用途后所放弃的在其他用途中所能够获得的最大利益。机会成本法(opportunity cost approach)特别适用于对自然保护区或具有唯一性特征的自然资源的开发项目的评估。在评估无法确定价格的自然资源时,运用机会成本法可以用该资源作为其他用途时可能获得的收益来估算自然资源的机会成本。

2. 揭示偏好估价法

随着资源环境意识的提高,现如今人们决定购买或消费某些物品时,通常会考虑环境质量好坏对这些物品的实际价值的影响。资源环境价值计量的揭示偏好估价法就是这种从与资源环境相关的其他物品所蕴涵的信息中推断出消费者的偏好或支付意愿的方法。

经济学中,揭示偏好法(revealed preference approach)是通过考察人们与市场相关的行为,特别是在与环境联系紧密的市场中所支付的价格或他们获得的利益,间接推断出人们对环境的偏好,以此来估算环境质量变化的经济价值。在市场上存在着一些商品,它们往往可以作为环境所提供服务的替代品。如果这种替代作用可以成立,则增加环境物品或服务的供应所带来的效益,就可以从替代它们的私人商品购买量的减少测算出来。揭示偏好价值评估法主要包括下面几种方法:内涵资产定价法、防护支出法与预防费用法、旅行费用法等。

内涵资产定价法(hedonic property pricing),又称内涵价格法(hedonic price method),它以人们赋予环境的价值可以从他们购买的具有环境属性的商品的价格中推断出来这一理论为基础。内涵资产定价法的使用需要大量的数据,要求具有很高的经济知识和统计技巧,而且,当环境改变较大时,环境产品的暗含价格可能不再代表消费者对这些价值的支付愿望。同时,由于这个方法不能估算非使用者价值,因此会低估总的环境价值。鉴于这些原因,这个方法的使用被大大限制了。在实际应用中，它常常运用于研究房地产和大范围内的空气污染、飞机噪声等。

防护支出法（preventive expenditure approach），有时也称防务支出法（defensive expenditure approach）或防护行为法（preventive behavior approach），它根据人们为防止环境恶化所准备支出的费用多少推断出人们对环境价值的估算。面对环境恶化，人们总会努力采取各种措施以保护自己免受环境质量恶化对自己的影响。这些防护方法既可能是环境质量的替代品，也可能是防止环境恶化的措施，人们为此不得不进行防护支付。反之，当环境质量提高时，人们对替代品的花费就会降低。

旅行费用法（travel cost approach）常常被用来评价那些没有市场价格的自然景点或者环境资源的价值。它要评估的是旅游者对这些环境资源的支付意愿，或者说旅游者对这些环境商品或服务的价值认同。为了确定消费者对这些环境商品或服务的价值认同，旅行费用法的假设基础是，尽管这些环境资源可能并不需要旅游者支付门票费等，但是旅游者为了进行参观，或者说使用或消费这类环境商品或服务，却需要承担交通费用，以及他们所要花费的时间。旅游者为此而付出的代价可以看作是对这些环境商品或服务的实际支付。旅行费用法主要用于估计对休闲设施的需求以及对休闲地的保护、改善所产生的效益，是一个比较成熟的方法。旅行费用法要求从询问调查中收集大量的数据，并且需要精心选择估算程序。值得注意的是，旅行费用法针对的是具体场所的环境价值而不是娱乐本身的收益，当对于交通费用很低的旅游景点以及旅行本身就是参观的一种效益时，这种方法比较难以适用。

3. 陈述偏好法

陈述偏好法是指通过直接调查方式，让消费者表述他们对环境物品或服务的支付意愿或接受赔偿意愿（或对其价值进行直接判断）的方法。当缺乏真实的市场数据，甚至也无法通过间接地观察市场行为来赋予资源环境价值时，只好依靠建立一个假想的市场来解决。这种方法就是意愿调查价值评估法（contingent valuation method，CVM），又称为假想评价法（hypothetical valuation method，HVM），是指通过调查推导出人们对环境资源的假想变化的评价，是典型的陈述偏好法。

陈述偏好法试图通过直接向有关人群样本提问来发现人们是如何给一定的环境变化定价的。在意愿调查价值评估法中有两个主要内容，即人们对某一环境改善效益的支付意愿和对环境质量损失的接受赔偿意愿。主要包括投标博弈、比较博弈、无费用选择三种类型。

投标博弈法（bidding game approach）被广泛地应用于对公共物品的价值评估方面，要求调查对象根据假设的情况，说出他对不同水平的环境物品或服务的支付意愿或接受赔偿意愿。投标博弈法分为单次投标博弈和收敛投标博弈。在单次投标博弈中，调查者必须在向被调查者解释要估价的环境物品或服务的特征及其变动的影响以及保护这些环境物品或服务的具体办法的基础上，询问被调查者为了改善保护该环境或服务，他最多愿意支付多少钱，或者反过来询问被调查者，他最少需要多少钱才愿意接受该环境或服务被破坏的事实。在收敛投标博弈中，被调查者不必自己说出一个确定的支付意愿或接受赔偿意愿的数额，而是被问及是否愿意对某一物品或服务支付给定的金额，之后根据被调查者的回答，调查者不断改变这一数额，直至得到被调查者的最大支付意愿或最小接受赔偿意愿。

比较博弈法（trade - off game）要求被调查者在不同的物品与相应数量的货币之间进行选择，故又称为权衡博弈法。这种方法在环境资源的价值评估中，通常给出一定数额的货币和一定水平的环境商品或服务的不同组合，该组合中的货币值，实际上就代表了相应的环境物品或服务的价格。给定被调查者一组环境物品或服务以及相应价格的初始值，然后询问被调查者愿意选择哪一项。被调查者对二者进行取舍，根据被调查者的反应，不断提高或降低价格水平，直至被调查者选择二者中的任意一个为止。之后，再给出另外一组组合，比如环境质量下降了，价格也随之下降了，然后重复上述的步骤。最终经过几轮询问，根据被调查者对不同环境质量水平的选择情况，调查者对此进行分析，就可以估算出被调查者对边际环境质量变化的支付意愿。

无费用选择法（costless choice）是指调查者通过询问被调查者在不同的物品或服务之间的选择来估算环境物品或服务的价值的方法。该方法模拟了市场上消费者购买商品或服务的选择方式，给被调查者两个或多个方案，每一个方案都不用被调查者付钱，然后让被调查者进行选择。例如，在含有两个方案的调查中，需要被调查者在接受一笔赠款（或被调查者熟悉的商品）和一定数量的环境物品或服务之间做出选择。如果某个人选择了环境物品，那么该环境物品的价值至少等于被放弃的那笔赠款（或商品）的数值，可以把被放弃的赠款（或商品）作为该环境物品的最低估价。

第三节　环境与资源的核算

随着科学技术水平的进步，社会生产力逐步提高，人类开发和利用自然资源的能力与日俱增。然而，与此同时，世界人口急剧膨胀，人均资源消耗日益增多，自然环境资源的物质稀缺性对经济系统的制约作用越来越明显，人类赖以生存的环境发生了巨大的变化，环境的恶化甚至直接威胁着人类的生存。近几年，人们逐渐认识到传统的经济发展模式和对经济衡量的指标体系已不能正确反映社会、经济、文化等方面的进步和可持续发展能力，经济的发展必须与合理利用资源和保护环境结合起来。为促进资源环境与社会发展的协调，就必须全面核算经济活动的资源环境成本与收益。

一、环境与经济综合核算体系 SEEA

基于对经济与环境、资源协调发展的重要性认识上，国民经济核算应当反映资源环境因素这一观点在国际上日益成为共识。然而，当前广泛应用的国民账户体系（SNA）中，经济过程与资源环境系统是完全分离的。该体系忽视了生态环境与自然资源对经济发展的贡献，没有考虑到环境退化对经济造成的损失，环境预防费用被不合理地计入了国民收入项目，核算指标没有体现环境资产等。这些不足体现出了该核算体系在资源环境领域的片面性和局限性。

环境经济综合核算旨在说明经济发展与环境资源之间的相互作用，为资源环境与社会经济提出新的发展目标和发展模式。这种核算体系通过建立附属账户，把经济信息和环境信息融合在一起，更有利于全面地分析和制定政府政策，符合可持续发展的趋势，这也是进行环境经济综合核算研究的具体意义所在。联合国统计委员会经过不断地尝试、设想和研究，于1993 年推出了修订本《SNA1993》，这本手册将经济核算与环境核算融合在一起，形成了经济与环境综合核算体系（a system of integrated environmental and economic accounting，SEEA）。SEEA 是一个与 SNA 相联系的卫星账户系统，而不是直接修正或替代 SNA 的核心系统。目前已经产生和发展了 SEEA1993、SEEA2000 和 SEEA2003。

SEEA1993 总体结构包括三个部分:第一和第二部分关于货物和服务的提供和使用,以及通过资本积累账户将两者连接起来;第三部分关于期初、期末资产账户及其连接项目。该体系为经济与环境综合核算提供了一个比较完全的理论框架。

SEEA2000 初步确立了综合经济环境核算的实施步骤,为各国实施 SEEA 提供了更加具有可操作性的指示和建议。SEEA2000 包括"应用国民经济核算框架进行环境分析"、"定义自然资源核算对象"、"界定环境资产核算范围"、"编制污染排放账户"、"总体描述与分析环境经济核算结果,并使之成为分析应用的工具和基础"这五部分内容。

SEEA2003 在对非生产性有形(自然)资源的分类、资产核算的统一以及与 SNA 相联系等方面对 SNA 进行了扩展和补充,加强了对各种资源环境核算方法的具体指导,并最终形成了环境与经济核算一体化的整体框架。该体系从五个主要方面扩展了 SNA 的概念和系统基础:第一部分,主要阐述对 SNA 的资产供应与需求账户的调整,以反映与环境相关的具体经济活动总量,和其他不影响环境和不被环境影响的活动总量;第二部分,主要阐述传统核算中的那些不明确的流量和存量,设立特别账户对防止环境退化的环保活动进行了价值核算;第三部分,主要阐述原材料-能量平衡的概念和自然资源核算;第四部分,介绍各种自然资产价值的估价及其应用,包括非财政资产的市场评估、为了维持自然资产的现有水平所支出的维护价值评估和环境服务消耗的需求价值评估;第五部分,把社会生产扩大到家庭生产的范畴,以及其对环境和人类福利的影响,拓展了 SNA 的产出概念。

二、自然资源核算

自然资源核算是指对一定时间和空间内的自然资源,在合理估价的基础上,从实物、价值和质量等方面,统计、核实和测算其总量和结构变化,并反映其平衡状况的工作。自然资源核算的作用主要在于:第一,能弄清自然资源家底;第二,为国家宏观经济调控提供重要依据;第三,为建立资源市场创造条件;第四,为处理资源所有权关系提供操作工具。

1. 自然资源核算的内容

自然资源核算的基本内容可以从四个方面理解:

(1)实物量核算(physical accounting, quantity accounting)、价值量核算(value accounting)和质量指数核算(quality index accounting)。

(2)个量核算(category accounting)和总量核算(overall accounting)。个量核算既可以是数量或实物量核算,也可以是价值量核算,还可以仅仅进行质量核算。综合核算只限于价值量核算,可加总、可比较。

(3)存量核算(stock accounting)和流量核算(flow accounting)。存量核算有助于评估某一时刻的资源总量及其与经济总量间的关系,也有助于对不同地区间的资源存量进行比较;流量核算有助于认识一国或地区随经济增长而发生的自然资源基础变化,有助于分析资源流与经济流之间的动态关系。

(4)纳入国民经济核算。这是资源核算的最终目的之一,将对国民经济核算体系产生重大的变革。

2. 自然资源核算的程序

(1)界定自然资源核算对象,即对某一地区全部自然资源进行严格界定。如所包括的土地、矿产、水、森林、生物和能源等自然资源。

(2)统计自然资源实物量,包括自然资源数量、质量及利用状况等。大多数情况下,自然资源统计已有相当的基础,其数据资料可以直接引用。

(3)绘制自然资源利用流向及流程图。该图用来直观而形象地反映各类自然资源的增减变化、流入和流出的方向和过程,其目的在于明确资源增减的原因、数量和利用结构的情况,服务于建立资源核算账户。

(4)自然资源估价,即估定自然资源单位价格并核算其总价值。这是关键的一步,也是难点所在,关系到核算的成败。

(5)对自然资源进行分类核算,包括对自然资源逐类进行实物增减量的计算和流向分析;对自然资源逐类进行价值增减量的计算和流向分析,它是综合核算的基础。

(6)自然资源综合核算,即进行资源价值总量的比较和平衡分析,用以反映资源总量的整体变化情况,以及反映自然资源利用的综合效率情况。

(7)进行自然资源质量指数核算,可用以校正数量核算和价值核算的结果。

(8)将自然资源综合价值量核算结果纳入国民经济核算体系或经济增长的成本效益分析之中,用以改进和完善常规的经济效益分析,达到自然资源可持续利用的要求。

3. 自然资源核算的方法

同 SNA 中计算增加值的方法一致,对自然资源进行核算也是采用生产法,即产品价值量$=C+V+M$,其中$V+M$是人类在生产过程中追加的价值。根据这一原则,再加上自然资源生产的特殊性,就衍生出不同的自然资源核算方法。

(1)损耗法。自然资源损耗在"损耗法"计算中相似于 GDP 核算中计算的固定资产折旧所起的作用。国内生产净值(NDP)用生产法计算是采用国内生产总值(GDP)减去固定资产折旧;同样,环境调整国内生产净值(ENDP)可用 NDP 减去自然资源净损耗的价值量得出。自然资源净损耗价值量的计算包括两个方面:自然资源实物变动量的核算和自然资源净价值的计算。

(2)使用者成本法。与损耗法形成对照的是使用者成本法。使用者成本方法将资源开采部门出售不可再生资源带来的净收入分成资本因素(或称使用者成本),以及代表真实收入的价值增加因素。从收入角度来看,使用者成本体现了对资源使用者也即自然资源生产者原有资本的侵蚀;从生产角度来看,使用者成本必须靠收入来弥补,作为损耗费用从净收入中扣除的部分,应再投资到资源产业或其他产业中去,以使重新投资带来的回报流量以及本期开采获得的收入中被认定为回报的那一部分之和,能够足以弥补自然资源的最终损失,保证真实收入的持续获得。

(3)两种方法的比较。损耗法与使用者成本法都是自然资源核算方法,目的是强调生产中资源因素的贡献。两者区别在于:前者把自然资源净损耗单列出来,认为 NDP 中包含自然资源净损耗,所以必须对 NDP 进行调整,用 NDP 减去自然资源净损耗,得出环境调整过后的 ENDP;而使用者成本法与此相反,把自然资源净损耗作为固定资产折旧处理,认为由于在 NDP 的计算过程中已把自然资源净损耗从 GDP 中剔除,那么就不须再对 NDP 作出进一步的调整。

损耗法和使用者成本法在实际应用中也暴露出了一些缺陷和不足。

损耗法的缺陷在于:新发现的自然资源价值量的影响可能过大。由于是用 NDP 减去自然资源净损耗的价值量计算出 ENDP，而当资源新发现量远远超过自然资源损耗量时，则可能产生较大的负净损耗，以至出现 ENDP 大于 GDP 的似乎异常的现象。所以有的学者建议，对新发现的资源作零价格处理，或以勘探过程中发生的费用作价处理。

使用者成本法缺陷在于：①该方法与 SNA 中的资产定价方法不一致，SNA 中的资产价格用其市场价格或虚拟市场价格，而使用者成本法价格制定却不以市场机制为基础；②由于每年的存储/开发比变动很大，造成使用者成本相应也会产生较大波动；③计算过分依赖于对存储量的估计，其准确程度容易受到质疑。

总体来说，自然资源核算（NRA）的这两种方法虽各有优缺点，NRA 中的指标不能为一个国家明确指出如何利用自然资源以使效益最大化，但自然资源核算的使用与 SNA 相比依然具有明显的优势，不仅能为评价一个国家的经济状况提供一个更现实的方法，还能相当有效地为决策者提供一个权衡各种方案的参考。

关键点

1. 环境与资源密不可分。从自然角度看，资源是环境的组成部分，资源和环境都是自然界的组分；从经济角度看，环境也是一种资源，环境和资源都是生产要素，共同为人类经济发展提供福利。

2. 资源环境系统能够为人类提供四种服务：①提供物质性原材料；②调节与维持生命系统；③提供文化娱乐功能；④分解、转移、容纳经济活动的副产品。正因为如此，环境与自然资源具有功能效用性的经济价值。

3. 环境与自然资源的总经济价值分为两部分：使用价值和非使用价值。使用价值可进一步划分为直接使用价值、间接使用价值和选择价值。

4. 环境与资源的价值评估有一个基本假设：人类对于环境质量和自然资源保护的偏好对资源配置产生重要影响。

参考文献

Andy Dobson. Food-web structure and ecosystem services: insights from the Serengeti [J]. Phil. Trans. R. Soc. B，2009(364)：1665－1682

Barry C. Field，Martha K. Field. Environmental economics: an introduction (fifth edition) [G]. McGraw-Hill Education，2009

Costanza R，d'Arge R，deGroot RS，*et al*. The value of the world's ecosystem services and natural capital [J]. Nature，1997(387)：253－260

Daily G C . Nature's services: Social dependence on Natural Ecosystem[M]. Washington，DC: Island Press，1997

Daily G C，Söderqvist T，Aniyar S，*et al*. The value of nature and the nature of value[J]. Science，2000(289)：395－396

Turner R K，Daily G C. The ecosystem services framework and natural capital conservation [J]. Environmental & Resource Economics，2008(39)：25－35

Robert Cameron Mitchell，Richard T. Carson. Using surveys to value public goods[M].

Washington U. S. A.: Johns Hopkins University Press,1989

UNEP. Guidelines for the preparations of country studies on costs, benefits and unmet needs of biological diversity conservation within the framework of the planned convention on biological diversity, Niobe[G]. United National Environmental Program,1991

Smith V K. Nonmarket valuation of environmental resources: an interpretive appraisal[J]. Land Economics. 1993,69(1):1-26

陈应发,陈放鸣. 国外森林资源环境效益的经济价值及其评估[J]. 林业经济,1995(4):65-74

过建春. 自然资源与环境经济学[M]. 北京:中国林业出版社,2007

何强,井文涌,王翊亭. 环境学导论(第三版)[M]. 北京:清华大学出版社,2004

李希婕. 环境-经济核算方式初探[J]. 上海统计,2000(4):28-30

马中. 环境与自然资源经济学概论(第二版)[M]. 北京:高等教育出版社,2006

欧阳志云,王如松,赵景柱. 生态系统服务功能及其生态经济价值评价[J]. 应用生态学报,1999,10(5):635-640

钱伯海. 国民经济统计学[M]. 北京:中国统计出版社,2000

孙发平,曾贤刚,苏海红,等. 中国三江源区生态价值及补偿机制研究[M]. 北京:中国环境科学出版社,2008

朱力崎. 自然资源核算的两种方法[J]. 统计研究,2000(6):18-19

思考题

1. 如何理解资源与环境的相互关系? 各有哪些特性?

2. 资源环境系统为人类提供了哪些服务功能?

3. 为什么要进行资源环境的价值核算? 资源环境价值核算的主要目的是什么?

4. 资源环境价值核算的常见方法有哪些?

5. 斯密设定有什么缺陷?

6. 运用经济效率指标时要注意哪些问题?

第四章　环境的外部性与环境政策

导　读

因为环境的公有性、整体性等特征，一个经济单位的经济行为(生产或者消费)通常会影响到其他经济单位的生产过程或者消费质量(或生活环境)。这就是环境外部性的重要体现。“外部性”是环境与资源经济学中最常见的词汇之一。认识并分析环境的外部性，对剖析资源环境配置、应对市场失灵、制定环境经济政策都十分必要。

关键问题

1.外部性如何产生，有哪些类型？

2.外部性为什么会导致市场失灵，我们又如何应对呢？

第一节　环境的外部性

当一个人(或企业、公司等经济单位)的行动在没有许可的情况下影响到另一个实体(其他人、企业或公司等)时，外部性就发生了。由环境介质传递、与环境问题相关的外部性，我们称之为环境的外部性。环境的外部性有两种效应：正面的影响，如改善环境，优化环境，提高环境质量或舒适程度，称之为正的外部性或外部经济性；负面的影响，如污染环境，破坏环境，降低环境质量或舒适程度，称之为负的外部性或外部不经济性。

一、环境外部性的界定

关于外部性的论述，有许多的文献。目前有两种较为权威的论述：其一，建立在有无许可，是否达成协议的经济关联问题之上，即当一个人或一家公司的消费或生产选择在没有得到另一个实体许可或者补偿的情况下就进入到这个实体的效用函数中时(换句话说，当一个实体的福利非自愿地受到外部影响时)，外部性就发生了。这个概念中排除了两个代理人之间互相达成一致并且有支付发生的行为，还需排除对他人的故意伤害(如谋杀)或有意示好等情况。第二种论述，特别强调经济变量的隐含性，认为某些变量被忽略而造成经济主体价值判断的偏离，即假设经济主体甲的效用或生产函数包括一些实际变量，当其他经济主体考虑甲的价值关系时，如果忽略了某个或某些实际变量对甲的影响，外部性就出现了。

一些经典教材中的案例可以帮助大家理解外部性。如果我把音响开得很大，我邻居必然会听到，如果他愿意听那么他乐在其中，如果他不愿意那么他不甚其烦。如果一家洗衣店开在一家水泥厂旁边，那么生产水泥的行为对洗衣店来说意味着增加成本。在一条拥堵的公路上，多一个额外的车辆将对其他所有车辆产生外部性。苹果园的拥有者为旁边的养蜂者提供了正的外部性（增加蜂蜜的数量或品质），同时养蜂者也对果园提供了正的外部性（蜜蜂为苹果花授粉）。知识的产生在某种程度上也提供了正的外部性，因为它很少会限于只给那些知识的创造者带来收益。

环境的外部性，往往会表现得更复杂一些。例如，一家造纸厂将污水排放到一条用于游泳的河里所产生的外部性问题（造纸厂的生产影响到了游泳者的享受）。微量的污水也许游泳者并不察觉，此时河水污染的外部性并没有体现出来。而当污水更多一些时，游泳的愉悦感就会下降，河水污染的外部性对于游泳者来说已经产生。当河水进一步被污染时，这条河里也许根本不能游泳，河流用于游泳的功能完全丧失，此时，对于游泳者来说造纸厂对环境的外部不经济性达到最大（河水污染再严重一些，对于游泳者来说也依旧是不能游泳而已，此时污染增加对效用没有影响。但是对于其他主体也许会有新的麻烦）。

环境的外部性更多地体现了公共物品属性。公共物品两个最基本的性质：供给的普遍性和消费的非排他性。环境作为公共物品，其供给是“非竞争”的，即增加一个人对环境的消费常不会减少或影响他人对环境的继续消费。例如，一个城市大气污染所带来的影响，不会仅仅只限于某个人，人口增加也不会降低大气污染程度。对于环境污染来说，这是一个公共“损害”的案例。普遍性体现在：城市大气污染，该城市所有居民都受到影响。非排他性体现在：即使新迁入人群多呼入了一口大气，也并没有降低原居民所受影响的程度。再如，一座能够被所有路人观赏的花园是一种公共“享受”，只要同时观赏的人数不至于大到引起拥挤，花园对于所有观赏者来说是一种“享受”的供给方，这种“享受”看作是对花园环境的消费（甲多看了一眼并不影响乙的消费质量和数量）。

环境的外部性有时也表现为“竞争”外部性。例如，某村有一片野生香椿树，每当椿树发芽时村民竞相采摘食用，椿树芽数量有限，如果甲多采摘一些，那么乙能采摘的总量就会减少一些，导致许多新芽过早采摘。很明显该案例中乡村环境的这种外部性具有“竞争”特点。

二、环境物品的类型

很多物品都属于环境物品，例如空气、水等。也有很多被视为物品，如空气质量、水污染等，而称之为环境物品。这其中包括了舒适的价值或是不适的价值损失，例如，森林的美丽风景、清新空气，或是城市上空笼罩的烟尘和雾霾。环境的复杂性导致环境物品及其消费理论的难以理解。基于环境污染的性质，空气质量是一种产品，水质量是另一种产品。基于受害者群体的性质，污染对健康的影响、对农业的损害、对建筑的破坏，都可看作不同的环境物品。为了有助于环境价值的理解，我们可以基于人们如何感知损害来分类，从消费者是否通过“使用”环境或者其他方式从环境中获益，来将环境物品分为两个类型：具有使用价值的物品和具有非使用价值的物品。

使用价值是与产品消费价值相关的传统商品价值概念。对于环境物品来说，使用价值包括现在使用（我正在逛公园）、期望使用（我计划周末去逛公园），以及可能使用（等我退休了，可能常去逛公园）。

环境物品对人类来说，直接或间接地影响人类的生产或生活。对人类的生产或生活直接产生影响的环境物品，往往被认为具有直接使用价值，属于具有直接使用价值的环境物品，例如空气。但是这种“直接影响”通常也较为复杂，比如呼吸污染空气，既包含直接健康影响（如发病或死亡），又包含非危害健康的影响（如厌恶或恶心的气味），再如空气污染（电厂排出的黄烟）遮住了你要享受的风景，虽然没有实质的可测量的影响，但你很讨厌它，甚至愿意付出金钱来消除它。在生产方面，污染可能直接进入生产活动，从而负面地影响生产过程，比如空气污染可能提高芯片生产的成本。为了消除污染（也许仅仅是为了看到窗前的美丽风景）你愿意付出的金钱，以及因污染而提高的那部分芯片生产成本，也许就是我们要寻找的环境物品的价值所在。

环境物品影响人类的第二种途径是通过破坏生态系统而间接地影响人类。农田、森林和湖泊是人类直接获取经济效益的生态系统。污染会降低这些生态系统的产出，比如土壤污染会降低农田生态系统的生产功能，或者引起农产品污染而损失农业收益，再如湖泊水污染，湖泊生态系统崩溃，湖泊渔业绝收。生态系统也可以通过其他机制产生经济效益，比如为新药品提供基因材料。环境物品对生态系统的任何破坏都会产生某些不利影响。这些导致产出减少的物品（或者被看作物品），不管它是直接的还是间接的，都是不受欢迎的。

非使用价值是价值有争议的一个方面。非使用价值是指一个人实际上不使用某个产品而获得的效用。这里的“使用”和“效用”是一个宽泛的概念，包括他人使用（利他价值与遗产价值）使我感觉很好（给我的效用），以及无关使用的存在价值（例如，非洲大象的存在，让我联想大象在非洲稀树草原漫步，我心情愉悦也是一种效用）。

我们可能重视世界其他地方的生态系统，既不是因为打算去参观这个生态系统，也不是因为这个地方有获得收益的潜力。就像我们重视东非大草原的生态系统一样，并不是因为我们计划利用它，而是因为其他人可能利用它。环境物品的存在，虽然我不获利，但他人获利，这同样让我感觉很好（给我效用）。换句话说，利他价值不是产生于我自身的消费，而是来自当别人获取效用时我获益（即使只是心理上的某种享受）这个事实。

三、环境物品的需求

环境物品因为缺少市场信息，我们常常难以测度它的需求。然而，所有环境问题其实都是一个权衡问题，即在利用资源获取传统产品服务与利用这些资源来保护环境之间权衡。从消费者角度看：消费者愿意为一特定水平的环境物品放弃多少其他可能的消费？换一个角度，消费者所愿意放弃的那部分消费可能，即消费者对环境保护的支付意愿。如此，我们似乎找到一些有关环境物品需求的信息。

与传统物品相比，环境物品的一个最明显的特色是不存在市场。对于一件传统物品来说，比如牛奶，存在市场，市场允许我们观察各种不同的价格以及在不同价格下的不同购买行为，于是我们可以推导市场需求曲线。对于环境物品，比如清洁空气，不存在市场，我们难以获取城市对清洁空气的需求曲线，因为就算不考虑清洁空气的准确界定，我们也无从获得不同价格和相应消费水平。市场缺失是难以发现环境物品需求曲线的重要因素。但我们并不是毫无作为。针对城市空气来说，我们至少能发现：珍视清洁空气的人会愿意去购买它；清洁空气的价格越高，越多的人更愿意忍受一点空气污染。

与其他公共物品相比，环境物品往往与供给方没有联系，从供给成本角度我们更难确定其参考价值。例如，学校教育在许多地方都由政府提供，要发现对学校的需求不容易，市民在决定特定价格下的学校需求时可以参考教育的供给成本。从供给成本角度分析环境物品的价值，常常难有作为，例如在决定是否值得保护一片自然保护区的时候，会由于自然保护区不是生产出来的而无法获得其生产成本。然而，与清洁空气的需要成本类似，维护自然保护区也需要成本或者放弃自然保护区其他用途的机会成本，只是这个“成本”较为分散，难以确定。

对于环境物品的消费，消费者一般不能选择购买的数量。这对我们测度环境物品的需求增加了难度。因为环境物品市场的缺失、消费的特殊性，我们不能直接来测度它的需求。测度环境物品的需求有两种基本方法：显示性偏好和陈述性偏好。显示性偏好法，是指观察一些市场的真实选择，然后推断出金钱和环境物品之间的权衡信息。比如，我们可能注意到除了一个社区绿树成荫、环境舒适且房价高，另一个社区绿化简陋、环境恶劣且房价低以外，两个社区基本相同。我们可以推出不同的房价反映了社区绿化环境对人们的价值。陈述性偏好法，通过民意测验和调查来获取人们对一个环境物品的价值判断，例如陈述性偏好法中的条件价值评估（又称为意愿调查价值评估法，见第三章第二节）。

四、环境的外部性与产权

产权不明是环境外部性的一个典型来源。如果上例中的香椿树有明确的产权归属，那么外部性就不会产生，也不会因为过早抢采而失去部分产量。从效益最大化角度来分析，环境产权的不明确降低了公共环境资源的利用效率。

环境产权（environmental property rights）是指行为主体对某一环境资源具有使用、占有、处置以及收益等各种权利的集合。拥有一种环境产权就是拥有环境作为资源使用的决策权和收益权，其包含环境资源利用是所有权利。自然环境作为公共物品，其产权主体应该属于全体公民。一般情况下，政府作为公众的代理人，履行管理、利用和分配环境资源的权利，以最大限度地保证自然环境的良性循环和公平分配。人工环境作为准公共物品，其产权可能是全体公民或其他组织和经济实体。

目前，环境资源的产权并不明确，还存在多重产权。例如，自然环境中的土地、草场、森林等，名义上属于全民所有或集体所有，但在实际管理与经营中并不可能让所有人都来行使权利。作为代表来行使权力的主体，有时候也存在交叉重叠难以理清的情况，多个“所有者”争相行使权力导致环境资源超负荷使用和破坏或浪费。

第二节　外部性与环境问题

环境资源一直被作为公共财产无偿使用。这种状况引发竞争性使用，随之出现不必要、不合理和低效率使用，导致环境恶化、资源稀缺，一系列环境问题随之产生。

一、环境问题的产生

过去，由于环境资源极其充裕，甚至被认为取之不尽、用之不竭，所以常常被看作公共财产免费提供给所有人使用。环境经济学中有一个经典案例——“公地悲剧”，说牧民在公共草地上放牧（不用支付草场使用费或维护费），每个牧民都想多放几只羊用以增加自己的收入，随着牧民羊的数量不断增加，草场资源已经变得日益稀缺（牧民使用草场的零价格与社会边际成本形成巨大差异），似乎每多放牧一只羊从公共草地赚得更多（至少心理上有这种享受），如此一来，公共草地被过度使用而退化，我们终于失去了它。也就是说，环境资源的公共物品特性是环境问题产生的根源之一。

我们再进行一个设想：一天，公共草地被牧民们瓜分了，从此草地上有了边界标识和围栏，各家各户的羊只能在自家的草地上吃草了（环境资源的外部性问题得到了内部化的转换）。于是，聪明的牧民开始计算到底养多少只羊，才能维护自家草地的长期利用，用以保证长期收益的最大化。

再分析一个正外部性的案例。生态林的建设被认为是环境问题中正外部性的典型。生态林的建设者会发现，自己投资所得的收益比生态林的全部收益要少，原因是生态林改善周边，甚至流域下游的环境收益被其他人分享了。生态林的建设者独自承担成本，却让众多其他人享受收益。正是这种外部性的存在，才让类似于生态林建设的众多保护环境的投资行为供给严重不足。

由此可见，外部性的存在导致环境资源无法实现优化配置：环境污染、生态破坏等行为的负外部性使污染物过度排放，生产过程中有污染和环境破坏的产品过度生产，一些环境资源过度使用；环境保护行为的正外部性又使环境保护产品供给不足。两方面的外部性同时存在、共同作用，导致环境问题日益严重。因此，可以说生产与消费活动中的外部性，是环境问题产生的根本原因。

二、市场失灵与庇古税

正常情况下，消费者偏好可以通过价格系统向生产者表达出来，市场机制能够有效地配置普通商品。在有污染的情况下，外部性致使环境问题没有了价格系统，污染者不会“看到”由他们排放污染导致的损害，此时的市场机制显得无能为力（经济学家称之为市场失灵：即市场无法有效地分配商品和劳务的一种状况。环境问题的外部性是导致市场失灵的原因之一）。

为了解决这些市场机制难以解决的环境问题，20 世纪早期英国经济学家亚瑟 C. 庇古（Arthur C. Pigou）提出对产生污染的生产者征税，后人称之为“庇古税”。庇古认为，自由竞争的市场机制本身不能克服外部性带来的低效率，所以必须由政府来出面进行适当干预：对产生负外部性的生产者进行征税（或对产生正外部性的生产者给予补贴）。通过向那些私人成本大于社会成本（正外部性）的厂商提供补贴、向那些私人成本小于社会成本（负外部性）的厂商征收税收，使得私人成本等于社会成本，就能实现资源的最优配置和经济活动的高效率。例如，对造成污染的造纸厂和钢铁厂就要征税，对产生正外部性的产业如教育、环保等给以补贴。

早期的庇古税是一种由污染者提供的为每个单位污染所支付的费用，当用污染的效率水平来评估时，它精确地等于由污染导致的总边际损失。这种税费一般都只是支付给政府，由政府统一管理。为什么庇古税不作为环境损失而支付给受害者呢？针对环境而言，消费者有诸多的无能为力，是否获得补偿（或获得多大补偿）并不能改变环境污染状况。如果消费者获得足够多的补偿，甚至会有向污染靠近的趋势。在此种状况下，补偿支付给消费者将更糟，会使得整体效率更低下。换一个角度，政府集中持有庇古税，用于环保补贴等公共事业的可能更大、作用更显著，更有利于整体社会效率的提升。因此，我们处理环境问题，庇古税应该收取并且要集中起来，而不需要转移支付给受害者。

庇古税作为解决环境外部性问题的一种经济手段，主张依靠政府干预来消除市场失灵。其一方面，直接按所产生的负外部性的数量的一定比例向行动一方征税，使之调整生产减少负外部性;另一方面,给予产生正外部性的厂商以相当于正外部性价值的补贴,从而鼓励其将产量扩大到对社会最有效的水平。庇古指出,政府实行的这些特殊鼓励和限制,是克服边际私人成本和边际社会成本偏离、边际私人收益和边际社会收益偏离的有效手段,政府干预能够弥补市场失灵的不足。

三、科斯定理与环境政策

与庇古税侧重于政府干预市场的手段不同,科斯定理侧重于运用产权理论、利用市场机制解决环境资源生产和消费中的外部性问题。在 20 世纪 60 年代以前,经济学理论界基本上沿袭庇古传统,借助政府干预,实行税收-津贴方法以消除外部性。直到 1960 年,科斯提出从产权安排和产权效率角度将外部性问题内部化,以解决外部性问题。

一个经典案例:一个工厂周围有 5 户居民,工厂的烟囱排放的烟尘因为使居民晒在户外的衣物受到污染而使每户损失 75 元,5 户居民总共损失 375 元。解决此问题的办法有三种:其一,在工厂的烟囱上安装一个防尘罩,费用为 150 元;其二,每户有一台除尘机,除尘机价格为 50 元,总费用是 250 元;其三,每户居民获得 75 元的损失补偿。假定以上 5 户居民之间,以及居民与工厂之间达到某种约定的成本为零,即交易成本为零。在这种情况下:

(1)如果法律规定工厂享有排污权(这就是一种产权规定),那么居民会选择每户出资 30 元去共同购买一个防尘罩安装在工厂的烟囱上,因为相对于每户拿出 50 元钱买除尘机,或者自认了 75 元的损失来说,这是一种最经济的办法。

(2)如果法律规定居民享有清洁权(这也是一种产权规定),那么工厂也会选择出资 150 元购买一个防尘罩安装在工厂的烟囱上,因为相对于出资 250 元给每户居民配备一个除尘机,或者拿出 375 元给每户居民赔偿 75 元的损失,购买防尘罩也是最经济的办法。

因此,在交易成本为零时,无论法律是规定工厂享有排污权,还是相反的规定居民享有清洁权,最后解决烟尘污染衣物导致 375 元损失的成本都是最低的(即 150 元),这样的解决办法效率最高。此案例说明,在交易成本为零时,无论产权如何规定,资源配置的效率总能达到最优。这就是"科斯定理"。

从科斯定理看,交易成本为零时,产权界定根本就不必要。但是,现实世界中从来都存在交易成本。一旦交易成本不为零,产权界定就变得极其重要,因为它直接决定效率高低。还是上述的例子。现在假定 5 户居民要达到集体购买防尘罩的契约,需要 125 元的交易成本(假设为商讨订约成本,暂不考虑其他交易成本)。在这种情况下:

(1)如果法律规定工厂享有排污权,那么居民会选择每户自掏 50 元为自家购买除尘机,不再会选择共同出资 150 元购买防尘罩了。因为集体购买防尘罩还需要 125 元的交易成本,意味着每户要分担 55 元(买防尘罩分担 30 元,加上交易成本分担 25 元),高于 50 元。

(2)如果法律规定居民享有清洁权,那么工厂仍会选择出资 150 元给烟囱安装一个防尘罩。

由此可看出,在存在 125 元的居民之间交易成本的前提下,权利如何界定直接决定了资源配置的效率:如果界定工厂享有排污权,消除外部性的总成本为 250 元(即每户居民自己购买除尘机);而如果界定居民享有清洁权,消除外部性的总成本仅为 150 元。在这个例子中,法律规定居民享有清洁权,资源配置的效率高于法律规定工厂享有排污权。

在交易成本不为零的现实世界中,产权如何界定的重要性通过上述例子就清楚了。简单地讲,产权界定的功能是节约交易成本。在上述例子中,产权规定居民享有清洁权,就可以节省下 125 元的交易成本。当然,也可以将上述例子做各种变通。比如,假定购买一个 150 元的防尘罩,需要讨论、审批、拨款以及注册登记等系列程序,交易成本极其昂贵,远高于居民之间达成购买防尘罩合约所需要的 125 元的交易成本,在这种情况下,产权规定工厂享有排污权,相比较产权规定居民享有清洁权,更能节省交易成本,因而也更有助于提高效率。需要注意的是,产权清晰有利于提高资源配置的效率,而不是有利于交易的双方。

科斯定理对于环境政策的启示,至少有两点:其一,交易成本对环境权利的分布其关键作用,从环境保护政策出发,我们应该想方设法降低权利交易的相关成本;其二,污染的受害者也许可以付费用以减少污染(解决污染是第一议题,由谁付费是另一个议题)。

第三节 排污收费制度

仅仅依赖排污标准和产业政策很难实现资源的最优配置。为了使污染者承担污染的外部成本,以弥补私人成本和社会成本之间的差距,经济学家提出一种方案:根据污染造成的损失对排污者征税或收费。通过排污收费这种经济机制,实现资源环境的更优配置。

一、排污收费的理论基础

一定区域,以至整个生物圈的自然环境是一个相互联系的统一体。某部分或某个要素的变化都会影响其他部分或其他要素的发展和价值体现。企业之所以进行污染,是因为它们并不考虑自身行为所造成的社会损害。因此,控制污染排放最直接的方法是,设立政府部门对排污企业提供削减排污量的经济激励。有两种类型的具体方法:一是针对每单位的污染物排放量,向企业征收排污费;二是针对每单位的污染削减量,给予企业一定量补贴。

为什么说企业的排污会造成社会损害呢?生态哲学层面,生态环境为人类提供了诸多服务功能,这是全人类的共同福利。企业的排污行为影响了生态环境,导致环境价值下降,也即是破坏了全人类的共同福利。为了人类社会的整体长远发展,我们必须尽可能地减少排污量。排污收费,其实也是环境物品价值的体现,企业排污损害了环境物品的价值,政府以排污费的形式向企业"索赔"。

从环境价值计量角度,排污收费标志着环境管理的定量化进程。环境计量也是排污收费的前提,是基础工作。换句话说,科学的环境计量是强制性的排污收费的理论依据。环境计量的主要要求包括:

(1)对各种污染物质的排放量进行计量;

(2)对环境影响的程度和范围进行定量估算;

(3)对环境污染和生态破坏所造成的经济损失进行定量计算;

(4)对环境保护投资及其经济效益进行定量计算;

(5)对环境保护的效率进行定量考核。

政府运用排污费进行环境管理,似乎在告诉企业:"你可以随心所欲地向环境中排放污染物,但是我们检测你的排污量,并依此对每一个单位的排污量收取相应的费用。"正如企业购买生产材料需要支付费用一样,排污收费政策的实施意味着企业必须为使用环境(对其排放污染物的转移、稀释、分解等)而付费。使用环境必须支付费用,这会促使企业寻找各种合理的方式以减少其对环境资源的使用。

在排污收费政策管制下，企业如何行动呢？排污收费赋予了企业较大的权利。企业可以在缴纳排污费和自行治理污染之间权衡，在利益最大化原则驱使下，充分发挥自身创造力寻找成本最低的排污削减方法。例如，整合多种处理工艺、改进内部生产过程、使用新的原材料和清洁能源、利用回收技术、生产低污染的产品，等等。从这个角度讲，排污收费并不是政府对排污者的强制性规定，而是一种经济激励，以促使它们寻找削减排污量的最佳方法。如表4－1所示，政府设定了排污税率为每月120元/吨。表中第二、三列分别列出了企业的边际治理成本和总治理成本，第四列表示在不同排污水平上企业必须缴纳的税费总额，第五列代表企业的总成本(包括总治理成本和总税费)。

表4－1　最佳排污量的经济学分析

排放量(吨/月)	边际治理成本(元)	总治理成本(元)	总征税额度(元)	企业总成本(元)
10	0	0	1 200	1 200
9	15	15	1 080	1 095
8	30	45	960	1 005
7	50	95	840	935
6	70	165	720	885
5	95	260	600	860
4	120	375	480	855
3	150	525	360	885
2	185	710	240	950
1	230	940	120	1 060
0	290	1 230	0	1 230

上例中(表4－1)，我们可以看出，当企业的排污量为4吨/月时，对应的总成本最低，即855元(包括企业治理污染的总成本375元和缴纳的排污费用480元)。我们从企业的边际治理成本角度分析，可以得出这样的结论：只要边际治理成本小于排污税率，企业就会不断地治理污染以降低污染物的排放水平，直到企业的边际治理成本等于排污税率为止。比如，企业最初的排污水平为10吨/月，如果企业花费15元治理污染将污染物排放量降到9吨/月的水平，即可节约120元的排污费，显然此举对企业有利。

二、排污收费制度

排污收费是环境保护行政主管部门根据国家环境保护法律法规，对排污单位作出的具体行政行为。排污收费制度起源于工业发达国家，作为一项完整的制度，大约开始于20世纪70年代初。当时，世界上许多发达国家为了制止环境污染和生态破坏，根据“污染者负担”原则，在环境政策领域中逐步引入和实行了向排污者征收排污费的制度。排污收费制度是指向环境排放污染物或超过规定标准排放污染物的排污者，依照国家法律和有关规定按标准交纳费用的制度。征收排污费的目的，是为了促使排污者加强经营管理，节约和综合利用资源，治理污染，改善环境。

我国实行排污收费制度大体经历了三个阶段：第一阶段，排污收费制度的提出和试行阶段（1978—1981 年）；第二阶段，排污收费制度的建立和实施阶段（1982—1987 年）；第三阶段，排污收费制度改革、发展和不断完善阶段（1989 年至今）。现行《排污费征收使用管理条例》（中华人民共和国国务院第 369 号令），于 2002 年 1 月 30 日国务院第 54 次常务会议通过，自 2003 年 7 月 1 日起施行。

我国排污收费制度的法律依据有：《中华人民共和国环境保护法》第二十八条，“排放污染物超过国家或者地方规定的污染物排放标准的企业事业单位，依照国家规定缴纳超标准排污费，并负责治理。水污染防治法另有规定的，依照水污染防治法的规定执行。”《中华人民共和国水污染防治法》第二十四条，“直接向水体排放污染物的企业事业单位和个体工商户，应当按照排放水污染物的种类、数量和排污费征收标准缴纳排污费。”《中华人民共和国大气污染防治法》第十四条，“国家实行按照向大气排放污染物的种类和数量征收排污费的制度，根据加强大气污染防治的要求和国家的经济、技术条件合理制定排污费的征收标准”，《中华人民共和国噪声污染防治法》第十六条，“产生环境噪声污染的单位，应当采取措施进行治理，并按照国家规定缴纳超标准排污费。”《中华人民共和国固体废物污染环境防治法》第五十六条，“以填埋方式处置危险废物不符合国务院环境保护行政主管部门规定的，应当缴纳危险废物排污费。危险废物排污费征收的具体办法由国务院规定”。此外，还有一些规章明确操作过程和处理细则。

依据法律、法规、规章的规定，我国现已开征的排污费项目有：污水排污费和污水超标准排污费、噪声超标排污费、废气排污费、固体废物及危险废物排污费等。依据《排污费征收标准管理办法》（国发委、财政部、国家环保总局、国家经贸委第三十一号令）的规定，按照有行业标准执行行业标准，无行业标准执行综合排放标准：污水排污费和污水超标准排污费的收费标准为 0.7 元/污染当量；对废气实行总量收费，其收费标准为 0.6 元/污染当量；对噪声超标排污费的收费标准如表 4－2；每次每吨固体废物的征收标准为：冶炼渣 25 元/吨、粉煤灰 30 元/吨、炉渣 25 元/吨、煤矸石 5 元/吨、尾矿 15 元/吨、其他渣（含半固态、液态废物）25 元/吨、危险废物 1 000 元/吨。

表 4－2　噪声超标排污费的收费标准

超标分贝数	1	2	3	4	5	6	7	8	9	10	11	12	13	14	15	≥16
收费标准（元/月）	350	440	550	700	880	1 100	1 400	1 760	2 200	2 800	3 520	4 400	5 600	7 040	8 800	11 200

根据国务院《排污费征收使用管理条例》（国务院第 369 号令）和原国家环境保护总局《关于排污费征收核定有关工作的通知》（环发[2003]64 号）的规定，排污费征收程序一般分为排污申报登记、排污申报审核、排污量核定、排污收费计算、排污费征收与缴纳、排污收费公告、排污收费资料归档七个主要步骤（图 4－1）。

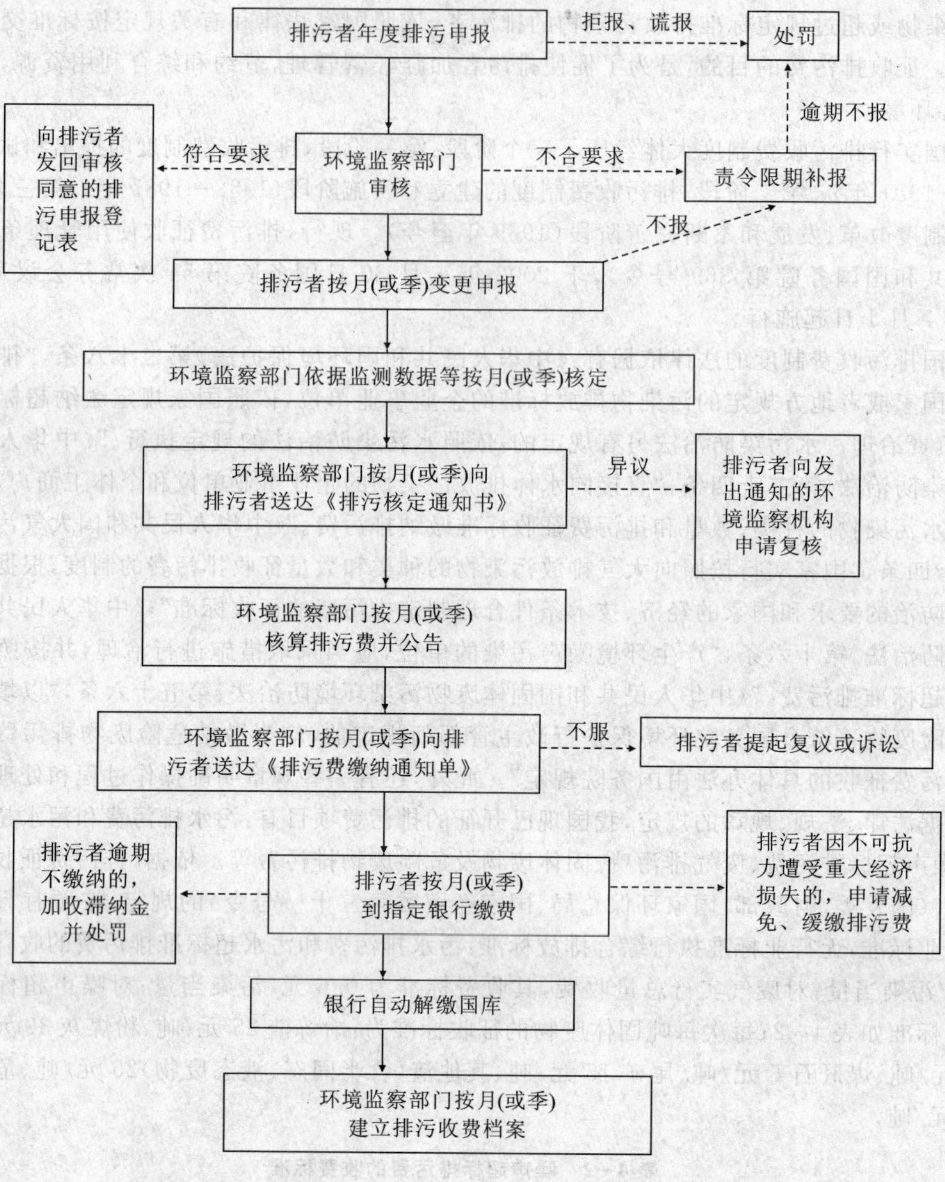

图 4－1　排污收费工作程序示意图

三、排污收费存在的缺陷

排污收费制度降低了监督费用，排污收费提高了经济效率，有利于污染控制技术的革新，更有利于筹集环保资金。但是，我国现行排污收费制度存在着一些缺陷。

1. 排污费征收标准偏低

从经济学角度看，对排污者征收的排污费应该等于他给社会其他成员造成的损失，从而使其私人成本等于社会成本。然而，我国现行排污费的征收标准往往难以弥补治理污染的成本。这种偏低的环境资源价格，既没有反映资源的稀缺程度，也没有反映环境治理成本。例如，目前我国二氧化硫排放量收费标准为 0.63 元/千克，而火电厂烟气脱硫平均治理成本为 4～6 元/千克。这必然会导致企业从自身利益出发，宁肯交纳超标排污费，也不愿积极治理污染。

排污收费标准偏低是排污收费政策设计的重大缺陷，其直接后果是“企业违法成本低、守法成本高”，不可避免地会使政策结果与目标发生背离而造成政策“失灵”。

2. 排污费的开征范围不全面

排污费的开征范围，从1982年国务院《征收排污费暂行办法》中规定的超标废水、废气和废渣开始，逐步增加了噪声排污费、污水排污费。2003年先后修订了排污费征收标准，超标废水的污染因子增加至65项，废弃物的污染因子增加至44项，还增加了危险废弃物排污费征收标准。但目前排污费征收标准仍然不够全面。比如，放射性物质、垃圾、汽车尾气以及面源等污染物仍然没有排污费征收标准。这些污染物的排放带来了很大的环境污染问题，但由于政策对这些污染因素的规定很少，有的甚至没有任何规定。

3. 排污费不能足额征收

全国范围内都不同程度地存在着少缴、欠缴、拖缴排污费的问题。主要原因有以下几点：①按照现行的排污费征收程序，排污费征收额测算的基础是排污者申报和环保部门核定。而目前在一些地方主要依靠企业自报，申报数据的可靠性、准确性、真实性难以保证（谎报、瞒报现象较为严重，污染源检测也受到技术、手段、采样的瞬时性等制约，无法提供与实际排放相符的准确数据）；②地方保护主义下的行政干预严重。部分生产企业通过当地行政领导对环保部门进行干预，以达到少缴或不缴排污费的目的（“协商收费”、“人情收费”的现象普遍）；③环保部门执法力度不够，征收排污费不按标准执行。少数收费人员法律法规意识较差，对一些应该进行检测检查的排污单位仅仅是走形式，甚至是放任不管。

4. 排污费使用不规范

根据2003年国务院颁布《排污费征收使用管理条例》规定，排污费必须纳入财政预算，列入环境保护专项资金进行管理，主要用于重点污染源防治，区域性污染防治，污染防治新技术、新工艺的开发和应用等项目的拨款补助或者贷款贴息。但在实际工作中，不同程度存在着自身建设支出挤占污染源治理资金的问题。据有关报道，一些环保部门甚至将全部排污费用于自身经费支出，如人员经费、办公费等。

第四节　排污权交易

排污权交易与排污收费都是基于市场的环境管理手段。它们的区别在于：排污收费制度是先确定一个价格，然后让市场确定总的排放水平；排污权交易正好相反，它是先确定总排放量，然后再让市场确定价格。对于排污权交易，市场确定价格的过程，也即是优化资源配置的过程，同时也是优化污染治理责任配置的过程。

一、排污权交易的来源

排污权交易，20世纪70年代由美国经济学家戴尔斯提出，并首先被美国国家环保局(EPA)用于大气污染源及河流污染源管理。之后，德国、澳大利亚、英国等国家相继进行了排污权交易的实践。排污权交易是当前受到各国关注的环境经济政策之一。中国在大气污染控制方面也开展过排污许可证交易的试点工作。

排污权交易的主导思想是:建立合法的污染物排放权利(通常的表现形式为排污许可证),并允许这种权利像商品一样被买入和卖出,以此来控制污染物的排放。一般做法是,政府部门确定出一定区域的环境质量目标,并据此评估该区域的环境容量,然后推算出污染物的最大允许排放量,并将最大允许排放量分割成若干规定的排放量(即若干排污权)。在排污权的分配过程中,政府可以选择不同的方式,比如定价出售、按社会贡献无偿分配、公开竞价拍卖等。政府通过建立排污权交易市场,使这种权利能够合法买卖。在排污权交易市场上,排污者从自身利益出发,自主决定其污染治理的程度,从而买入或卖出排污权。

通常情况下,企业控制污染的费用相差很大。如果排污权可以有偿转让,那些治理污染费用低的企业就愿意通过治理减少排放,然后卖出多余的排放权利而受益。简单地讲,只要安装治理设备比购买排污权划算,企业就愿意安装治理设备,从而减少污染物的排放。

二、排污权交易的优势

1. 污染治理的成本最小化

与环境标准相比,排污权交易是一种基于市场的经济手段。与排污收费制度相比,排污权交易更充分地发挥了市场机制的资源配置作用。其最主要的特征体现在能让污染治理的社会成本最小化,原因是:政府控制了总的排污权供给(总的环境状况不恶化),在排污权不增加的情况下,边际治理成本比较高的污染者将买进排污权,而边际治理成本比较低的污染者出售排污权,其结果是全社会总的污染治理成本最小。

环境标准不能绝对禁止排放污染物。因此,即使某地所有厂商排放的污染物都达到了环境标准的规定,随着厂商数量的增加,污染物的排放量仍然会增加。如果为了确保总的排污量指标不被突破,不允许新厂商进入该地从事生产,有时又可能影响经济效益,因为新厂商的经济效益有可能高于原有的厂商,而边际治理成本又有可能低于原有厂商。排污权交易为这些新厂商提供了一个机会,也为资源优化配置提供了一个机会。

2. 有利于宏观调控

排污权交易有利于政府利用市场经济行为进行宏观调控。其一,由于非对称信息的存在,政府决策可能出现失误或落后于形式;其二,修改污染源排放标准和排污费征收标准,因为受法律程序的限制,需要一段时间,存在"政策滞后"影响;其三,标准的修改涉及各方利益,有关方面都会力图影响政府决策,从而迟迟不能得到结果,不利于政府针对环境质量的突发变化进行灵活反应。有了排污权交易之后,政府管理机构可以通过发放或购买排污权来影响排污权价格,从而控制环境标准。

3. 给非排污者表达意见的机会

如果排污权市场是完全自由竞争的,则任何人(不管是不是排污者)都可以进入市场买卖。环境保护组织如果希望降低污染水平,可以进入市场购买排污权,然后把排污权控制在自己手中,不再卖出。这样污染水平就会降低。这种解决办法是有效率的,因为它通过支付意愿反映了人们的选择。

4. 更具市场灵活性

排污权交易避免了排污收费的一些问题。排污权交易不需要像排污收费那样,事先确定排污标准和相应的最优排污费率,而只需要确定排污权数量并找到发放排污权的一套机制,然后让市场去确定排污权价格。排污权市场价格的变动,可以及时地影响厂商治理污染的价值判断。

此外,排污权交易使得企业节约下来的排污指标(以排污许可证的形式)能够在市场上出售,或者贮存起来以备今后企业发展使用,因而可以促使排污者采用先进工艺、增加污染治理投入,减少污染排放,极大地提高了企业控制污染的积极性,在某种程度上减少了污染物的排放量,有利于环境保护。

三、实行排污权交易的条件和问题

1. 合理分配排污权

按照污染者付费原则,排污权应该通过拍卖的手段,有偿分配给排污者。但是由于较高的获取成本会使得排污权持有者有惜售心理,从而影响交易市场的形成。现实中往往采取根据一定的条件无偿分配的方式发放排污许可证。这样一来,又产生了两个问题:一是违背了"污染者付费"原则,二是使新老污染源由于获取排污权的方式不同而处于不平等的竞争地位。因此,合理分配排污权,对于排污权交易至关重要。

我国排污权交易试点初期,排污权交易出让的排放许可来自淘汰落后产能产生的减排量,由环保部门代表政府出让。但长期由环保厅扮演出让方,易引起社会对政府开展排污权交易试点目的的质疑,影响政府公信力。

2. 完善的市场条件

排污权可以买卖,而且长期以来价格呈上升趋势。必然有人会炒卖排污许可证,甚至有可能出现某些人通过垄断排污权市场谋取暴利的现象。排污权的价格应该由市场决定,但需要排污权市场有良好的交易秩序和交易环境。因此,完善的市场是排污权交易的重要条件。

3. 政府有效的监管

污染者之所以要购买排污权,是因为没有排污许可证就不能排污。如果政府无法确定排污许可证的分布状况,或者无法制止无证排污,那么排污权交易就开展不起来。因此,政府对排污者排污的有效管理是排污权交易的第三条件。

政府的监管还包括排污权的审批管理。目前我国排污权交易过程中,由于受让主体范围较小,造成了企业之间的不公平。比如,新修订的《湖北省主要污染物排污权交易办法》将排污权交易受让方扩展到市州以上环保部门,负责审批环境影响评价文件的"新、改、扩"建项目,但县(市)审批的项目仍不在此列。会出现审批权层次的不同直接影响排污权交易,有些企业感觉自己很"委屈"。

第五节　环境政策的评估

环境政策(environmental policy)分为很多类型,是政府为解决一定历史时期的环境问题,落实环境保护战略,达到预定的环境目标而制定的行动指导原则。一个国家的环境政策是其保护环境的大政方针,直接关系到这个国家的环境立法和环境管理,也直接关系到这个国家的环境整体状况。每种政策都假定政府和污染者,甚至包括被污染者,会以不同的方式对该政策做出响应。每种政策都具有自身特点，在某些区域某些场合能够成功运作，而其他场合则会失败。那么，我们如何评估这些环境政策呢？

一、效率与公平

在市场经济条件下，利益的追求与获取是经济主体参与市场竞争、从事经济行为的内在动力和目的。财富的增长和利益的最大化无疑既为各主体所孜孜以求，又为整个社会所支持和激励。因此，效率是市场经济的价值取向，效率作为市场之杠杆，成为对市场经济发展状况与具体经济行为予以评价的根本标准。

如果一项经济活动使得全社会的净收益达到最大化，那么该项活动就是有效率的。环境政策的效率特别强调，是针对"全社会"而言的，而不是针对某个人的净收益最大化。任何环境政策的实施，都要受到所需投入大量费用的制约，因此如何提高费用的使用效率是一个简单而又吸引人的目标。

简单的经济学原理可知效率意味着边际治理成本等于边际损害（或边际收益）。不过，有时候环境损害是无法准确测算的，此时应当引入成本效益分析。如果一项政策能够在投入一定的情况下最大限度地改善环境质量，或者在环境改善目标一定的前提下耗费最少的成本，那么这项政策就是成本有效的。对于一项政策而言，如果它是有效率的，则它一定也是成本有效的。但是，一项政策，即使目标是错误的，其仍然可以达到成本有效性。例如，政策的目标就是清洁港口，而不管这样做的收益大小。此时，我们仍然想找到成本最低的政策工具（实现成本有效性）。然而，要实现效率，港口清洁计划不仅要求符合成本有效性，还必须保持清洁港口的边际成本与边际收益相等（如果边际成本大于边际收益，那就是无效率的）。

经过成本效益分析后，政府可能以社会费用最低为目标进行决策。但很明显，这并不意味着每个污染者的控制费用都最小。由于环境物品具有公共物品特征，其收益分配不公的问题在环境收益分配中更为突出。不出钱而受益的"免费搭车"现象很难避免，同时存在所付费用高于所得收益的环境保护者一方。环境政策常常会因这种不公平性而难以实施，政府在制定环境政策时，在达到政策目标的同时，需要考虑到各主体利益的均衡，也即是公平性原则。

经济学中的公平原则有两个：纵向公平和横向公平。

纵向公平一般是指不相同的事物应受到不相同的对待，根据经济学的原则就是应避免递减的方法分配财政负担，比如治理污染的费用在低收入群体的收入中所占的比例比高收入群体的大就不够公平。

横向公平，则是相同的事物应受到相同的对待。达到横向公平的条件是如果居住在不同地区或不同时代的居民收入相等，他们在成本和效益的分配上应保持同等水平。

除此之外，环境政策的公平性原则，还涉及到空间与时间因素。从空间上讲，环境政策的公平直接影响地区间经济发展权的分配，这样的政策包括资源保护政策、地区税率差别、环境保护的国际合作以及环境问题所涉及的国际贸易政策等。从时间上讲，为了不使提高当代人经济福利和生活水准的行为损害后代人的部分福利和潜在的机会。

假定有一个大型煤码头，煤码头装卸煤的扬尘和噪声严重妨害了邻近居民的生活，居民们要求予以禁止和支付损失赔偿费。经典的科斯理论将生产要素视为权利，认为预先明确界定产权关系是将外部性通过市场交易内在化的前提。而对类似这种煤码头的环境资源的产权界定则是很困难的。这样一来，仅凭当事人之间的自由谈判难以解决问题，政府或司法部门颁布关闭煤码头的禁令或者实施损害赔偿的政策都应作具体的经济分析。

在既定的条件下，不可能像在规划阶段中那样，会考虑将煤码头和居民区相隔一定的距离建设。如果政策规定类似情况应该关闭煤码头，那将意味着与煤码头运营相关的许多企业都会产生损失，并会引起工人失业等一系列问题。为了减少损失，经营者一定会竭力维护自己的利益。另一方面，居民中尽管谁都希望关闭煤码头而消除他们所受的损害，但不会有人愿意以个人身份第一个出面了结此事，都指望有人出面去交涉，自己“免费搭车”(不愿承担高额的交易成本)。如此一来，政府所颁布的禁令是不大可能实施的。因为政策可能导致不公平，所以，现实中更多的是政府责令煤码头支付损失赔偿费，因为这种选择是比较可行的。

公平与效率作为环境政策优劣的衡量标准，始终是具体经济关系的反映，受到成本、信息结构、时空变化等诸多因素的影响。制定环境政策必须考虑企业治理污染的成本、政府的管理和监督成本及交易成本等各方面。以治理成本为例，效率目标将要求那些边际费用低的污染企业处理更多的污染物，而那些边际处理费用高的企业可以处理较少的污染物。只有减少污染的边际费用在污染者之间差别很大，即污染产品和物品的需求弹性很高时，经济手段才会达到最佳的效率。政府需通过成本效益分析将各类成本考虑进去，在决策时兼顾效率与公平。

二、可执行性

人们自然而然地认为，一项法规的颁布必定能够使想要解决的问题得到改善。在环境领域里，这种看法尤为普遍。但是，事实并非如此。执行环境政策需要投入(包括人力、物力、财力等)，而由于公共预算的有限性，环境政策的执行必须与其他公共职能相协调。

研究环境政策可执行性的原因在于执行政策的难易程度差异较大。一些政策的执行需要以先进的技术作为基础，而另一些并不需要多高的技术手段。如果一项政策实际上是不可行的，或者需要耗费高昂的执行成本，则无论它看起来多么令人耳目一新，都是没有任何意义的。一项并不完美但较易执行的政策，也许是更好的选择。

环境政策的执行主要分为两个步骤：监控(monitoring)和制裁(sanctioning)。

监控是指执行机构测量污染者的排污量，然后将其与相关法规所规定的水平相比较。这样做的目的是为了使公众遵守环境政策。因此，除了道义劝告政策外，适度的监控通常是必不可少的。监控污染者的行为要比监控温度困难得多(大自然不会介意，更不会蓄意欺骗及混淆执行机构的检测工作)。往往监控方法越复杂，污染者就越容易从中发现漏洞。

制裁是指对那些被发现的违规者的审判工作。听起来很简单，发现违规者，送其上法庭，然后按照相关法律给予惩治。但是，现实诉讼案件需要耗费大量时间、精力及资源，如果违规者数量众多，沉重的负担使得司法系统难以完成所有审判。违规者也会寻求各种手段对抗制裁，从而大大地提高了制裁成本。面对如此复杂的局面，政府通常挑选劣迹斑斑的违规者加以制裁，起到杀鸡儆猴的作用，或是企图劝说污染者自觉遵守法规，并且鼓励他们对所造成的损害进行补救。

将可执行性作为环境政策的评估指标，通常考虑以下几个方面的内容：

(1)是否说明那些污染者(或企业)要受到规制；

(2)是否详细阐述企业要满足的具体要求，哪些方面需要考评；

(3)有无具体的考评方法、技术流程和规范；

(4)是否说明什么情况构成违规，以及违规后应受到什么样的惩罚。

三、环境正义

1991 年 10 月，美国第一届“全国有色人种环境领袖会议”（First National People of Color Environmental Leadership Summit）通过了一份“环境正义基本原则”，用以调整人与自然、人与人的关系。该原则包括：环境正义肯定地球母亲的神圣性、生态和谐以及所有物种之间的相互依赖性，肯定它们有免于遭受生态毁灭的权利；环境正义要求将公共政策建立在所有民族相互尊重和彼此公平的基础之上，避免任何形式的歧视或偏见；环境正义要求我们基于对人类与其他生物赖以生存的地球的可持续性的考虑，以道德的、平衡的、负责的态度来使用土地及可再生资源；环境正义呼吁普遍保障人们免受核试验中测试、提取、制造和处理有毒或危险废弃物和有毒物而产生的威胁，免受核试验对于人们享有清洁的空气、土地、水及食物之基本权利的威胁等 17 项主张。

环境正义（environmental justice）运动也是人们关注环境公平的外在表现。少数地区、低收入人群等过多地暴露在环境污染之下。围绕环境政策的考虑，主要问题在于政府是均匀地设定污染物、危险废物的处理点，还是将大多数有害环境质量的设施建在贫困地区（或是偏远地区，少数民族地区等特定人群所在区域）。换个角度，环境正义其实就是环境政策在权力分配上的公平性问题。

对于环境政策的分配效应，相关信息非常稀缺。美国环境保护署建议，对于一般环境法规的成本效益分析，应当适时地加入“人口分配分析”，即分析总收益即管理成本是如何在不同收入群体、不同民族、不同人种之间进行分配的。

四、道德思考

人们对于是与非的直观感觉，毫无疑问会影响到他们看待不同环境政策的方式。在进行环境政策评估时，我们有必要权衡道德因素。

以排污税政策和排污补贴政策的取舍为例。从效益角度看，有人认为排污补贴方式更好一些。因为，与耗费巨大的排污税政策相比，企业更容易接受补贴，并能快速做出回应。但是，这有悖于道德观念——造成污染的人减少污染得到了“奖励”，忍受污染的人却什么也没得到。对于排污补贴政策，人们有时确有这种看法。

我们将排污视为不道德的行为，因此采取符合这种道德规范的政策，判定排污行为违法，更容易让人接受。如果站在全人类角度（不再考虑“甲”对“乙”的影响），排污是为了生产，为了创造价值，排污只是满足人类生活需要的一种附加物。那么，排污作为一种“必要”行为，也就没有那么“可耻”了。

关键点

1. 公共物品两个最基本的性质：供给的普遍性和消费的非排他性。

2. 产权不明是环境外部性的一个典型来源。

3. 生产与消费活动中的外部性，是环境问题产生的根本原因，也是导致市场失灵的原因之一。

4. 庇古税作为解决环境外部性问题的一种经济手段，主张依靠政府干预来消除市场失灵。其一方面，直接按所产生的负外部性的数量的一定比例向行动一方征税，使之调整生产减少负外部性；另一方面，给予产生正外部性的厂商以相当于正外部性价值的补贴，鼓励其将产量扩大到对社会最有效的水平。

5. 科斯定理对于环境政策的启示，至少有两点：其一，交易成本对环境权利的分布起关键作用，从环境保护政策出发，我们应该想方设法降低权利交易的相关成本；其二，污染的受害者也许可以付费用以减少污染。

参考文献

Barry C. Field, Martha K. Field. Environmental economics: an introduction (fifth edition) [G]. McGraw-Hill Education, 2009

Charles D. Kolstad，著. 傅晋华，彭超，译. 环境经济学[M]. 北京：中国人民大学出版社，2011

狄雯华，王学军. 环境政策的公平与效率分析[J]. 中国人口 · 资源与环境，1997，7(3)：62－66

刘湘溶，张斌. 论环境正义原则[J]. 思想战线，2009，35(3)：53－56

马中. 环境与自然资源经济学概论(第二版)[M]. 北京：高等教育出版社，2006

余谋昌. 排污收费和排污许可证制度的理论基础[J]. 中国环境管理，1991(5)：11，16

思考题

1. 环境问题产生的根源在哪里？

2. 如何确定环境产权？

3. 解决环境问题的经济手段有哪些？庇古手段与科斯手段有哪些差异？

4. 评价一项环境政策需要从哪些方面考虑？

5. "效率意味着成本最低，而成本最低并不意味着有效率。"请解释这句话。

6. 你有理由采用一项无法执行的环境政策吗？

7. 由环境受害者付费以减少环境损害，你能接受吗？

8. 为什么有些环境政策被认为是专为富人设计的？

9. 我们为什么要用消费者理论来讨论环境问题？对于有时隐秘无形，有时却又无处不在的环境物品，消费者偏好如何表达？

第五章 环境资源与资源配置

导 读

环境,包括阳光、空气、气候、森林、湖泊等自然环境,也是一种综合性的资源。环境资源也具有稀缺性质,就某一特定的时期而言,任何一个社会拥有的资源总是有限的,环境资源也并非取之不尽。但是,人类对于资源的需要却是无限的。为了使有限的资源能够最大限度地满足人类不同种类的需求,我们有必要研究资源配置问题。

关键问题

1. 资源优化配置的目标是什么?
2. 我们有哪些手段调控资源在不同地区、不同部门之间的配置?

第一节 资源的稀缺性

经济学意义上的稀缺,是指相对于既定时期或时间点上的人类需求,资源是有限的。稀缺本身是一个相对的概念,它是相对于人类的需求或欲望而言的(就自然界来说,所提供的各种资源,包括生态环境,都是有限的,而人类的需求或欲望是无限的)。这个相对稀缺的概念中又包含有绝对性,即自然界供给的限度。稀缺,对于不同资源、不同地域来说具有差异性,这种差异性还会随供求关系变化而改变。

一、环境资源的稀缺性

"资源稀缺"是经济学的出发点。经济学被认为是研究如何利用稀缺资源生产有价值的产品,并将它分配给不同人的科学。对于稀缺资源,不同的社会发展阶段有着不同的认识。在地理大发现时代,经济学家认为拥有丰富的自然资源是一个国家实力和财富的象征。工业革命以后,一些本来十分丰富的自然资源(如土地、森林)和一些新发现的自然资源(如矿石、石油),由于社会需求的迅速增长而变得日益稀缺。到了21世纪的今天,我们突然发现即使是清洁的空气和水体等这些传统的自由取用物品,也逐渐变成了稀缺资源。环境资源的稀缺性逐步凸显出来,由此而产生的环境资源配置问题、环境资源产权问题的研究,支撑着环境经济学的发展。

传统经济学认为环境资源是无限供给的,是不进入经济系统分析过程、不进入生产函数和消费函数的。原因是传统经济理论仅仅考虑了自然界(传统的自然资源)提供工业原料和能源的功能,而忽视了自然界(自然环境)容纳污染物和支撑生存环境的功能。经过工业经济的迅猛发展后，人类面临日益严重、不断积累的环境污染和生态退化问题。在人类生存面临严重威胁时，普遍认识到自然环境（环境资源）具有三种重要的经济功能：

（1）提供工业生产所必需的原料、燃料和动力；

（2）吸收、容纳、降解生产和消费过程中产生的废弃物和污染物；

（3）向社会提供自然服务，包括物质、能量的交换和美学、休闲、疗养等福利效益。

当环境提供的物质和能量（如原料和燃料）超过了环境的再生能力，当容纳的废弃物超过了环境承载力时，环境必然受损和退化。这种状态如果长期得不到改善，环境自身的恢复能力就将丧失，形成经济发展的环境资源稀缺性约束，最终破坏经济过程的稳定，降低人类福利。

环境具有对经济活动的承载能力。这种承载能力决定了在一定条件下环境所能提供自然资源的量和容纳污染物的水平。随着人口的增加、经济的增长、生活水平的提高，人们对环境资源的需求越来越大，当人们对环境资源的利用接近或超过环境承载力时，环境资源的稀缺性就迅速凸显。如果对环境资源的需求继续扩大，环境资源的稀缺程度也将继续增加。

需求与供给的尖锐矛盾导致环境资源的稀缺程度不断提高，并给人类生存和发展带来了巨大压力。环境资源稀缺程度的急剧上升，主要表现在两个方面：一方面，人类从自然界获取的资源数量超过了其再生能力，消耗不可再生资源的速率快于发现替代资源的速率，资源需求量大、消耗过快导致稀缺程度急剧上升；另一方面，大量消耗资源的同时，产生大量的废弃物，特别是有害物质迅速增加，超过了环境的自净能力，干扰了自然界的正常循环，导致环境容量资源稀缺程度的急剧上升。两个方面相互影响，形成复合效应，逐渐成为全球性问题，严重威胁着人类的生存和发展。

二、稀缺产生配置

资源配置的产生，有其必然性。我们研究资源配置，有两个方面的原因：一是需求的多样性和社会分工的复杂性。这种多样性和复杂性以及它们随着社会经济发展而逐步发展和扩大，需要把资源分配到社会生产的不同方面；二是资源的有限性。把有限的资源利用起来尽可能地满足人类需要的无限性，进行资源的优化配置是必然要求。

资源配置，就是资源投入在空间上、时间上及数量上的分配，是资源在不同的用途、不同的使用者之间的分配。一种资源的配置状态，一般要给出三个基本要素：数量、时间、空间。所以说"资源"，既包括矿产、森林、河流等自然资源，人类加工过的物质财富，科学技术、知识、信息等无形资源和人本身，也包括阳光、空气等自然环境资源。

资源在数量上是稀缺的。资源配置时的数量要求，具体包括总量要求和增量要求。一时一地使用某种资源的状态不仅取决于这种资源的实际使用情况（平均成本及经济效益），也取决于资源使用的增量要求。资源的平均利用效益好并不意味着有增加资源投入的必要，有可能新增资源投入却没有新增效益（甚至产生负效益）。现代经济分析中不仅广泛使用平均的数量分析，而且更重视增量的或边际的数量分析。经济学的分析表明：真正决定资源合理投向的重要指标，是资源的边际产出率。

资源的稀缺性是有时间概念的。资源在时间上的配置，可以区分为过去时、现在时和将来时。资源具有时间价值，是资源经济分析的重要原则之一。根据这一原则，不同时间使用等量资源，具有不同的价值。在将不同时期使用的资源，比较使用成本及收益时，必须进行时间的修正。对资源时间价值的分析，是现代经济科学的重大发展。

资源配置的空间要求有两层意思:一是同种资源在不同使用方向的配置;二是资源在不同地区间的配置。资源如何在产业间及地区间的配置,是资源合理配置的核心内容。因此,资源的合理配置就要求做到:一是使资源能顺利流向生产组织完善、布局合理的高效部门和行业;二是使各种资源配置形成的供给总量和供给比例适应于社会需求的总量和比例,防止生产过剩和比例失调。

三、资源稀缺与配置目标

因为资源稀缺,所以我们要珍视它、谨慎使用它。在资源稀缺性条件约束下,资源配置的目标可以表述为:使有限的资源产生最大的效益,或者是为取得预定的效益尽可能少地消耗资源。这里的资源包括环境资源,针对环境资源的配置,效益是指整体社会福利。

按前一种表述,要求在一定量的各种资源条件下,通过资源的合理安排、组合,以追求产出的效益最大化。这里资源的可供量限制是约束条件,而效益最大化是目标函数,因而它对应着一个求最大化的最优规划问题。按第二种表述,为了既定的效益目标,如何合理地组织、安排各种资源的使用,使总的资源成本最小。这里效益达到的值是约束条件,资源总成本最小是目标函数,因而它对应着一个最小化的最优规划问题。

资源合理配置这个问题本身是分层次性的,一个家庭或个人拥有一定的资源,可以追求在其资源使用中的最大效益,或者为达到某一福利目标追求最节省自己资源耗费的选择。一个企业,在其有限的资财能力之下,有如何分配使用资源取得最好的企业收益的问题,或为实现某一企业目标如何选择资源投入以使代价最小的问题。对于一个部门、一个地区,同样存在有限的资源条件,必须考虑如何合理地分配、交换资源,以取得最大的效益,或用最少的资源代价来实现某地区或某部门的某一发展目标。在一个国家范围内,政府如何通过最有效的政策杠杆,调节有限的社会资源配置以实现最快的经济社会发展,更是一个资源在宏观范围内的合理配置问题。个人、企业、部门以及地区和中央政府都面临着资源配置的问题。在资源配置上使用哪种表述,要依据问题的具体性质而定。一般说来,对于总体上如何合理配置资源的问题采取第一种表述方式,即把利用有限的经济资源取得最大效益作为资源合理配置的目标;对于完成一个预定目标的资源配置问题则多使用第二种表述,即为取得预定效益要尽可能少地消耗资源。

第二节 资源配置的原则与方式

在有限的资源条件约束下要取得尽可能大的效益,或者实现某既定目标尽可能少地使用资源,以使有限的资源更好地满足人类需求。为实现资源配置的最优化目标,在资源配置过程中,我们应该注意哪些问题呢?有没有一些原则值得我们考虑呢?

一、资源配置的基本原则

1. 经济效益原则

资源合理配置的主要标准,就是要使有限的资源尽可能生产较多的消费品或提供较多的社会服务(或者表述为:为了实现一定的产出,尽可能地节省资源投入)。经济效益是生产过程的效益，是指有限的资源投入，生产出尽可能多的符合社会需要的消费品和服务。从总体上评价经济生产过程中的最大商品和服务数量尚有许多异议，但就目前的认识水平来说，反映一国在一年之内创造的最终产品和服务的数量指标——国内生产总值，仍不失为一种可接受的综合性指标之一。因此，按照经济效益原则，要求国内生产总值尽可能地增长。只有创造尽可能高的产出，才有社会产品和服务合理分配的物质基础。

2. 社会效益原则

一种资源分配符合上述经济效益原则，并不能代表资源合理配置的全部内容。合理配置资源，还必须考虑资源产出与社会需求相适应的问题，即不仅要求最有效地进行生产，同时也要求最有效地分配产出和服务，实现最有效的消费。不解决分配和消费过程中的效益问题，生产中的效益(经济效益)就不能最终实现。

关于社会效益问题，即如何通过改进分配，通过对需求的各种价值判断来提高资源利用的整体效益问题，人们以前未能给予较多的关注。早期传统的社会主义经济学一般都是从生产角度讨论效益问题，在讨论生产与消费的关系时，一般也只从产品量与需求量相平衡的一般经济学原则出发，很少考虑人的主观偏好。实际上等于在承认假定“等量的消费具有等量的社会价值，而不问消费对象是谁”，这在相对平均化程度较高的社会，有近似的合理性。西方经济学中关于消费者效率或社会福利，讨论的出发点是消费者“效用”问题，认为全部的社会福利应该是全部消费者效用的综合。而资源合理配置的准则就是应该使效用综合最大化。消费者的效用，与其所享用的消费物品的数量、品种有关，也与消费者的收入有关，由消费内容及收入决定的效用的表达式，称为消费者的福利函数，社会的福利函数则是全社会中消费者福利函数的总和。

经济资源的合理配置，考虑社会效益标准，除了分配与消费方面的因素外，还有社会文化、社会保障和社会稳定等方面的效益。这里的意义是：第一，对于所有的资源配置项目，必须考虑这些项目各个方面的社会效果，在经济效益相等的情况下，应优先考虑社会效益大的项目；在经济效益不等的情况下，应以社会效益的显著程度给予权衡。第二，对于没有直接经济效益的纯社会性的资源配置项目，如建立学校、文化场所、社会保障事业以及其他的公共事业，按照社会效益的原则，权衡项目设立的资源投入。立项后，应考虑用尽可能少的资源投入来实现项目目标。

3. 生态效益原则

仅仅具有高效益的最大产出和公平合理的社会分配，并不能保证对生态环境的充分保护与长久利用，因而同时实现经济效益与社会效益的最大化仍不是资源合理配置的充分条件。资源配置的合理性，还应包括对生态环境改善的自然要求。资源利用的经济效益、社会效益和生态效益的总体，才是资源合理配置的一组完整的准则。

资源配置的生态效益原则，可以从两个方面来理解：其一，生态环境可以作为一种资源，这种资源的所有者是全体人类。地球上的人类工程、任何经济资源的生产、分配、消费方式都必然与人类的生态环境相交流。一个建设项目对生态环境的破坏，实际上是生态环境作为一种资源向项目的投入。生态环境作为人类共有的资源，并不能像其他的经济资源一样可以方便的用货币价值尺度来衡量其投入或损失。在建立环境资源与经济资源共同的度量标准方面，存在着许多尚未克服的困难。这种困难影响了人们对生态效益原则的价值判断。其二，生态环境作为一种福利。就像人们消费其他的物品和服务一样，人们也在享受良好生态环境带来的福利。在高度工业化的当今世界，和暖的阳光、清洁的空气、纯净的水以及优美的景致，不仅使人们身体健康长寿，同时也使人们心旷神怡。因此，对生态环境的破坏无疑是对人们福利的损害，是与资源合理配置目标不一致的。

4. 综合效益原则

如前所述，根据资源合理配置的目标，资源配置的效益可以分为三大类：经济效益、社会效益及生态效益。这些效益在一个具体的配置项目中可能相互依存，彼此正相关。例如，在条件适宜的荒坡上发展蚕桑生产，具有较好经济效益的同时，蚕粪肥地桑树长得好，绿化了荒山，减少了水土流失，美化环境又解决了农民就业问题，社会效益和生态效益都非常高。但是，有些资源利用项目的各种效益可能相互排斥。例如，发展工业造成环境污染，完善自动化势必影响就业等等。

对于某个具体的资源配置问题，配置方案的选择，有必要全面地进行各种效益的利弊权衡。按照综合效益原则进行资源分配，是社会资源利用实现最大化效益的前提。但对于经济发展程度不同的地区来说，其追求经济效益、社会效益、生态效益的强烈程度，在短时间内可能有所不同。比如，经济欠发达地区更急切地追求经济效益，生态效益属于其长期目标，在短期内可能会被放在次要位置上。

二、资源配置的方式

1. 计划方式

资源配置的计划方式是由马克思、恩格斯首先提出来的。他们认为随着生产资料转归社会共同占有，社会变成一座在社会共同体控制下的大工厂，劳动时间在不同的生产部门之间有计划地分配。在集中决策的前提下，根据现实的客观物质条件的可行性，由政府的计划执行部门以指令性计划的形式贯彻实行资源配置，“货币和价格对资源配置不产生关键性作用，只起核算工具和便利交换的作用”。这种模式的特点是：通过中央的指令性计划调节整个国民经济的运行；货币、价格、利润只是作为经济核算的手段；通过从上到下的层级制行政体系来运作。

新中国成立后的许多年，我们一直实行计划配置方式，并且相当长时期内非客观地认为：用计划这只看得见的手配置资源是最有效率的，计划方式可以克服资本主义市场经济的无政府状态和周期性危机。然而，经济发展的实践证明，无论是中国，还是其他原社会主义国家，其生产力发展水平远未达到能在全社会范围内实行计划生产的程度。按照计划生产产品难以适应人类多样化的需求，此时的计划方式根本无法实现社会生产与社会需求的有效连接，只能导致资源配置失当和资源浪费。需要指出的是，市场配置方式也并非尽善尽美，由于市场竞争的不完全性，经济信息传导的不对称性及未来市场前景的不确定性等原因，市场方式使得一定时期内的资源配置达不到最佳状态，甚至存在不合理配置。

2. 市场方式

资源配置的市场方式就是利用市场这只“看不见的手”来调节社会资源配置。市场配置理论认为，市场配置是一种分散决策行为，是依靠市场机制功能实现的。迄今为止，经济实践和经济资料都充分表明，市场方式依然是资源配置最有效的手段。在广泛的竞争性领域中，市场机制自动引导着资源从效益低的领域流向效益高的领域，实现资源的优化配置。同样，在非竞争领域，市场机制的引入带来了效率的明显提高，这也正是市场配置方式的生命力所在，是我国计划经济体制转向市场经济体制的根本原因所在。

计划与市场是资源配置的两种方式,各有长短。计划经济长在比例,短在效率;而市场经济正好相反,长在效率,短在比例。两者结合,优势互补,可以实现资源配置最优的理想状态。所以,20世纪的计划经济国家先后走上了市场趋向的改革之路,而市场经济国家也开始探索引入计划方式和手段,建立起国家宏观调控体系。

第三节　资源的均衡配置

由于资源效用的多用性特征,作为生产要素时同一种资源可能在不同使用方向上、不同部门里、不同区域中产生效用,同一部门也会需要各种不同的资源。资源本身的稀缺性,要求我们在不同用途、不同部门或地域间进行权衡,选择某种资源在不同用途、不同部门、不同地域间的分配,选择某部门里或是某区域的资源与资源的搭配,以期达到最佳的配置状态,最终实现资源配置的目标。

一、部门间的均衡配置

资源在部门间达到均衡配置,是指资源在部门间的交流中达到了这样的状态:每一种资源的供给量等于该资源的需求总量(没有发生资源的短缺或资源的闲置),同时经济社会选择了一种最为优越的配置方式,使资源在配置中实现了最大化的效益。也就是说,资源的供求平衡不是资源均衡配置的充分条件,只有同时实现资源配置效益的最大化,才算是达到了资源的均衡配置。

一个部门使用的不同资源(如要投入必要数量的原料、燃料、电力、辅助材料等劳动对象和必要数量的机器、设备、厂房和工具等劳动手段)有一定的比例关系(如原料与机器设备的匹配比例),表征出生产过程的技术联系。这种技术联系常常不是一种固定联系,因为不同种类的资源在一定范围内可以互相替代(如机器生产对手工制作的替代)。这是不同资源在同一部门的配置问题。

部门与部门之间存在着更为复杂的相互联系。部门间的相互关联,通过经济资源在部门之间的运动、转型和价值转移过程表现出来。现代经济学中,描述部门间联系平衡的方式是部门联系平衡表(即投入产出表)。部门间的联系平衡包括价值形式的联系平衡和实物形式的联系平衡,对应着价值形式的投入产出表和实物形式的投入产出表。平衡表中的每一个部门出产产品,同时又要消耗其他部门的产品。每个部门的总产出量减去中间消耗的产品数量,就是可以用来供社会消费和储备的产品数量。

满足资源配置平衡的资源配置方案有无限多个,部门间的联系平衡可以有多种不同形式。例如,农民可以多买机器用机械耕作而减少劳动的投入;发电厂可以烧油,也可以烧煤;供热部门可以多用保温材料以减少热损耗,也可以少用保温材料以减少建设的支出。资源及中间产品投入的选择可以多种多样,不同的选择就会导致不同的投入产出量。那么在什么情况下资源配置可以达到一种均衡状态使有限资源的产出为最大呢?

为了说明上述问题,我们先构造一个极简单的生产模型:有两个生产部门(如粮食和布匹),用符号 R 和 C 表示;有两种资源作为生产投入品(如劳动力和土地),用符号 L 和 D 表示。两种产品、两种资源,我们可以借助二维图表进行一些分析。

两个部门的产量与投入的资源数量相关，生产函数可以写成：

$$R=f_R(L_RD_R)$$
$$C=f_C(L_CD_C)$$

式中：L_R、D_R 分别是投入粮食生产的劳动力与土地数目；L_C、D_C 则是投入布匹生产的劳动力和土地数目。

假设生产技术在整个分析期间保持不变，由上面的关系我们可以得出粮食和布匹的等产量线图（图 5－1）。曲线上的每一点反映了资源投入的结构，同一曲线上不同的点表示实现同一产出量的不同资源的投入结构（曲线实际反映了由于生产函数决定的资源替代关系）。图中的虚线表示经济中可利用资源的上限。

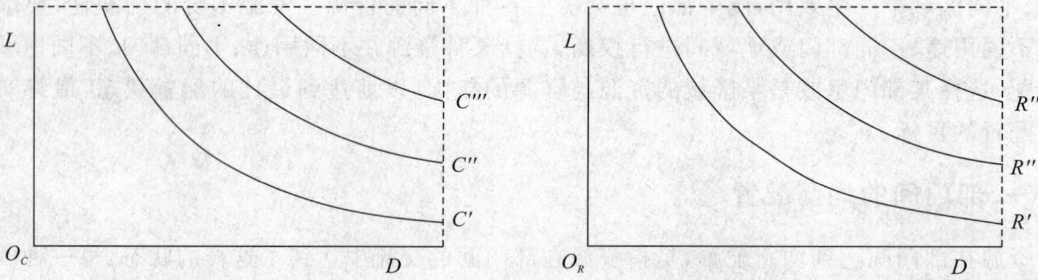

图 5－1　受固定的资源供给量限制的等产量图

根据这两个等量线图，经济学上可以形成反映资源配置的埃奇沃思矩形。我们让粮食的等产量线图不变，把布匹的等产量线图转过去让原点 O_C 处于右上角，然后将两张等量线图的可行部分（虚线内）拼合起来，就形成了一个埃奇沃思矩形（图 5－2）。它的长度（横轴）由整个经济中可得到的土地的数量所确定，高度（纵轴）由整个经济中可获得的劳动力资源来确定。从左下角代表粮食生产的原点向里移动，就可以遇到代表粮食产量不断增加的一系列粮食等产量线；从右上角代表布匹的原点出发，向里移动，也会遇到代表布匹产量不断增加的一系列布匹等产量线。于是在矩形内向右上角移动时，粮食的生产量增加而布匹的生产量减少；向左下方移动时，布匹的生产量增加而粮食的生产量减少。任意选定点 P，引正交于 P 点的垂直线和水平线，资源的配置（也就是 L_R，L_C，D_R，D_C）就被唯一确定了（如图 5－3，L_R^P、L_C^P、D_R^P、D_C^P）。由于矩形内含有无数条的粮食生产等量线和布匹生产等量线，因此，每种产品都必然有一条等量线通过点 P。于是，P 点也确定了粮食和布匹的产量，如图 5－3，粮食等产量线 R^P 与布匹等产量线 C^P 交于 P。

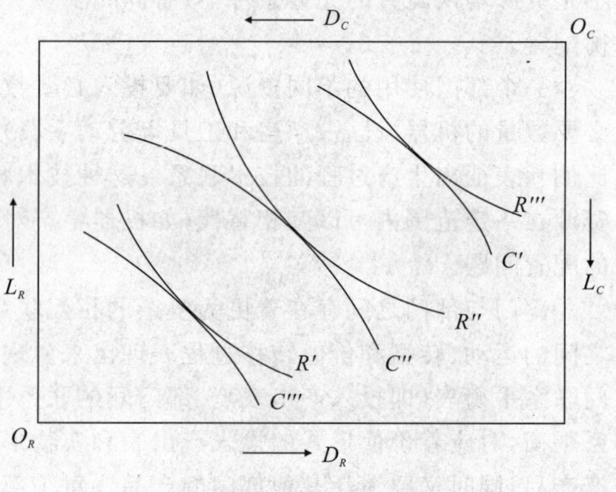

图 5－2　埃奇沃思矩形

是否存在着比 P 点更高效率的资源配置方式呢？先考察粮食等产量线 R^P 上的 a 点，利用点 a 所代表的资源配置方式可以生产和点 P 同样的粮食，但可以生产比 P 更多的布匹，所

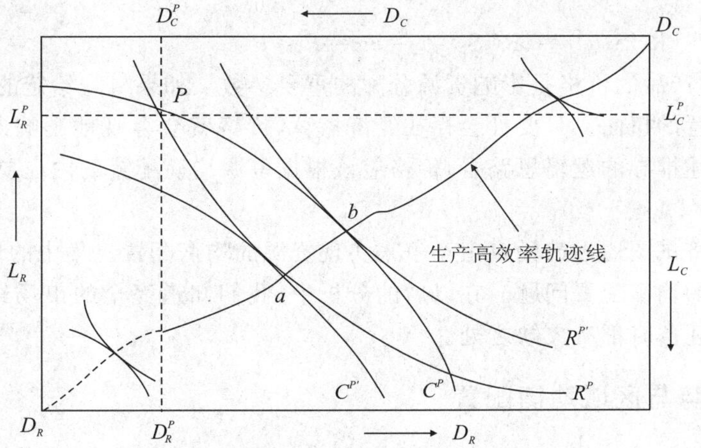

图 5-3　生产高效率轨迹线导出示意图

以点 a 代表比点 P 效率更高的资源配置方式。再考察布匹等产量线 C^P 上的点 b，可以生产与 P 处等量的布匹，而生产更多的粮食，点 b 也代表比点 P 效率更高的资源配置方式。在 a 与 b 之间，存在着无数的粮食等产量线与布匹等产量线的切点，每一个这样的切点，都代表着一种比 P 点效率更高的资源配置方式。如果我们全面考察埃奇沃思矩形内的所有点，可以形成一条由粮食等产量线和布匹等产量线的切点联结而成，从粮食原点通过点 a 和点 b 到达布匹原点的曲线，即生产高效率轨迹线。它是粮食和布匹生产中，土地和劳动所有高效组合的轨迹。

等产量线的切线斜率反映了生产该产品投入的两种资源的技术替代率(用符号 RTS 表示)。据上述分析，资源配置高效率的要求是两种商品生产投入的技术替代率相等，即：

$$(\mathrm{RTS}_{D,L})_R=(\mathrm{RTS}_{D,L})_C$$

生产者在一定预算约束下，为获得最优的资源配置时，其使用不同资源的技术替代率，应等于资源的价格之比，即

$$(\mathrm{RTS}_{D,L})_R=(\mathrm{RTS}_{D,L})_C=P_D/P_L$$

式中：P_D，P_L 分别表示土地、劳动的价格。

上述资源配置高效率状况可以推广到多种产品(如 n 种产品)、多种资源(如 m 种)的高效率配置问题上。

(1)任意两种资源的技术替代率在各种产品生产的投入中相等，并等于两种资源的价格之比：

$$(\mathrm{RTS})_1=(\mathrm{RTS})_2=\cdots=(\mathrm{RTS})_n=P_D/P_L$$

(2)两种产品之间的产品替代率相等并等于产品的比价：

$$(\mathrm{RPS}_{R,C})_{企业1}=(\mathrm{RPS}_{R,C})_{企业2}=\cdots=P_R/P_C$$

但是，仅仅从生产角度，我们还不能完全解决资源在部门间如何均衡分配的问题。对于一个确定的生产可能性曲线上的一种生产组合方式，可以唯一地决定资源在部门间的最有效的分配方式，也可以由此相应决定除各种产品和资源的最优的比价关系。在西方资源配置的文献中，一般都通过考虑需求的各种最有效组合来共同决定最优的产品组合，从供需平衡的角度来讨论资源的部门间分配及其合理的比价关系。

(3)消费替代率(即消费两种产品的边际效用比率)，对于所有消费者相等，并等于商品的

价格之比：

$$(RCS_{W,B})=(RCS_{W,B})_2=\cdots=P_W/P_B$$

资源的价格、产品的价格是影响资源分配的重要参数。如果事先给定的价格不合理，就必然会导致资源配置的扭曲。只要社会存在经济核算，价格就会客观地影响人们对资源合理配置的判断。从上述推导的逻辑思路看，价格应该根据资源均衡配置的内在要求派生决定，而不应该事先设定。

完全市场经济试图通过鼓励自由竞争来实现资源的均衡配置。集中的计划经济则试图通过计算解决资源的均衡配置问题。在以后的分析中，我们知道完全的市场经济与集中的计划经济在完成这一任务时都有欠缺之处。

二、资源优势与区域均衡配置

1. 资源优势

资源优势是指一个国家或地区由于某类资源赋存条件较好所呈现的优越性。自然资源、人力资源、资本资源作为经济资源的三大类，在地区间的优势状态，都有各自具体的、个别的涵义。

自然资源优势涉及到三个不同层次的概念：其一，赋存优势，即自然赋存状态下资源的潜在优势；其二，开发优势，即自然资源经济开发或开采的优势，是开发便利性的一种体现，例如，矿产资源由于埋藏浅而易于开采、交通便利而易于运输，等等；其三，加工利用优势，资源经加工后形成各种原材料或直接消费品的能力优势，比如加工工艺先进。资源的赋存优势是对自然资源优势的狭义理解，资源的开发利用优势即是对自然资源优势的广义理解。一般来说，自然资源的三种优势层次并不是重合的。工业发达国家，资源的加工利用具有较大优势，而资源的赋存及开发不一定具有优势。在对不同地区的资源进行赋存优势比较时，一般可以用资源的人均占有量指标，也可以计算自然资源的潜在经济价值，按人均占有的自然资源潜在价值进行比较。在计算潜在经济价值时，要综合考虑到资源的赋存量、单位资源产品的价格、采选条件以及相应的经济环境（如交通条件）等。

人力资源的优势涉及到三个方面：数量、质量、结构。从经济学意义分析，人力的数量多（劳动力丰富）仅是人力资源优势的一个因素，而不是人力资源优势的同义语。人力资源的质量，从作为投入的角度来看，包括各种技术熟练等级的劳动力占总劳动力的比重。劳动力的熟练等级越高，越具有高的人力资源质量。从劳动力产出的角度来看，劳动力的质量可以用劳动生产率来表征。但是应该指出，劳动生产率实际上包括劳动力的组织状况，劳动力与资本资源、自然资源相结合状态的综合表现，并不完全反映一国劳动力的状况。例如，机械化程度高，则劳动生产率高；资源开发条件好，劳动生产率也高（如石油国家）。有人提出用单位工资创造的价值（净产值或社会纯收入）来反映劳动力的素质，这与工资制度联系起来了。在高工资的地区，单位工资创造的价值较低，但并不完全意味着劳动力的素质低。人力资源的结构包括专业结构及就业结构。在区域人力资源的比较中，资源的优势与劣势总是相对于一定的结构而言，一些地区从事农业的劳动力丰富，另一地区可能从事工业的劳动力丰富。在劳动力的行业或层次（熟练与非熟练）之间，存在一定的替代关系，但并不是可以无限制替代的。

资本资源也有数量、质量和结构三个方面。优势的资本资源在数量、质量、结构上都具有相对优势。资本资源的数量优势可以用人均占有资本量表征，也可以用一个地区占有资本的总量来表征；资本资源的质量可以用资本资源的技术结构来表征，也可以用技术设备的新旧来表征。资本资源的结构也是表现资本优势的重要因素,资本结构不合理,有限的资本就不能发挥应有的作用。例如,一个国家能源交通生产的资本严重不足时,尽管加工业的资本极其庞大,引起总的资本规模很大,但由于交通能源的"瓶颈"制约,总资本不可能达到应有的效率。

2.资源的地区间交流

在部门间的均衡配置分析中,我们假定各经济部门没有地理位置的差别,而只有投入产出技术关系的不同。现实经济社会中,资源区域禀赋与地区交流也会影响到资源的均衡配置。由于资源赋存和经济活动水平的差别,引起区域间的资源结构及资源总量的差异,也引起了区域间的资源交流。

一个国家在整体资源有限的情况下,为了实现整体的最佳资源产出效益,客观地要求资源向资源利用效益最大的方向和地区流动,即哪个地方增加一个单位的资源投入后,增加的效益最大,资源就应该向哪个地区流动。因此,资源流动的合理取向是资源加工利用优势的方向。

资源生产者将资源流向何方,在市场经济条件下是利益取向,即哪个地方给它的价格高、利润大,就流向哪里;哪个地方使用资源的效率高,就可能"消化"较高价格的资源。如果资源的价格是既定的,那么资源生产者的供给取向是供给资源的成本最小的方向。在这种情况下,生产者倾向于就近销售其资源。在严格的计划体制下,资源商品的使用及分配是由计划部门来安排的。

资源向不同地区流动的量,与使用资源的效益有关,也与运输流通费用有关。对于一个资源的使用者来说,他选择从何地购入资源,就看购入等量等质的资源何处付出的代价最小。我们假定一个生产者购买资源面临两种选择:第一种选择是直接进口,第二种选择是从国内某地购买。直接进口一个单位的资源,企业所付的代价是:资源进口到岸价+从海关至企业的单位运输费用+其他流通费用。向国内资源产地购买时,可以分为三种情况讨论:①当所购资源为非外贸品(即不影响进出口的国内产品)时,资源投入成本=资源国内价格+资源运输费用+其他流通费用;②当所购资源是间接进口品时,资源投入成本=资源的进口到岸价+从海关至原资源用户的运费成本+资源产地到企业的运输成本-资源产地至原用户的运输成本+流通费用;③当所购资源是出口产品时,企业资源投入的单位成本=资源出口的离岸价格-资源地至海关的运费+资源地至企业的运输费用+流通费用。

企业在消耗外地资源时,运费及流通费用一般与距离成正比,即:

$$\text{消耗外地资源的成本} = \text{资源的产地价格} + K \times \text{距离}$$

式中:K 为距离系数。

一般资源都存在一个经济距离,在这一距离内资源的交流才是合理的。在资源配置的均衡状态下,这一均衡距离满足下面的关系:

$$\text{资源投入的边际产出} = \text{资源的产地价格} + K \cdot R_0$$

式中:R_0 为资源流动的经济距离。

从距离大于 R_0 的地区调入资源是不合算的。资源流动的经济距离 R_0,可用下式计算:

$$R_0 = \frac{\text{资源的边际产出} - \text{资源的产地价格}}{K}$$

资源边际产出与资源的产地价格之差,称为资源增益。经济距离与资源增益成正比,与反映运费及流通费用的距离系数 K 成反比。资源增益主要取决于企业利用资源的效益。效益越好(即资源的边际产出越高),经济距离越大,企业就越有能力取得更远距离的资源,以克服本地区的资源赋存及开发的劣势。K 是一个综合运费及流通费用的系数，客观上反映了企业从外地取得资源的阻力。系数越大，阻力越大，企业为消化外地资源付出的代价也就越大，或者说资源的经济距离越小。很明显，两地间交通条件差，单位运输成本就高，K 就大；两地间流通中转环节多，渠道不畅，流通费用就高，K 就大。由于单位体积及重量所载的价值不一样，单位资源的运费、流通费用也不尽相同。一般说来，量大值低的资源，如矿产品资源、水资源等，K 值大，经济距离 R_0 较小；而货币资本资源几乎不需要运移成本，经济距离就十分大；人力资源则十分特殊，运移的成本不仅包括旅行费用，还包括与人的需要相关的许多其他费用。

3. 资源的区域富集与行政干预

根据资源配置合理化要求，资源区域间交流的基本趋势是资源流向报酬率高的地区。资源报酬率的高低与许多因素相关，其中资源在经济活动中的依存关系与配置状态是重要影响因素。例如，自然资源的报酬率高，要求自然资源与先进的技术设备等资本资源相结合，也要求与掌握先进工艺的劳动力资源相结合，因此，自然资源会流向资本及人力资源都相对密集的地区。人力资源的高报酬率，必然要求与相对富裕的资本资源结合。资本资源要有高的报酬率，也要求与相对丰富的人力资源和自然资源相结合，形成优势的生产方式，才可能实现。资源生产力的这种客观要求，致使资源在区域间流动时产生一种资源向某一区域富集的现象，这种富集现象导致的一般结果是：资源集中的地区更加富有资源，资源贫乏的地区更加缺乏资源。这即是著名的“马太效应”在资源经济学中的表现。改革开放后，中国东部地区由于其资金、技术、人才的优势，加工工业发达，因而吸引了大量的中西部地区的各种自然资源产品、资金和人才，形成了东部地区的资源富集。当然，在中国的这种资源极化现象不会无限制地发展，国家所承担的分配职能将通过资金的分配及其他杠杆，将促使各地区协调发展。西部大开发、中部崛起的战略部署，就是典型例子。

在现实经济中，区域间的资源流动并不完全受经济利益驱使。比如，为了避免资源富集的“马太效应”，我国政府对资源流动进行干预，对“老、少、边、穷”地区或部分自然资源赋存优势而其他资源不足的省区，提供各种人力资源训练的优惠和资金供应、物资供应的优惠，促使这些地区最为紧缺的一些资源得到相应补充。例如，政府号召“智力支边”、“科技下乡”，就是对贫困地区给予人力资源的支持，通过行政手段，使人力资源向贫困地区流动。相关开发基金的设立和分配，也对这些地区给予资金支持，使由于经济利益驱使外流的资金又部分返回到“老、少、边、穷”地区。政府还在能源等物质上给予一定的计划照顾。这些政策，目的是使全国各地区经济能协调地发展。当然应该看到，政府对资源流动这种干预的结果，在短期内是以降低资源的产出为代价的。

由于地方政府的干预，资源流动会产生一定壁垒。这种壁垒主要是指各行政区域之间人为设置的资源流动障碍。例如，在自然资源方面，地方政府为了保证本地区加工业的原料需求，在资源紧缺时限制本地区资源及其初级产品的外流，或者通过政府补贴等办法，帮助本地企业从外地高价吸收资源，引起资源产品的价格“大战”等。在人力资源方面，流动的壁垒更多：户口制度限制了人员的流动；科技人才实际上的部门、地区所有制，也是人力资源流动的重要限制因素。资本资源流动的限制也是客观存在的，如政府规定各地区的基本建设规模、产业政策等，对资金的流向也是一种人为干预。对于一个地区经济社会发展来说，地方政府干预资源流动的结果，一方面可能牺牲资源的整体效益，使资源进入低效率的增值运动；另一方面，在资源价格信号本身不正确时，又可能抵消一部分价格扭曲的不良影响。

4. 资源的国际间交流

由于资源在各国分布数量、质量、结构上的差异，也由于各国在生产组织上的差异，引起各国在商品生产中形成不同的优势和劣势，成为国际间分工和交换的基础。例如，两个国家运用各自的资源生产汽车和纺织品两种产品，如果A国生产汽车有比较优势，而B国生产纺织品有比较优势，则A国出口汽车进口纺织品，B国出口纺织品进口汽车，都可以使两国的经济福利增加，并使两国总体的汽车产量和纺织品产量比不贸易时的总量要多。国际间的资源交流使资源在世界范围内的使用效益提高。换句话说，一个国家通过出口商品换取外汇用以进口另一些商品，当这些进口商品靠国内生产将付出更大的成本时，该国将获得比较利益。因此，一个国家总是愿意出口相对优势的产品而进口相对劣势的产品。

相对优势的意义如下：当

$$\frac{\text{A国汽车生产效率}}{\text{B国汽车生产效率}} \geqslant \frac{\text{A国纺织品生产效率}}{\text{B国纺织品生产效率}}$$

时，我们说A国的汽车生产比纺织品生产具有相对优势。商品的国际间交流，本质上是资源的交流。由于每种商品所含不同资源的量不同，因此不同的贸易结构对应着不同的资源交流结构。从这个意义上说，比较利益要求一个国家总是输出自己相对比较丰富的资源，而输入相对贫乏的资源。

上面的模型，只是建立在国际之间完全自由贸易基础上的简单的市场模型，当直接用它来解释现实国际贸易现象时，会遇到一些难于解答的问题，“里昂惕夫之谜”就是其中之一。里昂惕夫1953年发表了一篇有创见的研究论文。在文中他计算了1947年美国的出口工业，用以验证比较利益模型的正确性。里昂惕夫取得的结果成为一个惊人的谜：美国是否向世界其他国家出口劳动密集型商品以换取资本密集型商品？而经验指出，美国应该是典型的资本丰富而劳动力短缺的国家。

“里昂惕夫之谜”在经济学家中引起了一场骚动。对其数十年的研究和解释，使人们明确了国际间的资源流动有一些更具体的细节。

(1)自然资源赋存差异对国际贸易的影响。各国天赋自然资源的种类和数量有很大不同。例如，阿拉伯半岛富有石油但几乎没有什么其他的资源；日本耕地很少，没有什么矿产和森林；美国拥有充裕的耕地以及丰富的矿产资源及森林资源；加拿大拥有除热带特有的动植物资源以外的其他所有自然资源；英国有煤及近海石油、天然气，但几乎没有别的矿藏。一国的所有产品都含有各种资源的价值，如果能借助投入产出模型对进出口产品的资源量进行分析，就可以得出国际间资源流动的一般表现。

里昂惕夫发现，与进口竞争的美国工业之所以是资本密集型的一个原因，就是美国是大量矿产和木材的进口国，这些产品不仅使用大量的自然资源，而且还大量使用非人力资本。在出口方面，美国出口的农产品相对来说是使用大量土地和劳动力的。自然资源的作用也有助于解释其他国家所得出的某些令人困惑的资本，即劳动力比率结果。加拿大看来是向美国出口资本密集型产品，主要是由于它出口的也是资本，即劳动力比率高的矿产。日本出口产品的资本密集度较高，主要是因为它进口大米，大米在日本是在劳动密集方式下生产的。印度对美国出口的资本密集度较高，也是因为它向美国大量进口大米的缘故。

因此，当我们全面地考察国际交流中各种经济资源的流动，而不简单地归结为资本、劳动力两种资源时，我们就可以很好地理解贸易中按资源比较优势进行要素流动的原理。

(2)人力资本与技能。一个非熟练的工人工作一小时的劳动成果，与一个工程师、一个医生一小时的劳动成果无法类比。在考虑劳动力对资本的比率时，不注意到劳动的这种技能的差别是不全面的。在美国等发达的国家中，与丰富的资本相依存的是工人的技能，因此工人的技能是这些国家最丰富的生产要素之一。发达国家按投入产出计算的"劳动密集型出口"，实际上包括了工人技能这一优势因素。

(3)贸易壁垒。各国政府制定的各种不同的进口贸易政策，包括关税制度、许可证制度、补贴制度等，都干预了国际间商品的流通，从而使要素的流动发生偏离。例如，美国政府在政策上不容许进口许多属于劳动密集型的产品，以保护半熟练的和非熟练的劳工集团。如果是自由贸易，美国将进口更多的劳动密集型产品。发达国家对技术的出口和信息的出口有许多限制，对于不发达国家，为了保护国内工业，对许多国外相对高效率的工业产品，采取限制进口的办法，对国内工业品采取补贴出口的办法等，都使资源的流动偏离原有的自由竞争的结构。

(4)资源密集性变换。由于各国的资源结构不一样，引起资源的价格或费用不同，从而一种产品在A国是资源密集产品，而在B国可能是劳动密集产品。例如，迈克尔·霍德进行的研究表明，在美国和英国的双边贸易中，两国出口的商品在本国都属于资本密集型的，这就是资源密集性变换。资源密集性变换的内在原因，是生产过程中资源的替代性。

三、均衡配置的相对性与约束条件

资源配置的均衡是一种动态的均衡。资源配置的均衡状态，由以下几方面的因素决定：

第一，生产函数。由于技术变化，生产投入各要素的比例关系发生变化，技术替代率也发生变化，从而直接地引起资源配置均衡状态的变化。由于技术进步伴随着生产发展的历史进程，因此资源均衡配置的状态也处在不断变化之中。

第二，需求变化。资源的均衡配置，因社会对产品的需求结构的变化而变化。需求的变化既有趋势性变化因素，即由于经济发展水平的变化或消费者收入水平的提高引起消费者需求结构由低层次向高层次的发展，或由于技术进步实现的产品更新，发生由老产品需求转向新产品需求的变化，使资源的配置均衡状态发生变化；需求变化还会因一些随机性的因素引起，发生随机性的需求变化。这种变化在商品经济条件下，也会引起生产者选择的变化，从而引起资源均衡配置的变化。

第三，经济环境。由于一国市场受到其外部环境的影响时，会引起资源均衡状态的变化，这种变化实际上是由于外部对生产、需求或资源供应等方面施加影响而发生的。

第四，资源的变化。当社会资源拥有量发生变化时，比如资源消耗使资源赋存状态发生变化，或者资源成本增加，资源的均衡状态就会改变。

资源均衡配置具有地域相对性。不同地区发展水平不同，或技术状况不同，或资源赋存状况不同，在形成资源配置均衡时，资源在各部门之间的分配也不同。各地区间的资源均衡配置的相对性差别，本质上是由资源供应的差别、生产技术(包括生产组织的技术)的差别、需求的差别(由发展水平、文化背景等)等引起的。

资源配置的均衡所要求的条件是非常严格的。它实际上要求资源替代方面的均衡、生产品替代的均衡、消费替代的均衡共同来决定。首先，它要求资源的充分流动性，即一个部门转移到另一个部门是无阻力的、自由的、可以分割的。其次，它要求消费的充分选择性，使人们的消费行为能比较好地体现人们的意愿。再次，是生产者在联结资源与消费的中间加工环节，因此既要具有最合理、最节省的利用资源满足消费的动力，又要有能做出正确投入产出决策的信息条件及实施手段。资源配置的均衡性是一种理想的状态。

从上面的讨论中，我们发现资源配置均衡有两个基本属性：

其一，资源配置均衡的相对性。由于经济社会本身的特征（资源不可充分流动性、信息非充分性以及生产行为的非理性化、消费选择的非规范性）以及资源配置本身是一个运动过程，资源配置绝对均衡的状态是不可能达到的。人们只能根据现实的条件做出逼近均衡的选择，使事情尽可能办得好一些，达到资源配置的相对均衡。这也是现代经济学中所谓次优（或次佳）理论的出发点。

其二，资源配置均衡的模糊性。由于经济社会固有的模糊性，使资源的经济社会配置均衡问题也带有一定的模糊性。我们可以看到，当根据资源配置效率确定最有效生产的可能性界面时，我们只得到无数个可行的产品组合或资源分配组合；只有在需求方面也找出一条代表社会价值取向的社会无差异曲线，并寻求其与生产可能性界面的切点时，资源均衡配置才是确定的。在这里，模糊性的根源之一是社会价值取向本身的模糊性导致我们并不能确切地得知一个社会的福利函数，因而也无法确切地得知社会无差异曲线，进而无法确切地确定最优的生产结构和消费结构。

尽管如此，资源配置的思想在进行具体资源分配方案的权衡中还是有着重要的积极作用。

第四节　资源短缺与资源合理配置

资源短缺是由于资源在部门间或地区间非均衡配置引起的经济现象。短缺是资源合理配置的约束条件，也是资源合理配置的动力。资源短缺现象，在任何时期任何经济制度的国家都客观存在。目前，发达的市场经济国家能源短缺日益增强，这类困难发展中国家将来也可能出现。但对于大多数发展中国家来说，如何处理浪费与低效率使用，似乎是缓解资源短缺的关键。

一、短缺与稀缺

资源短缺是指在资源配置不均衡时，引起的某些资源严重供不应求，进而导致一部分地区或产品部门因某些资源供应不足而停工、停产、待料的现象。科尔奈说，“短缺”这个词就是指在面包房或肉店前排长队。生产中的类似现象有：劳动力短缺，材料短缺，零件短缺，或电力短缺等。

资源的短缺不同于一般性稀缺。稀缺是任何社会中经济资源的一般内在性质，是引起经济资源价值运动的基本特征。短缺则是资源应用中的一种个别状态，是相对于其他资源而言的一种相对供不应求的现象。资源的短缺与一般消费商品的短缺也不完全相同。资源短缺发生在生产领域，而一般消费品的短缺发生在消费领域。发生在生产领域的资源短缺首先产生替代影响，引起资源供求关系的变化，从而引起最终消费品的震动与区域平衡。一般是资源的短缺发生在前，而消费品短缺发生在后。在不同的经济体制之下，两种短缺的波动幅度也是不相同的。因此，短缺与一国的经济体制有关。

价格和工资政策、财政和货币政策、贸易政策都是引起短缺现象的内在原因。采用固定价格制度时，资源的短缺引起抢购或超正常的待购；而采用自由价格制度时，短缺会表现为价格的剧烈上升。当国民经济中某种资源的短缺成为阻碍国民经济正常运行的主要因素时，这一资源部门就可称为国民经济“短线”部门，成为经济调整的重要考虑因素。

二、短缺与合理配置的关系

经济资源合理配置问题可以用数学语言来表达，即在有限的资源约束之下如何合理分配资源在各个方面的使用量，使经济社会效益最大化的问题，用数学语言表述为：在资源约束 $g_i(x)\leqslant b_i, x_i\geqslant 0$ 的条件下，求经济社会目标函数 $f(x)$ 最大，即：

$$g_i(x) \leqslant b_i \qquad (i = 1,2,\cdots,m)$$
$$x = (x_1, x_2, \cdots, x_n)^T \geqslant (0,0,\cdots,0)^T$$
$$f(x) = \max$$

式中：x 为社会产品向量，表示各种社会产品组合；b_i 为第 i 种资源的可用量。

各种资源使用量与社会总产品的数量和结构有关，社会经济效益的最大化也主要取决于社会总产品的数量和结构。因此，它们都是社会产品向量 x 的函数（$g_i(x)$ 及 $f(x)$）。在一般情况下，$g(x)$、$f(x)$ 是非线性函数，$g(x)$ 主要决定于投入产出技术结构，$f(x)$ 则与社会偏好有关。在 $g(x)$ 与 $f(x)$ 都是线性的这样一种假设下，资源配置问题就成为一个线性规划问题，可以用数学方法来求解，也可以同时求出在最优解情况下资源的影子价格，并可以证明资源的影子价格是资源对于目标函数的边际贡献。我们知道，当某种资源的影子价格最大时，这种资源对于经济社会具有最大的效益，即增加一个单位的资源供给，对于增加经济社会效益贡献最大；反之，减少一个单位该种资源供应，对经济社会效益的损失也最大。这样，影子价格的大小，也反映了资源短缺的程度。经济中某种资源越是短缺，其影子价格也越大。

由于短缺的资源在资源合理配置中具有较大的影子价格，因而短缺资源对整个经济社会生产领域的约束是一种较强的约束，成为限制生产发展的主要因素。因此，对于短缺资源在部门或地区间的合理分配问题，就显得十分重要了。短缺资源由于其边际价值较高，而成为国民经济的“瓶颈”或“短线”。

资源短缺引起的价格上升及需求等现象，都会使经济行为者调整其价值判断和供求结构，引起新的资源运动，达到更合理的资源配置。资源短缺成为资源合理配置的动力是有条件的。短缺的信息以及经济行为主体对这些信息的反映应该有利于向短缺缓解的方向发展，即从短缺向资源配置的均衡转变。这就要求：第一，资源的价格或者资源生产者及使用者对资源的价值判断要尽可能地转变到接近资源的边际社会经济价值（即增加或减少一单位资源的供应对总产出的影响）；第二，价格是具有弹性的，可以浮动的；第三，计划者或生产者具有追求最大经济社会效益的行为动机；第四，有效的宏观调控手段；第五，经济调整过程的阻力尽可能小，资源的流动性即生产者选择的自由度要大；等等。

三、发展中国家资源短缺的特点

发展中国家有关资源的一般特征是：第一，发展中国家大都人口多、素质低，简单劳动力资源十分丰富，熟练劳动力资源不足；尽管许多国家绝对占有的自然资源较多，但人均占有水平仍然较低，而且资本资源缺乏；第二，发展中国家的市场不发育，资源价格扭曲，多不能反映资源的实际经济社会价值。许多发展中国家（尤其是社会主义制度的国家）基本上没有资源市场,资源的价格也不能浮动;第三,经济决策中政府计划起着十分重要的作用,政府各部门是资源的主要拥有者,也是主要的资源需求者;第四,国际贸易的壁垒较大,对外开放度一般比较低,因而也难以实现比较自由的对外资源交流;第五,资源利用的效率低下,因而资源生产力发挥的水平较低(即具有较低的劳动生产率、自然资源生产率及资本产出率);第六,信息水平低,经济反应不够灵敏。

一种资源的短缺必定伴随着其他资源的浪费。在一个经济社会中,短缺的资源构成经济中的有效约束或强约束。在一般情况下,当一种资源不足时,通常会发生复杂的替代现象,但所有这些都不影响我们关于短缺与浪费并存的结论。

在发展中国家,资源短缺与资源浪费相互激励。浪费既是资源短缺产生的原因,也是资源短缺产生的结果。一方面,由于短缺资源的价格一般低于其实际上的经济社会价值,于是给企业投入的成本信号是偏低的,刺激企业尽可能地加大对短缺资源的消费。同时,由于短缺引起的定量供应或排队等待,引导人们找关系走后门取得资源消费的优先权,而这种取得资源的优先次序,并不是以资源的利用效率为依据的。于是,在短缺的情况下,资源的浪费就是不可避免的。另一方面,浪费使有限的资源所获得的产出减少,从而为了实现一定的消费水平和消费结构,不得不投入更大数量的经济资源,这就加剧了资源的短缺。

在现代商品市场关系下,资源短缺并不是在任何经济中、任何阶段中都普遍存在的现象。资源均衡配置是资源可供量与需求两方面平衡的结果。需求结构和数量是由一系列分配、再分配过程决定的。由于经济中分配关系不顺,可能出现经济中需求不足的价值现象。从而使经济中影响生产的约束将主要来自于需求方面,而不是资源可供量方面,这就是一种需求约束型经济。在需求约束型经济之下,由于货币购买力不足,人们可能普遍地不能支付工厂从成本角度提出的价格,从而使企业在保本微利的原则下不能实现正常的生产,资源的闲置和浪费就可能成为一种普遍的现象。由于需求约束型经济中资源的闲置和浪费的原因主要来自分配过程的失调,这就为政府通过金融政策(或货币政策)和财政政策来调整这种不均衡状态提供了现实的可能,使市场调节加政府干预成为一种克服资源大规模闲置的十分有效的机制。

我们可以列举一系列中国现阶段经济中的短缺现象:能源不足引起加工能力不能正常发挥作用,动力设备闲置,机械的生产力不能充分发挥;交通运输基础薄弱,不能满足正常的货运需求,人们乘车难、出门难的问题始终未能得到解决;由于管理和技术人才缺乏,生产不能实现最有效的科学组织,机器设备不能实现其应有的效率;由于信息不灵,生产和流通不畅,出现了许多盲目性的研究开发、生产和流通行为;由于资金不足,大量剩余的劳动力不能与一定的生产资源结合形成生产过程,不能去创造财富,以致大量农村劳动力潜在失业,城市亦有隐性失业;由于耕地缺乏,部分地区的农民仍然为温饱而拼搏,丰富的劳动力资源不能与必要的土地结合而生产出更多的赖以生存和交换的农产品;由于植被、土壤资源日益贫竭,人们日益感觉到生态环境的恶化。

关键点

1. 环境也是一种综合性资源。稀缺性是资源的本质属性。

2. 资源的稀缺性与多用性、需求的多样性与社会分工的复杂性,共同要求我们研究资源的配置问题。

3. 资源配置的基本目标是:使有限的资源更多更好地满足人类需求。

4. 资源配置的效益可以分为三大类:经济效益、社会效益及生态效益。

5. 资源配置,其实是要求我们在不同用途、不同部门或地域间进行权衡,选择某种资源在不同用途、不同部门、不同地域间的分配,选择某部门里或某区域的资源与资源的搭配。

参考文献

Charles D. Kolstad,著. 环境经济学[M]. 傅晋华,彭超,译. 北京:中国人民大学出版社,2011

阿兰·兰德尔. 资源经济学[M]. 北京:商务印书馆,1989

马中. 环境与自然资源经济学概论(第二版)[M]. 北京:高等教育出版社,2006

思考题

1. 什么是资源配置? 为什么要研究资源配置? 资源配置的目标是什么?

2. 资源配置有哪些基本原则? 针对不同区域不同社会经济状况我们如何把握主次?

3. 试比较资源配置的计划方式与市场方式。

4. 资源的均衡配置是哪种状态? 部门间的均衡配置是指什么?

5. 怎样实现区域间的资源均衡配置?

6. 资源短缺是什么? 它与资源均衡配置有何关系?

第六章　经济体制与资源配置

导　读

不同经济体制下，资源的分配方式不同。那么要实现资源的合理配置，在经济体制的制定和改良方面，我们需要考虑哪些因素呢？比如，所面临的资源结构、经济发展水平、文化背景、环境容量等。有没有一种经济体制可以超越国家的发展阶段、文化水平等因素，而适用于所有国家呢？从现实经济发展状况分析，不同国家具有各不相同的国情，任何一国成功的体制都不能生搬硬套于另一国，构建适合经济发展需要的经济体制，必须按照合理配置资源的原则，在适合国情的体系中去寻求。

关键问题

1. 经济体制如何影响资源配置？
2. 我国现行经济体制在资源配置方面有何特点？

第一节　经济体制与资源配置的关系

微观经济学告诉我们，在经济社会中最基本的问题是：生产什么，怎样生产，如何分配。不同的经济体制解决上述三个问题的方式方法是不相同的。但是，这三个问题都可以归结为资源配置问题：①在经济活动中生产什么？其决定因素实际上可以归结为两方面的条件：资源供应条件和社会需求状况。在不同的经济体制之下，决定生产什么的方式是不同的。在计划经济体制之下，更多的考虑资源供应的条件，表现为供给导向的经济特征；而在市场经济体制下，更多的是从市场需求出发，表现为需求导向的经济特征（其约束力量为经济资源的数量和结构）。②在经济活动中如何生产？实际上是生产者根据所确定的生产目标，组织生产要素，通过生产经营活动最终实现目标的过程。在不同经济体制下，生产者的具体生产目标不同，完成生产任务的动机也不同。在计划经济体制下，基层生产者的目标是完成上级下达的一级经济指标（包括产品产量、质量、消耗、经济效益及社会效益指标）；而在市场经济体制下，生产者追求的主要目标是利润的最大化。当然不管在什么经济体制下，如何生产的问题都是资源配置的问题，即如何在可选择集合内，做出最佳的生产要素组合的选择，使其所求的目标最大化。③经济中如何实现产品分配？在不同的经济体制下有不同的方式。但不管体制如何，产品的分配问题最终可以归结为如何分配凝结于产品中的生产资源。因此，产品的分配实质上是财富的分配或资源的分配。体制实质上是解决经济中基本问题的方式，因此我们可以说经济体制是经济资源配置的方式。

一、经济体制

经济体制是国民经济的组织形式、机构和管理方法的总称。从环境与资源经济学的角度，对经济体制作一个明确的定义:经济体制即一个经济社会中经济资源分配的方式。经济体制决定了一个经济社会中资源运动和资源分配的形式。

经济体制有三个基本要素:决策机制、信息机制和动力机制。决策机制是指资源配置的决策权的性质、来源和它在社会成员中的分配,其中最重要的方面是决策权的分配,即由谁做出决策。信息机制包括收集、传导、处理、储存、取出和分析经济数据的机制和渠道。如果每个人始终能完全确定地知道他面临的一切可供选择的行为或行动,以及制约其行动后果的外部条件,那么这些当事人就是在一个完善的信息系统中行事。动力机制的实质是当事人能够借以贯彻自己决策的机制,即他们能使其他当事人服从自己愿望的方法。事实上,任何经济单位或当事人行为的动力,都来源于精神或物质方面需求的满足,因此一般的当事人都有一种在限制的范围内追求最大的精神或物质利益的倾向,这种倾向导致其生产、交换、消费、分配的具体决策。决策机制、信息机制、动力机制是经济资源配置方式的基本要素,也是经济体制的基本要素。

按照三个要素的不同特点,经济机制可以分为完全计划经济、完全市场经济、混合经济三种类型。

二、不同经济体制下的资源配置

由于经济体制本质上是资源配置的方式,所以不同的经济体制下资源配置的特点也不同。

在完全计划经济之下,经济资源配置的决策是集权性的。即中央计划机关根据自上而下的经济信息,进行全面的综合平衡以后,制定出经济社会发展计划,具体为资源的配置方案自上而下的下达各种计划(人力资源计划、自然资源计划、资本资源计划以及产品的生产分配计划等)指标。然后通过上级对下级行为的限制以及其他的行政的或经济体制杠杆的作用,促使计划的实现。因此在这种体制下,信息的流转主要是自下而上、自上而下地纵向进行。完成计划的动力,主要来源于对行为者可选择性的限制以及精神鼓励方面。

在完全的市场经济中,资源配置的决策、信息、动力的来源正好与计划体制相反。其决策是分散的,生产什么、怎样生产、如何配置生产要素,都是由众多的单个企业通过市场决定的。生产者对资源的使用有充分自由的选择权力。它们这种选择的目的或动力的来源是对利润的直接追求。选择或决策所依据的信息是横向的,其供应和需求的经济产品,要素的数量及价格,以及据此推断的成本和盈利情况,这是横向传递的、日益变化的信息。经济单位根据这些信息,不断调整自己的决策,最终达到全社会产品和资源的平衡,实现资源的分配。

混合的经济体制兼有上述两种体制的特点。在决策方面,既有集中的内容,也有分散的内容;在信息方面,是纵向流和横向流的交织;动力机制的结构也很复杂。在全世界 170 多个国家中,现实的经济体制千差万别,很难找到完全的计划体制或完全市场体制的典型,基本上都是混合的经济体制。但混合的情况差别比较大,从接近完全计划到接近完全市场之间形成一个复杂的序列。

三、经济体制与资源合理配置的协调

一般来说，合理的经济体制能确保在这一体制下使一国的有限资源获得尽可能大的效益。在最一般的情况下，一国的资源配置的效率，取决于该国的资源结构和状况、发展水平、体制、文化背景及经济环境。也就是说，经济社会效益是上述变量的函数：

经济社会效益 $= f$（资源结构与数量，发展水平，经济体制，文化背景，经济环境）

式中等号左边是因变量；右边是自变量；f 表示函数关系。

很容易证明，所有列出的因素（或变量）彼此都是相互联系的。如果在上式中，资源结构与数量、发展水平、文化背景、经济环境等为既定的因素，则资源配置的效益只与经济体制相关。经济体制即经济资源的分配方式，只有适应了一国的资源状况、发展水平、文化背景以及经济环境，同时也适应了经济社会效益的目标，才可称为是一种合理的经济体制。因此，我们也可以写成：

合理的经济体制 $= f$（经济社会效益函数，发展水平，资源状况，文化背景，经济环境）

分析上式，可得出以下认识：合理的经济体制，取决于经济社会效益函数。例如，在效益函数中，如果对公平分配问题权重较大，则应考虑较多的政府干预；如果考虑较多的经济效益，则体制上应考虑给生产者较多的利益刺激和较多的灵活性。

合理的经济体制应该与发展水平相适应，不同的发展阶段，有不同的经济社会问题，在较低的发展阶段，人们收入水平较低，公平分配问题显得格外重要。同时，信息水平、劳动力的素质也是与发展水平相依存的，因此低的发展水平并不能适应高的经济民主。在国民经济恢复时期，常常需要较多的管制；在国家经济发展的初级阶段，为了建立强大的工业基础，建立和完善交通、邮电、能源等基础，必须集中大批财力。在产业升级的结构引导方面，也需要强大的政府力量。

资源状况更是体制合理化的重要因素。大多数不发达国家资源的一个最重要的特征就是劳动力的大量过剩以及资本的严重短缺。因此，在体制上的重要特征就是要保证充分就业，同时限制替代劳动型技术的发展；要鼓励低报酬的劳动和崇尚奉献精神，否则劳动力资源就会大量闲置。

合理的体制与文化背景以及其他经济环境（如国际环境及地理环境）相适应。与集中统一的管理体制相适应的文化环境是反自由化的文化倾向，崇尚意识以及自我牺牲精神、经济平等的观念和互助的观念。

第二节　完全市场体制条件下的资源配置

市场有广义和狭义的区别。狭义的市场是指有形市场，即商品交换的场所、渠道或领域。这种市场，交易的双方在固定的场所进行。如百货商店、集市等就属于这种市场。广义的市场包括有形市场和无形市场。所谓无形市场，是指没有固定的交易场所，靠广告、中间商以及其他形式来沟通买卖双方的市场。

市场可以按不同的标准来划分:①按流通区域,市场可分为国内市场和国际市场;②按竞争程度,市场可分为完全竞争市场、完全垄断市场、不完全竞争市场和寡头垄断市场;③按流通环节,市场可分为批发市场和零售市场;④按市场对象的特点,市场还可以分为商品市场、金融市场、技术市场、信息市场和服务市场等。

市场的构成要素主要有五个方面:①市场主体,指在市场上参与交易活动的组织和个人。这一般包括三种人,商品生产者(企业)、消费者和为买卖服务的中介人(机构)。政府作为国有企业的所有者和经济运行的客观调控者也参与市场交易活动。②市场客体,指市场主体之间的交易对象,即各种商品和服务。③价格,价格是市场的基本要素。市场价格是市场晴雨表,它的变化,反映了供求关系的变化。因此,它对供求有调节作用。④市场的供给与需求。⑤市场竞争。没有竞争,就没有价格围绕价值的波动。因此竞争是市场的重要因素。

一、市场功能、规则与机制

1. 市场功能

市场功能包括:资源配置功能、激励功能、调节功能和评估功能。

社会资源是发展社会经济所需要的各种要素,如人力、物力和财力等。社会资源是有限的,只有合理分配社会资源,才能取得最佳的社会经济效益。在市场经济中,社会资源的配置主要是通过市场机制实现的,一般来说市场上某种商品供不应求,这就意味着投入这一部门的社会资源少了,反之,某种商品供过于求,就意味着投入这一部门的社会资源多了。市场供求的这种变化,通过价格的涨落来引导生产者扩大或缩小生产规模,或改变生产经营的方向,从而促使社会资源在不同的部门或企业之间流动,把社会资源配置到经济效益好的部门和企业。

市场实际上是生产经营者竞争的场所,通过价格、质量、服务等多方面的较量,具有优势的经营者可以得到较多的收益,没有优势的生产者只能得到较少收益甚至亏损。市场的这种情况,对每一个生产经营者来说都具有压力,要避免在竞争中被淘汰,生产经营者就得全力以赴,不断改善生产和经营条件,提高劳动生产率,生产出更多、更新、更便宜的商品来满足市场的需求。只有这样,才能在市场竞争中处于有利地位。

市场的调节功能,是通过市场规律的作用来实现的。当市场的供求出现变化时,价格也会出现变化。价格的变化,一方面引导生产者转移生产资源,减少供过于求的商品生产,增加供不应求的商品生产;另一方面又引导消费者的消费,增加或减少对某商品的购买。可见,市场价格发生变化,生产者和消费者都会对自己的行为做出相应的调控,从而促使供求趋于平衡。

市场的评估,其实质是社会对经营者经济利益及信誉的确认。经营者生产的产品,是否为社会需要,在多大程度上需要,这些只有通过市场才能得到确认。

2. 市场规则

为了保证市场的正常运作,有关管理机构制定了市场规则。市场规则是指有关机构(政府、立法机构、行业协会等)按照市场运行的客观要求制定或沿袭下来的由法律、法规、制度所规定的行为准则,参与市场活动的主体必须共同遵守。

市场规则有两类:体制性规则和运行性规则。其中体制性规则主要是一系列承认和维护财产所有权及收益不受侵犯;而运行性规则主要是国家制定的关于市场活动的一系列法规、条例等,比如进入市场的各主体的行为规范以及处理主体关系的准则。

市场进入规则是指市场主体和市场客体(商品等)进入市场的规定,包括:规范市场主体的资格、规范市场交易对象和范围等，以此保证市场活动的正常运行。

市场竞争规则是指以法律形式维护公平竞争的规则。市场主体之间的公平竞争包括：按统一市场价格取得生产要素并出售商品，平等地承担各种税赋。为了保证平等竞争的实现，政府必须制定相应的保护公平竞争的规则，用以防止市场垄断和不正当竞争，以保证市场活动的开放性和平等性。

市场交易规则是指市场主体进行经营活动的规范和准则。它是确保市场秩序，实现交易方式规范化和公开化的重要原则。如交易必须公开，除涉及商业秘密以外，一般的交易活动都要在市场上公开进行；交易必须公平，一切交易都必须在自愿、等价、互惠的基础上进行，严禁欺行霸市和强买强卖。

在市场经济条件下，国家对宏观和微观经济的调控，主要是通过市场的税收、信贷、利率、价格等经济杠杆。国家需要有一套通过市场进行调控的相应规则，以有效地调节社会的总供给与总需求，调节企业的经营活动。

3.市场机制

市场机制就是价值规律的作用机制，是市场机制内价格、供求和竞争等因素之间互为因果、互相制约的联系和作用。市场机制主要包括价格机制、竞争机制、供求机制、利率机制、工资机制和风险机制等，其中最重要的是价格机制、竞争机制和供求机制，它们相互联系、相互制约，体现了市场经济运行的基本规律。

市场机制在调节社会经济生产和社会资源方面主要有两个功能：一是向企业反映市场供求状况，二是调节企业的生产和经营活动。企业根据市场机制所反映的市场状况来安排自己的经营活动，当市场上的某种商品供不应求，价格上涨，能给企业带来较多利润时，企业就把资金和劳动投向这种商品生产。相反，如果这种商品供过于求，价格下降，不能给企业带来利润时，企业就会缩减生产规模，甚至把资金和劳动转向利润较多的生产部门，从而达到优化社会资源配置的目的。

价格机制是指市场上商品的供给与需求同价格之间的有机联系和运动。价格是市场机制的核心。商品价格的变动，会引起商品供求关系的变化，而供求关系的变化，反过来引起价格的变动。正是这种联系和变动，促使供求趋向一致。价格机制的作用主要有：第一，调节生产。首先，生产同种商品的生产者为了占领市场，重要的手段是降低价格，为此经营者就必须不断改进技术，提高管理水平，这就会推动社会劳动生产率的提高；其次，对生产不同商品的生产者来说，他们把资金投向经济效益好的部门，从而优化了社会资源的配置，提高了宏观经济效益。第二，调节消费，价格的变动会影响消费者的购买力，从而调节市场的消费需求的规模，使消费方向和需求结构发生变化。第三，作为宏观经济调控手段，在市场经济条件下，一方面国家将总水平的变动作为进行宏观经济调控的根据；另一方面，国家通过价格机制来调节企业经营活动，以推动社会总供给与总需求的平衡。

竞争机制是指各市场主体在市场经济条件下争夺自身经济利益的规律。在市场经济中，企业为了实现利润最大化和维持自身的生存，必然在部门内部、部门之间、行业内部、行业之间展开各种竞争，包括产品、价格、服务等各种竞争。这些竞争能刺激企业不断提高劳动生产率，引导生产要素在行业之间转移，优化资源配置。竞争是市场经济的内在属性和固有属性，是推动经济进步的主要因素。

供求机制是指商品供给与商品需求之间所包含的内在联系和动态平衡的规律。在市场体系中，一方是企业向市场提供一定数量的商品和服务，形成商品供给；另一方是消费者以一定量的货币购买生产和生活所需的商品，形成商品的需求，商品供给与需求的关系就是供求关系，它是生产与消费关系在市场上的反映。当商品供过于求时，社会要求减少供给或增加需求；当商品供不应求时，社会要求增加供给或减少需求，从而使供求关系趋于平衡。供求关系总是按照从不平衡到平衡、从平衡到不平衡的客观规律运动着。

要使市场机制发挥正常作用，实现市场有效配置资源的功能，必须有一个完善的市场体系。市场体系是相互联系的各类市场的有机统一体，从交易的对象来看，它不仅包括消费品和生产资料等商品市场，而且还包括资本市场（或称金融市场）、劳动力市场、技术市场、信息市场以及房地产市场等生产要素市场。

二、市场经济体制下资源配置的动力与实现条件

完全市场体制的基本特征，是在这一经济中，在任何一种产品或资源的市场上，都存在大量的私营生产者（或供给者），同时也存在大量的需求者，它们在互相的竞争中达到均衡的生产量和价格，从而实现资源的分配。

在所有产品以及所有的市场，都发生着这种供给与需求之间的竞争、供给者之间的竞争以及需求者之间的竞争，最后必定会形成一种整体的均衡，从而实现资源配置的格局。在市场机制之下，对资源配置最具有决定意义的是生产者对生产投入的选择。生产者根据市场对其产品的需求量以及价格的信息规划其生产组织时，按照获取利润最大化的原则来规划自己的投入和产出。在各种投入选择中，它根据投入品的价格（资源的价格）以及彼此替代的效果，来决定生产投入组合。

生产者的选择都是在竞争的背景下完成的。在完全的市场条件下单个生产者不能决定某种生产投入要素的价格，价格是在众多生产者对要素的需求竞争中达到均衡的。在市场中，谁的资源利用效率高，即投入某种资源对其生产增加和利润增加的贡献最大，谁就可能支付较大的资源投入成本，在需求竞争中就处于有利地位。由于其能承受较大的资源成本，愿意支付较大价格来取得资源。这样一来，资源就自然会在价格导向的作用下，流入到这样的生产者手中，从而使资源集中于资源产出率较高的一些生产者或生产部门，实现资源整体效益的提高。

总之，社会资源合理配置的目标是在众多生产者为追求自身利益最大化的过程中，靠市场力量来实现的。资源配置最原始的目标和动力来自利润最大化。

在市场经济体制下，企业和个人通过竞争来实现资源的合理配置。使社会经济资源得到最合理的配置，要满足以下条件：

（1）充分竞争条件。在任何一个市场，对于任何一种资源竞争都是充分的，即存在许许多多的生产者（或资源的提供者）和需求者，没有任何少数几个资源拥有者能够垄断供给，同时也不存在少数资源需求者能够垄断需求，价格能够通过充分平等的竞争来决定。

（2）信息及时条件。当价格或需求方面的信息变动时，生产者可以根据变动的信息连续而又及时地调整产品结构或资源需求结构，使之与变动后的新环境相适应。一是要求信息的传递迅速、及时、准确；二是生产者要对自己所面临的各种选择的机会，以及每种可选择的成本收益进行及时的、正确的判断。

（3）要素自由流动条件。资源从一个生产者手中转移到另一个生产者手中，或从一个地区至另一个地区，都是畅通的，没有贸易壁垒或由于垄断形成的障碍。比如人力资源是充分商品

化的，其流动是自由的；资本从一个产业转移到另一个产业也是自由的，可以自由进入或撤出一个产业。

(4)外部经济性条件。即在理想的市场中，企业为追求利润的选择，不会产生外部不经济性的假定。外部不经济是指某生产者的选择损害了他人的利益，例如，引起社会公害、破坏社会和谐等。比如企业生产引起的空气和水污染，严重影响本区域居民的身体健康。

(5)市场机制的理想模型。假定对同一产品市场的各个供给者都提供同质的产品，即同种产品各厂家生产出来的都是同样的，无区别的。

前面四个条件，即完全竞争的市场条件。第五个条件，即纯经济限制及独立性限制。在这些条件下，通过市场调节，最终会使有限的资源实现最大的产出。

三、市场经济体制下资源配置的扭曲

必须指出，上节所列条件得以满足的市场是一种理想的状况，这种状况在现实的经济活动中是不存在的。现实的市场经济对理想状态的偏离，产生了资源合理配置的扭曲。

1.垄断条件下资源合理配置的扭曲

在市场经济中，垄断的形成是客观的、不可避免的。生产者或需求者由于独占某些生产资源，或独占专利技术或信息，或利用其经营策略及广告技术形成某种独特优势，就会形成事实上的垄断。换句话说，同一产品的生产者或需求者客观上存在一定的差别，这些差别使某些生产者或需求者具有一些优势，而使另一些生产者或需求者处在一定的劣势。由于在垄断的条件下，生产者可以获得超额的利润，因此在市场竞争中，优势者总会力图使自己成为垄断者。

在一个经济资源市场或产品市场中，垄断有多种形式。首先，可以区分为供给垄断和需求垄断。其次，每种垄断又有几种具体形式：①独家垄断，即一家垄断了经济资源的供给或需求；②寡头垄断，即少数几个生产者或需求者垄断了经济资源的供给或需求；③竞争垄断。

在垄断存在的情况下，垄断者通过其供应或需求的变化而影响着经济资源或产品的价格，从而影响整个资源供求关系，引起资源配置的扭曲。

2.信息不充分、不及时状况中资源配置的扭曲

充分及时的信息，只是经济中可望不可及的理想条件。实际上，生产者及需求者在现实的经济中，都是在不充分及时的信息系统中决策的。生产者正确的生产决策得以实现的前提条件之一，是它应该及时、准确地知道与自己生产过程的投入、产出物品相关的一切投入品及产出品，以及品种互补品和替代品的价格及可能发生的变动趋势。它还要熟悉自己的生产函数，即生产过程中的各种技术关系，它要明确自己在决策选择中的各种机会以及每种机会的成本与效益。

但是信息的发生、传递的手段不可能尽如人意，生产者一般都是在一种信息不充分的情况下决策，因而充满着各种由于人为因素带来的干扰、产生资源合理配置的风险以及扭曲。我们知道，生产者以及需求者对资源利用决策的最重要的信息，就是价格。由于垄断以及其他因素引起价格扭曲时，资源配置必受影响。较低的资源价格，会鼓励对该种资源的掠夺式利用；而较高的资源价格，则有助于对该种资源的保护。

经济在不断的运动中，信息传递需要时间，根据信息而进行的经济调整也需要时间，调整后的经济所面临的经济环境可能已经变化，过去的信息可能已经不再正确。这时，根据过去不正确的信息而做出的经济调整，必然会导致对资源合理配置的扭曲。经济管理者为了避免这

种时间差而产生的决策失误，把时滞比较大的决策（如调整产业结构或大中型基本建设项目的立项）都建立在对未来经济状况预测的基础上，从而使这种资源配置的效率依赖于预测的正确性。

此外，一般认为市场广告是增加市场透明度的好办法，它使信息的充分性方面大大进步。但在现实市场条件下，广告本身的信息可信度不能完全保证。广告除了本身要消耗一定的经济资源外，也常错误地导向供需，引起社会经济资源的浪费。

3. 外部不经济导致的资源配置扭曲

在完全竞争的理想市场模型中，生产者按照利润最大化竞争，需求者按效用最大化竞争，在不存在外部不经济的情况下，让有限的资源获得最大的产出。然而在现实的经济中，外部不经济则是普遍存在的，企业生产可能引起社会的公害，污染环境，或使他人的生产活动受到大的干扰。在考虑到社会的目标时，例如，考虑到平等和就业等社会利益时，自由的利润最大化的竞争会导致资源在全社会范围内的不良配置。首先，为了取得经济效益，生态环境受到破坏。这种破坏对单个的企业可能是利大于弊，但整个社会却将为此付出重大的代价；其次，由于竞争，更由于竞争中客观存在的垄断性经济，资源及社会的其他财富会集中到具有垄断优势的生产者或消费者手中，从而恶化社会分配关系，引起两极分化，甚至使矛盾激化引起社会的不安。这是资本主义早期阶段，即自由竞争的资本主义曾经留给人们的一种悲惨图像。

我们知道，在生产者的投资投入与产出，我们考虑到生态及社会的成本时，为了优化生产方案，会导致与不考虑社会成本、生态成本时完全不一样的结果。考虑其外部成本（生态环境及社会）时，边际生产成本称为社会成本，将大于企业生产边际成本。在考虑了外部经济或不经济的条件下，市场发生了数量及价格均衡状态的变化，从而引起不同的资源分配状态。

由此表明，在纯粹市场竞争的条件下，资源配置是扭曲的。除此以外，还有其他引起市场体制下资源配置扭曲的因素。

四、市场经济体制下国家实现资源合理配置的对策

在自由竞争的市场体制下，资源配置的扭曲曾一度使资本主义世界陷入危机之中：其一，经济的激烈波动使社会资源大量浪费，社会阶段矛盾不断激化；其二，是自由竞争导致了垄断，不断发生帝国主义战争，国际阶段矛盾不断激化。克服市场经济危机出现了两种取向：一些国家通过彻底地打破市场经济制度，打破财产的私有制，建立公有制经济，按国家计划组织社会再生产的活动；二是对市场制度进行改良，引入市场以外的力量来克服由于市场竞争导致资源配置的扭曲以及其他的社会矛盾。

为了控制自由竞争的市场体制带来的危机，多数国家引入了政府手段，形成一种混合经济。政府主要通过以下手段和方法来调节资源配置：

（1）政府制定反垄断法规，以瓦解各种不利于资源合理配置的垄断。

政府严格制定和执行反托拉斯政策，对于旨在规定高价和控制供求的相互勾结的行为毫不宽容，使垄断者很难把他们的边际收益和边际成本相等之点置于远远高于社会的真正的边际成本之上。美国的第一部反托拉斯法，称谢尔曼法（1890 年）规定“垄断贸易”为违法，并且取缔一切“旨在限制贸易的联合或勾结”。1914 年又制定克莱顿法和联邦贸易委员会法，同时禁止人们建立旨在减少竞争的连锁董事会，以及为了同一目的通过收购竞争者的普通股票而进行的合并。1950 年又制订塞勒-凯费维尔反合并法，禁止通过购买资本进行企业兼并而形

成的垄断。

(2)政府通过征税获得越来越大比重的国民收入,政府支配这部分国民收入用来再分配。

一方面补贴或支持那些国民经济基础产业(交通、运输、能源、科学、教育及其他公共事业),使人们能平等地享受公用设施及公共福利,减少分配中的不平等,同时使那些本大利小的产业得以发展;另一方面,政府通过各种社会福利事业,使低收入阶层获得一定补偿,而高收入阶层通过纳税的方式交纳一部分收入,从而依靠政府的力量均分了一部分财富,缓和了可能发生的社会矛盾。此外政府还参股一部分企业,通过投资活动影响产业的发展。政府还制订了一系列关于环境保护及污染征税的法规,以克服外部经济的负效果。

(3)政府通过有效的财政和货币政策,调节总供给和总需求之间的平衡,努力使经济避免出现过久的萧条。

当经济中由于需求过旺、供给不足时,政府通过紧缩的财政、信贷政策促使需要收缩,从而达到缓和供求矛盾、平抑物价的目的。当经济中出现总需求不足、供给过剩以及生产能力及其他资源出现闲置时,政府通过宽松的财政政策(增加补贴,减少税收,增加政府购买力及政府投资等)和宽松的货币政策(扩大货币发行,降低利率等)刺激需求,进而引起生产的增长以及闲置资源的充分利用。

(4)政府通过计划统计等手段,努力增强市场关系的透明度,为企业通过市场竞争,合理配置资源提供一定的信息保证。

当前,在市场经济发达的国家中,政府都建立了非常强的信息部门,定期或不定期地发布各种统计信息,以指导经济的发展,减少企业在竞争中的盲目性。

第三节　计划经济体制下的资源配置

在计划经济体制下,经济资源的配置由国家计划部门通过产、供、销的综合平衡来实现。作为计划经济体制下资源配置的一种极端典型,就是在一个国家范围内,对全部经济活动所涉及的各种经济资源,由中央政府计划部门按照自上而下的指令进行分配。中央计划机关分配资源的主要原则是综合平衡,即通过合理分配各种资源(自然资源、人力资源及资本资源),使各个地区、各个部门资源的供应等于资源的需求。

一、计划经济体制下资源配置的方式

计划经济国家的经济管理,主要是通过各级计划管理机构来实现的。整个计划工作分为两大块,一是地区经济计划,即在一定的行政区域内的各种资源供应和需求的计划,以及其他经济活动的计划;二是各部门的计划,即每一部门的活动在各地区的分配。换句话说,一是按照行政部门和行政区划组织经济,二是按行政隶属关系组织经济,两块计划相互协调、相互平衡。所有基层生产单位和经营单位,乃至各种事业单位,都按不同情况分别隶属于各部门或各地区的行政管理机构,计划系统也是按这两个系统设立的。国家计划分别按这两个系统的行政隶属关系下达和组织执行。

资源(自然资源、人力资源、资本资源)生产及配置计划一般采取自上而下、自下而上、上下结合的程序进行编制,然后由各级行政组织按计划实施。

在计划编制工作开始以前，计划部门要进行各项准备工作，包括组织调查研究，检查报告前期计划执行情况，核算预计数字和综合生产能力，研究计划期国民经济发展中的重大问题和政策措施，修订各种计划消耗定额，制定和颁发计划编制方法、计划表格、计划项目目录等有关文件。在此基础之上，首先由国务院自上而下地颁布控制数字（或建议数字），包括各地区及部门间经济资源调入、调出的初步意见，然后各级计划部门据此编制计划草案。即由各地区、各部门分别按地区及行业汇总和进行初步平衡，编制出计划草案上报国家计划委员会，由国家计划委员会进行汇总和综合平衡，制定出全国的计划，并报请国务院批准后，由国务院自上而下地下达正式计划。

国家计划经批准下达后，各地区、各部门通过行政手段组织实施。即由各级组织采取与企事业单位签订合同等方法，保证国家计划的完成。

二、计划经济体制下资源配置的目标和动力

政府组织经济的目标包括：经济尽可能快的增长、经济的平衡和稳定、人民生活及其他社会福利的尽快改善、国民素质的提高、技术的进步以及其他政治性目的。因此政府在资源配置时，一般是从社会成本及社会效益的角度来考察企业经济活动的效益，对企业财务核算的成本收益并不十分重视。

政府计划的正确贯彻执行所依赖的动力是多方面的。一是政府通过比较严格的命令的形式，限制了下级乃至生产者选择及调整的可能性；二是执行计划的绩效与经理人员的升迁及其他方面的社会荣誉、地位是挂钩的；三是一定的物质刺激，但比起私人经济的动力，鼓励还是多来自精神方面。

上面的分析表明，中央计划体制分配资源有如下特点（区别于市场经济体制的特征）：

(1)决策是集中做出的，集中决策的实现又客观地要求生产资料的公有制以及严密的行政性组织系统。

(2)信息的运动主要是纵向的，即由下而上地反映各种关于物质及劳动需求、效果的信息直至中央，中央根据来自各方面的信息进行综合平衡，形成关于计划和决策的信息，再从上至下传递。执行结果的动态信息也及时反馈到中央，由中央形成调控的政策方案下达。在资源配置上，主要根据数量平衡的信息而不是价格信息。

(3)经济活动的动力来自于：对中央权威的信任、完成任务的责任心、严格的等级制度以及精神上的鼓励。

计划体制具有其自身的优越性。主要体现在以下几个方面：体制的指导者有更大的能力来实现他们的目的，当这种目的能代表国家的整体利益时，有助于国家的总体进步；有可能迅速实现较大的经济结构转变，以便应付某些突然事件，或带来较快的经济变化；中央当局更有可能对任何决策的多年期费用和收益进行估计，而不局限于短期费用或收益，因而有可能造就较多的投资率；存在着把“外在的经济情况或非经济情况内在化”的可能性，即可以在经济决策时考虑各外部的经济因素或非经济因素（例如，能从整个经济范围来考虑教育的利益以及消除工厂污染费用，这些对于分散的厂商来说是无法做到的）；可以集中地取得有关整个经济范围内各种决策相互作用的更好的信息；指导者可以把最稀缺的资源，包括各种受过科学教育的人，集中到最重要的领域；可以更好地做到产品的规格化和标准化，避免产品极度的千差万别所造成的浪费。

计划经济最理想的模式，是假定在计划经济条件下，存在着一个全知全能的计划者集团，他们精确地知道自己想要完成的事情，从经济的其他参加者那里获得一切必要的信息，对所有这些信息进行处理，做出各项任务中分配可用资源的最优计划，然后指挥每个人去完成分派给他们的任务。显然，这种体制的效率依赖于下述条件：①计划者必须能够详细地规定他们的目标函数，即反映他们决策或计划目的的一系列详细标准，以测定经济活动中每一个合乎希望的分量，对不同的方向及时间的消费、投资做出正确权衡，以判定在什么情况下能取得最大的效益。②在中央政府对目标函数（也称福利函数或效益函数）做出明确的判定以后，就要取得关于可用经济资源的充分信息，用以确定各种可行的生产函数（即投入产出之间的关系）。即确定用每一种可用的生产技术生产某一单位产品所需的劳动、资本和其他经济效益的数量。同时，要对消费者的行为有充分了解，使生产能与需求一致，并引导到最大的效益中去。③把所有生产、流通、分配、消费的信息集中到中央计划部门后，中央计划部门要有处理的手段和方法，对信息及时作出分析处理，以获得在一定经济资源约束下如何分配资源、实现最优的生产组合、最终取得最大效益的具体方案。④中央计划制订后，从上到下贯彻执行应是不折不扣的。因此各级组织乃至企业、事业单位向上提供准确的信息、向下贯彻上级决策的动力问题，假定已经获得圆满的解决。

三、计划经济体制下对资源配置的扭曲

上面所述计划体制下资源合理配置的条件，在现实的经济中是难以满足的，因而不可避免地使资源配置发生扭曲。

1. 目标函数是否能够明确、政府的目标是否能够反映整个社会的价值取向仍然是个问题

在做集中决策时，决策的目标往往不可避免地带着领导人本身的好恶，从而使目标函数偏离。例如，领导由于从政治上考虑，可能会急于求成地加大国民收入分配中投资的权重；领导人政治观点的差异、知识水平的差异、性格的差异都有可能导致其决策目标的偏离。

2. 信息传输的困难同样存在

计划经济并不能创造出使信息不扭曲也不漏失地自上而下、自下而上地传递的必然性。由于信息科学发展水平的限制和地区、部门、企业的利益与整个社会的利益不可能完全一致，在信息传递过程中，必然会有人为的漏失。信息传递在时间上的滞后，使决策总是滞后于经济事态的变化。

3. 计划和决策与最优配置资源发生扭曲

中央计划部门事实上不可能熟知每一个生产企业的生产可能性以及技术关系，不可能熟知生产企业的每种选择机会以及由此发生的成本、收益的详细情况，因而其计划和决策必然与最优配置资源发生扭曲。人作为生产要素及消费者的两重属性以及由于人作为生产要素时能力的不确定性或主观属性，也是政府决策的一个难点。事实上，政府无法把这些因素都考虑到决策过程中来。即使全部生产者及消费者的行为信息可以测知，也无法及时地处理如此大量的信息并用以做出科学的计划。

4. 计划在执行过程中的扭曲

由于全社会利益与客观存在的地区利益、部门利益、企业利益、个人利益之间的差距，以及

各级管理人员在执行上级决定或下情上达的过程中会从自身的利益出发进行取舍,对有利于自身的计划大干,对不利的少干或变相不干。于是,可能在各级决策组织之间发生激烈的对话和竞争,讨价还价以尽量减少本单位的产出计划及效益计划指标,多要各种资源的投入指标,从而导致资源的短缺与资源的浪费并存的现象。在社会主义国家中普遍存在的"投资饥饿"、"进口饥饿"等症状,就是这种局部利益与整体效益相冲突的表现。

综合起来,现实计划体制对资源合理配置的扭曲主要是由于不能很好地体现全民或全社会利益的官僚主义,信息及计算方面的困难,以及计划执行和实现方面的利益矛盾引起的摩擦。这些扭曲的根源都是计划体制内在矛盾的客观反映。例如,为了实现集中的计划和决策,就必然借助领导集团的权威和思想的高度统一,这又为官僚主义的产生提供了条件。信息及计算的困难,主要来源于经济及社会现象本身的复杂性以及科学手段的局限性。社会越发展,这种复杂性越大。尽管信息及计算手段不断进步,要及时准确地处理成千上万种经济资源的合理配置问题,多种多样的商品生产和服务活动的计划问题仍存在许多缺陷。尽管政府不断对下属及全民进行思想教育,目的是使各单位和个人的"目标函数"转移到与全社会的目标函数一致的轨道上以缓和利益矛盾,然而利益的区别总是客观存在的,因而计划的扭曲也是客观存在的。

四、计划经济体制国家克服资源配置扭曲的对策

为了克服上述各种资源配置的扭曲现象,计划体制国家相继改革传统体制,促进资源的合理配置。采取的主要对策有以下几种。

1. 实行权力的部分分散

中国将一部分生产与分配权下放给地方或企业,由他们主宰一部分经济资源的分配,让那些与人民生活关系密切、不断变化、品种繁多的小商品及各类服务的发展由市场去调节。对这类商品和服务,国家既不确定生产计划,也不包原材料及其他经济资源的供应计划,甚至在价格上也由企业自主决定,让他们退出中央统一计划的范围。这样做的好处在于使中央计划部门在确定每个产品及服务的生产时所要求的信息量大大减少,从而一定程度上缓解了信息不足、科学计算困难等问题,同时使政府难以顾及的许多经济及社会问题在市场力量的作用下得以解决。如城乡就业问题,放开一部分市场后,给闲置劳动力的选择提供了可能,使这部分人能从群众需求与生产之间拾遗补缺,既解决了自身的谋生出路,又方便了人民群众。不少计划经济国家目前都允许自由市场及个人手工业者、商贩的存在成为按计划配置资源的一个重要补充。权力的部分分散还在一定程度上解决了资源配置过程的动力问题。在市场调节之下,劳动者在为适应市场多变的环境而自觉调节时,利益是其根本的推动力之一。

2. 努力实现信息传递的科学化及计划的科学化

计划经济国家在组织计划管理时,为了克服由于计划不科学或信息获得不充分准确而导致的资源配置的扭曲,开始重视信息手段及计划手段的建设。最早在前苏联发展了完整的计划体系,按计划的时期,可分为长期计划(10 年以上)、中期计划(5～10 年)、短期计划或年度计划;按组织层次又可分为中央计划、基层计划;按经济过程可以分为生产计划、流通计划、分配计划、消费计划;按领域可分为经济计划、社会计划、科技计划等。尽管计划涉及的领域广泛、体系庞大,但最终都是直接或间接的经济资源配置计划。其中生产计划是整个经济计划的基础。目前,大型的电子计算机、完整的物质及货币平衡体系以及由此发展起来的投入产出分析

技术，都在国民经济计划工作中获得了广泛的运用。为适应计划的制定，还建立了大量的国家信息体系，投入大量的人力、物力实施各种统计工作及信息整理工作。国家还组织进行全国范围内的各种专题调查，例如，土地调查、房屋调查、工业普查、人口普查、教育普查，等等，以获得大量信息，为计划决策服务。

3. 决策民主化的努力

为了避免由于领导人员个人意志而导致的资源不合理配置，决策民主化同样是计划经济国家努力的方面之一。这方面的工作包括不断地进行干部体制的改革，使之能够依据工作业绩来选拔领导人；变个人拍板为集体决策，使决策成为领导集团的智慧而不是个人智慧的表现；对经济决策及计划工作规定严格的民主程序，以避免在信息不足及论证不严的情况下由领导人草率地做出决断。当然，在决策民主化方面，由于计划体制客观要求的集中领导，使民主化的进程不可能迈得太快。

4. 在对经济活动各行为主体的刺激方面，使用多重激励

由于简单地命令下级怎样做，极大地限制了经济活动各行为主体（下级行政部门、企业、个人）的选择性，同时也限制了能动的经济资源——人力的潜力发挥，使人们可能为追求一种精神的或荣誉的报偿而机械地服从上级从而压抑了自己的创造性，这是计划体制下资源配置扭曲的重要方面之一。除了在体制上加大行为主体自身的选择能力外，计划经济国家还常常采取物质刺激的方法，通过经济利益（工资、奖金）的分配来解决动力不足问题，如许多国家或某些地区或部门实行的计件工资制度、效益工资制度和各种奖金制度。

关键点

1. 经济体制其实是社会经济资源的分配方式，是国民经济的组织形式、机构和管理方法的总称。经济体制决定了一个经济社会中资源运动和分配的形式。

2. 在完全计划经济之下，经济资源配置的决策是集权性的，经济资源的配置由国家计划部门通过产、供、销的综合平衡来实现。

3. 在完全的市场经济中，资源配置的决策是分散的。生产什么、怎样生产、如何配置生产要素，由众多的单个企业通过市场来决定。生产者对资源的使用有充分自由的选择权力。其动力的来源是对利润的直接追求。

4. 合理的经济体制能确保在这一体制下使一国的有限资源获得尽可能大的效益。合理的经济体制由经济社会效益函数、发展水平、资源状况、文化背景、经济环境共同决定。

参考文献

戴根有. 中国社会主义市场经济体制中的宏观经济调控体系[J]. 财贸经济，1994，(2)：3－9

李雅琴. 市场机制与宏观调控[J]. 东北师大学报(哲学社会科学版)，1994，(6)：43－45

杨治. 产业经济学导论[M]. 北京：中国人民大学出版社，1985

周文骞. 发展经济学[M]. 杭州：浙江大学出版社，1995

思考题

1. 基本概念：经济体制，决策机制，信息机制，动力机制，混合经济市场，市场机制，市场规则，市场体系，外部不经济。

2. 怎样理解经济体制与资源配置的关系？

3. 比较不同类型经济体制的特点？

4. 市场经济体制下资源配置的目标是什么？

5. 在市场经济体制下怎样实现资源的合理配置？

6. 造成市场经济下资源配置扭曲的原因是什么？

7. 计划经济体制下资源配置有何特点？

8. 为何计划经济体制下资源配置会产生扭曲？

9. 比较市场经济体制与计划经济体制的优劣，并结合实际讨论相应的对策。

第七章　资源配置与产业发展

导　读

任何产业的发展都离不开资源基础，区域资源条件在一定程度上决定了产业结构。那么，是不是有什么样的资源就会有什么样的产业呢？资源与产业到底存在什么样的内在联系？我们进行地区产业发展规划时如何全面考虑资源条件？产业布局、产业政策等经济行为与资源、环境又有哪些关系呢？科学的产业结构、合理的产业布局如何权衡区域自然环境系统与社会经济系统的利弊呢？这一章我们将围绕资源与产业来讨论这些问题。

关键问题

1. 产业发展与资源有何关系？
2. 如何根据自然条件（主要指资源与环境条件）讨论社会经济问题？

第一节　资源与产业发展的关系

产业是指各种制造或供应货物、提供劳务或收入来源的生产性和非生产性企业或组织体系。在《国民经济行业分类和代码》(GB/T4754－2011)中，将国民经济行业分为：农、林、牧、渔业，采矿业，制造业，电力、热力、燃气及水生产和供应业，建筑业，批发和零售业，交通运输、仓储和邮政业，住宿和餐饮业，信息传输、软件和信息技术服务业，金融业，房地产业，租赁和商务服务业，科学研究和技术服务业，水利、环境和公共设施管理业，居民服务、修理和其他服务业，教育业，卫生和社会工作，文化、体育和娱乐业，公共管理、社会保障和社会组织，国际组织等21个门类95个大类。

经济学中通常划分为三大产业，即：第一产业、第二产业和第三产业。第一产业指农业，包括农业、林业、畜牧业和渔业；第二产业为工业和建筑业，包括采矿业、制造业等；第三产业又称服务行业，包括交通运输、邮电通讯、商业、金融保险、科教文化、党政机关等。近年来还出现了第四产业，即信息行业。纵观人类发展的历史，可以发现四次产业是依次出现的，并与资源的开发利用范围和程度的变化发展相适应。不同的产业所依赖的资源不同、不同资源的重要性也不同，不同的资源条件又会影响地区的产业发展。

一、资源的范畴越来越大

在原始社会的早期，人们只能进行渔猎和采集，利用自然界现成的资源来维持生活。随着人类的发展,人们逐渐可以把自然界的某些资源通过再生产来维持生活所需,于是第一产业出现了。在土地资源、生物资源、水资源和人力资源的基础上,第一产业得以存在和发展。原始农业的发展,为原始手工业的发展提供了条件,手工业从农业中分离出来后,慢慢地转变为大工业生产。由于蒸汽机、内燃机的使用,对煤、石油、钢铁提出了大量的需求,使矿产资源得到广泛的开采利用。第二产业的出现与发展,进一步拓宽了资源开发利用的范围。大工业生产要求交通运输、邮电通讯、金融保险等服务。第三产业的发展进步满足了这个要求,此时人们对资源的开发利用又拓展了新的领域,利用过去从来不曾利用过的天然资源以及人造资源,如核能、轻合金、塑料等。

随着产业发展的递进,人类开发利用资源的领域不断拓展,资源的内涵越来越丰富,范畴越来越广。

二、资源的利用深度不断深化

技术和经济的发展是产业发展的"润滑剂",而产业的发展则以技术和经济为杠杆,推动着资源开发利用向深度进军。以煤为例,在农业时代,煤和木材一样是用于燃烧取火、烧烤食物的。它的地位仅是家庭燃料。进入工业时代,煤则作为重要能源用于冶炼钢铁、制砖、酿造、制碱等行业,继而用于蒸汽机车和发电。后来,人们又从煤气中回收焦油和氨,制成苯胺染料,于是煤又成为重要的化学工业原料。

三、对人力资源的要求越来越高

任何产业的存在与发展都离不开人力资源。不同的产业对人力资源的要求不同。一般说来,随着产业的发展,对人力资源的质量要求越来越高。传统农业对人力资源的要求比较低(基本只需求体力投入),现代农业出现后,要求劳动力有较高的科技知识。当以机器为特征的大工业出现以后,要求劳动者不但要有文化而且还要有严格的组织纪律性。商业及服务业的出现,对劳动力提出了经营管理技能和心理素质方面的要求。信息产业更是要求劳动者不仅具有较高的智商,而且要求高密集度的技术知识。也就是说,随着新产业的出现,对于劳动力资源的智力要求越来越高。

四、资源的重要性随产业发展而变化

第一产业的存在与发展,依赖着土地资源、水资源和生物资源,以及与其相适应的劳动力资源。当第二产业出现时,作为国民经济基础的农业所依赖的土地资源、水资源和生物资源并未失去其重要地位,但是矿产资源与资本资源的重要性逐渐显现出来。因为工业赖以存在和发展的基础是矿产资源。矿产资源的开采,为工业提供原材料和燃料,而大量的生产资料和劳动力的购买,则需要庞大数量的资本,这样一来,资本资源的重要地位也突显出来。第三产业和第四产业的出现和发展,把智化的人力资源和信息资源放在首要位置,因为商业和信息业要求知识的密集化和信息化。

五、资源的赋存条件影响地区的产业结构

决定一个国家产业结构状况的原因是多方面的,除了有政治方面的原因、科学技术方面的原因之外,资源赋存条件是一个重要影响因素。一般来说,在产业形成的初期,土地肥沃、水量

充沛、动植物资源丰富的国家或地区，农牧业会成为支柱产业，如中国、印度；土地贫瘠、矿产丰富的国家或地区，则往往以矿业为支柱产业，如中东的产油国家；而既缺少农业资源，又缺少矿业资源的国家或地区，由于缺少可开发利用的自然资源，则会被迫另辟蹊径，致力于第三产业和第四产业。以日本为例，它是多山的岛国，国土狭窄，耕地不多，又少有矿藏。在这样的条件下，日本通过各种手段(包括贸易，甚至战争)去取得粮食和矿产，依靠科技建立自己的工业；同时，日本为沟通世界市场的关系，依靠科技的高水平发展商业和信息业，从而成为经济强国。

产业的发展反过来又影响地区的资源开发利用和保护。总的来说，单一产业的发展不利于资源的开发、利用和保护，而产业的综合发展则有利于资源的利用和保护。首先，单一产业的发展往往集中于对某几种资源的开发利用。由于对资源过量的索取，不利于资源的保护，常常造成资源和生态环境的破坏。例如，在中国的黄土高原，过去对土地、森林与水资源的过量开发，导致水土流失与土地贫瘠。其次，单一产业的发展，如果没有其他产业的支持和补充，很难形成综合的强大的经济力量。产业的综合发展，有利于综合开发利用地区和国家的经济资源，农业、工业、商业和信息业的发展，使现代科学技术应用于各个基础产业，大大提高生产水平，有利于国家综合国力的增强。

第二节　产业结构和资源密集度

企业的生产投入可以区分为自然资源型物化劳动、资本资源型物化劳动及活劳动消耗三部分。由于不同的产业及不同的技术工艺条件，生产成本中各种资源的比例是不一样的。在产业结构分析中，可以根据不同资源投入的比重大小来划分经济类型，为资源配置和区域经济发展提供基础数据。

一、产业按资源密集度的分类

根据各类资源消耗的比重，可以将产业划分为四种基本类型：活劳动消耗在成本中比重较高的产业可称为劳动密集型产业；资本消耗较高的产业可称为资本密集型产业；自然资源消耗在生产中比重较高的产业可称为自然资源密集型产业；而消耗和生产相关的信息资源比重较高的产业称为信息密集型产业。

关于产业所消耗各种资源比重的算法，投入产出技术从计量上提供了帮助。通过投入产出表，我们可以测算出分部门每百万元产值中劳动力的消耗系数。这一系数的大小，可以反映不同部门劳动密集度的差别。在同一地区产业的比较中，劳动力消耗按工资或按人数计，并不影响比较结果；但在国际间进行产业按资源密集度比较时，不同的工资水平、不同的劳动就业机制就会产生比较大的差别。也就是说，我们不能简单地通过国际间产品交易所耗费的工资及劳动人数的情况来判别不同区域的产业优势。

详细地分解在活劳动消耗中不同技能职员和工人的消耗系数，可以反映一个产业中的知识密集程度。因此知识密集性产业，实际上就是生产投入中具有高知识技能的劳动者投入比重较高的那部分产业，是产业人力资源密集度的一种特殊情况。

在投入产出分析中，一个产业对固定资本的消耗系数的大小，可以作为资本密集程度的度量。产业对原材料、动力、土地等自然资源的消耗系数，则是产业自然资源密集度的度量指标。

在现实经济生活中，不同资源可以密集地存在于一个产业之中。一些产业既是劳动密集的，又是资本密集的（例如交通运输业）；另一些产业可能资本和劳动都不密集（某些区域的商业）。如果把资源的密集度分为三种情况：密集、中等、非密集。根据地区经济发展水平、技术进步状况以及资源结构，可以给出产业的资本和劳动密集度表，如表7－1。

表7－1　产业的资本和劳动密集度表

	劳动密集型	中　等	非劳动密集型
资本密集型	交通运输	邮电通讯	石油、金属冶炼、电力
中　等	纺织、印染、皮革	金属产品、机械	采　矿
非资本密集型	农业、食品、服装、建筑	化学、塑料制品	商　业

为什么要考虑地区经济发展水平、技术进步状况以及资源结构呢？我们以采掘业为例，在中国以及大多数发展中国家，采矿是一种劳动密集度较高的产业。但在美国等发达国家，它是一种劳动不密集而资本密集的产业。因为发达国家劳动力价格较高、数量相对缺乏而资本资源相对丰富，其技术水平又较高，产生了大量的资本对劳动力的技术替代。发展中国家往往由于资金和技术的缺乏，不得不利用人力资源来弥补。由于客观技术性的要求，一些产业必须是资本资源或自然资源密集的（如石油、电力、核工业及航天航空工业等），而另一些初级产业当中，劳动力对资本会产生广泛的替代作用。

产业中不同资源的密集程度，常常也反映了一个地区的经济发展水平。比如，在发展中国家，资本密集型及技术密集型产业相对薄弱，而劳动密集型产业在经济中的比重较高。

二、西方国家工业化初期劳动密集型经济的发展

当代发达的资本主义国家在他们的工业化早期，从整个国民经济的产业结构来看，劳动密集型经济及自然资源密集型经济占主要的地位。一般来说，在进行工业化的初期，工业中可用于投资的资本是不足的。一方面由于工业化水平低，可以用于积累的资本严重不足；另一方面由于当时的商品经济发展水平低，缺少可以广泛动员的能投资于工业的金融机构、证券市场和信用手段的国内资本，较多的资本存在于商品领域内或掌握在非工业资本家手中，而用于投资的资本较少。

英国（18世纪末到19世纪初）、法国和德国（19世纪前半期）在工业化开始时，工业资本家的经济力量较小，创办工业企业又主要靠国内积累，因此新建企业大多为中小规模的。美国（19世纪前半期）虽然能利用从西欧输入的外资，但输入的外资多用于运输业和公用事业，只有少量输入到工业中，所以美国当时的工业资本也是相当缺乏的。总之，英、法、德、美等国在工业化初期共同遇到的迫切问题首先是资本不足，因而，它们不可能发展资本密集型的经济，而只能发展劳动密集型经济，通过大量雇用廉价劳动力来弥补资本的不足。

资本主义工业化初期劳动密集型经济的发展，一方面节约了大量的工业资本，另一方面又吸收了大量城镇失业人口和从农业中游离出来的劳动力，有利于工业化初期社会经济的发展。

三、发展中国家发展阶段中的资源密集度

在发展中国家走向工业化的发展过程中，产业发展的资源密集度变化有两种基本的模式。

第一种模式(多数社会主义国家选择的发展模式),首先发展资本密集型经济,即在农业基础上优先发展资本密集度较高的重化工业,在重化工业的基础上再发展轻纺工业等劳动密集型工业。第二种模式(多数资本主义国家或市场经济国家的发展模式),首先发展劳动密集型工业,按照“农业—轻纺工业—重化工业”的发展顺序,逐步建立国家产业体系。

1.发展中国家首先发展资本密集型产业的考虑

发展中国家进行工业化的时间比发达国家晚了近两个世纪,世界经济、政治、技术条件都发生了重大变化。在经济发展和工业化过程中,面临着许多资源发展与环境保护方面的问题,加之发展中国家本身的历史原因,造成了若干不同于先进工业国家开始工业化时期的特点。主要表现在以下几方面:

(1)由于全世界的科技进步,在各个产业部门中,从劳动资源、自然资源密集型的部门到资本密集型部门,都有先进的技术被引进、被采用。

(2)由于资本输出早已成为垄断资本主义的特征,以及国际金融机构和信用手段的充分发展,在经济发展中有可能大量利用外资以弥补国内积累的不足。

(3)政府在经济发展中的作用得以迅速加强。像工业化初期市场经济国家那种主要依靠私人资本来建立新工业部门的做法,被认为是收效缓慢的,因此,政府直接干预经济,并通过某种强制手段来实现资金的积累就有了可能。

(4)由于整个世界生产力的增长,世界商品市场上的竞争日益激烈。在各国之间的商品竞争中,成本高、价格贵、式样旧、质量差的产品被淘汰或排斥在世界市场之外。

(5)由于过去长时期的殖民掠夺和统治,使发展中国家经济上遭受很大的损失。发展中国家的政府和人民迫切要求改变这种状况,工业化、现代化已是这些国家的当务之急。迅速的工业化和现代化是各国执政党的中心任务。

(6)发展中国家中那些建立了社会主义制度的国家,由于受到帝国主义的封锁和包围,必须尽快地建立自己的工业体系,增强国力,以捍卫民族、主权和社会主义。

此外,生产资料优先增长的原理影响了许多社会主义国家经济决策。制造生产资料的生产部门被认为是增长最快的经济部门,社会主义国家在当时的外部环境下,为捍卫主权、增强国力,都优先发展生产资料的生产,把支持此类产业发展作为坚定不移的产业政策。

由于上述情况,许多发展中国家在准备进行现代化建设时首先发展经济中的资本密集部门。因为资本密集部门是用较先进的技术装备起来的,劳动生产率较高,同时也是其他各部门发展的物质基础。在现代市场竞争中,实际上是资本与技术的竞争,一个国家如果不能迅速提高产业的技术装备化程度,提高劳动生产率,就不可能赶上继续发展着的先进的工业国。在当前经济环境下,引进资本、引进现成的装备技术改造传统产业,同时通过政府的力量集中一部分积累资金进行产业倾斜是完全有可能的,也是行之有效的。

2.发展中国家首先发展资本密集型产业的不利方面

发展中国家如果在不发达阶段首先发展资本资源密集型产业,将会遇到下述种种障碍:

首先,发展中国家的基本特征是劳动力过剩和资本资源严重不足。由于缺乏资本,丰富的劳动力不能与生产手段相结合来创造财富,如果进一步发展资本密集型产业,一定的资本只能容纳较少量的劳动力,城市及乡村的就业矛盾会日益突出。其次,一般来说,资本密集型的产业对经济规模有比较严格的要求,即企业只有达到一定规模的条件下才能充分地发挥其技术上的优越性。发展中国家在发展资本密集的企业时,常常由于资金上的困难不能达到与发达国家等同的经济性规模，从而仍然缺乏应有的国际竞争力。再次，一个用先进技术装备起来的具有较高的劳动生产率的资本密集型企业或部门，只有在其他的部门(如科技、教育、信息等服务业)的配合下才能充分发挥资本资源的有效性。但发展中国家常常缺乏资本密集型企业或行业存在和发展的上述环境。同时，资本资源密集型企业要求不断处在创新与提高的过程中，为此必须在技术开发、人才培养等方面进行积极的配合，否则资本密集型企业就难以保持它在市场上应有的竞争力。

3. 发展中国家优先发展劳动密集型经济的有利性

比较而言，发展中国家如果在其进行工业化的初始阶段着重发展劳动密集型经济，其明显的好处是：

(1)用较少的资本容纳较多的劳动力就业，使整个社会经济资源得到充分利用，同时减轻资本需求及外债的压力。

(2)由于发展中国家劳动力价格相对便宜，劳动密集型的产品在国际市场上具有较强的竞争力，可以用较低的成本换取外汇，以支持国内产业的发展。

(3)劳动密集型经济所要求的劳动力技术素质一般较低，节约资本的技术也易于推广；同时劳动密集型加工业作为传统手工业的直接延伸，其技术易于为劳动者掌握使用。

但值得注意的是，发展中国家从农业—劳动密集型、自然资源型加工业—资本与技术密集型的常规发展道路是十分漫长而痛苦的历程。这意味着长期地跟在发达国家后面，受到通过商品及资本交易的不平等交换的剥削。同时，由于现代工业中劳动要素的含量日益降低，资本和技术取代了大量的劳动，从而使劳动密集型商品的国际竞争力日益减弱。综上所述，如何寻求一条迅速发展的道路仍然是发展中国家着力探索的问题。

4. 亚洲国家工业化发展的经验

亚洲地区的大多数国家曾经受到西欧列强的侵略、统治和剥削，经济落后。二战以后，殖民地、半殖民地的国家相继独立，但经济繁荣没有很快在这一地区出现。直到20世纪60年代以后，首先是日本，在10年中使国民收入增加了4倍，紧接着是韩国、新加坡、香港、中国台湾、马来西亚、泰国、菲律宾、印尼等国家和地区及中国大陆的部分地区开始飞跃性发展。

概括一下，亚洲国家和地区加速工业化的道路大体可以分为两种类型：第一类，为资源贫乏的亚洲新兴工业群，大概是按以下过程发展起来的：①在国内优先发展轻纺工业；②发展轻纺工业的出口贸易，获得外汇；③引进国外资本，积累资金；④加强对国内基础产业及职工素质的投资；⑤进一步振兴出口产业；⑥重化工业的发展；⑦高技术产业的兴起以及高技术出口导向的逐步形成。第二类，为资源丰富的东南亚各国，大体是按如下过程发展：①优先发展农林水产品生产，以及大力开发矿产资源；②发展农林产品、天然资源及资源加工品的出口贸易以获得外汇；③引进国外资本，积累资金；④振兴农林加工业、资源加工业及一般轻工业；⑤发展上述工业品的出口贸易；⑥推进工业的高级化。

第三节　资源条件与产业布局

许多事实表明，具有某种资源优势的地区不一定具有产业优势，更谈不上具有区域经济的比较优势。简单地讲，某地区拥有丰富的资源却十分贫困。为什么会出现这种现象呢？是什么原因导致了优越的资源条件不能转化成地区的经济优势？区域经济发展有没有可以参照的一般模式呢？

一、产业优势与经济优势

1. 产业优势

产业优势即将资源通过加工利用过程变成社会产品或服务的优势状态。产业是一类完整的社会产品或服务的提供体系，不仅包括这类产品或服务的生产链条，同时包括为这类产品生产服务的信息、教育、科研相关系统。单一的资源优势并不等同于相关的产业优势。产品优势性一般用某一产业主要产品的成本（平均成本或增量成本）来表征。区域间比较的优越性可以用各产业比较成本来表征。一般来说，比较成本较低的产业在一个地区属于相对优势性产业。

一个地区产业优势的建立与地区的资源优势状况有关。劳动力资源丰富而资本资源缺乏的国家在发展初期，一般只能在劳动密集型的行业形成产业的相对优势。同时也应该看到，一国或地区的产业战略，可以使一国的资源结构在一个相对长的时期内发生转变（如强制性地进行资本积累），从而为形成某种产业优势打下基础。有效的资源配置和管理是产业优势形成的媒介。只有在现有的资源条件下合理地引导各种资源的投向，才能使整体的资源优势得到发挥，并使资源的劣势影响降低到最小限度。

由于区位条件、资源条件及其他经济社会条件的差异，一个国家不可能普遍地占有所有产业的优势。从而产生区际分工与交流的必要，国家可以通过出口优势产业的产品来获得利益。中国目前的产业中，劳动密集型产业（纺织业、手工工艺业）仍然是具有相对比较优势的产业。

2. 经济优势

经济优势即一国或地区利用自己的资源及产业增加国民收入及其他国民经济福利的优势性。一般经济优势只存在于相对发达的国家和地区。经济优势可以从静态与动态、绝对量与相对量等不同的角度做出更细致的分析。静态的经济优势是指一国或地区经济发展过程或经济增长方面所表现的优势。具有发展潜力并以较高的速度发展的国家或地区，具有动态的经济优势。

从资源优势、产业优势到经济优势代表了一个国家或地区资源价值运动的几个阶段。资源优势是条件，经济优势是目标，产业优势则是从资源优势到经济优势转化的桥梁。资源优势转化为产业优势的基本条件，是对不同种类资源进行合理的配置和组织，使资源在生产过程能实现最大的加工增值。不同种类的资源的配置形成有效增值的过程，就是有效的生产管理。历史经验证明，长期低价格地出售资源产品，不能形成产业优势，对资源增值过程的不合理组织，亦不能形成产业优势。

产业优势是经济优势的基础。整体产业优势只有与合理的区际协作结合起来，才能使产业优势在经济社会中实现，形成一国或地区的经济优势。例如，某些地区农业产业发达，如果在其社会化生产过程中长期赋予农业产品以低价格，那么农业的优势亦不能转变成经济优势。只有用自己优势产业的产品在公平价格基础上通过区际贸易协作弥补自己劣势产业的不足，才可能在一定的产业及资源条件下取得尽可能大的经济优势。

二、资源与产业布局

产业的合理布局既是产业优势形成的必要前提，也是产业有效区域协作的基础。产业布局方式随不同产业而异。下面以工业产业为例，说明资源与产业布局的关系。任何工业部门，甚至具体到任何一家工厂，无论是钢铁厂、机器厂，还是纺织厂、食品厂，其布局总是要满足这些工业发展所需的一些特殊条件，如资源条件、交通运输条件、市场条件等。选定地点的条件越优越，工厂建成后就越可能有较低的成本生产。但问题是对某种生产发展的有利条件往往并不集中分布在一个地点，而是分散分布在几个地点，把工厂布局在任何一个具备某些条件的地点都会有所得并有所失。因此，如何从这些地点中选择一个最优区位就成了工业布局研究的焦点。

一般来说，从经济上考虑一个产业或工厂的布局时，需要考虑的条件包括：交通运输条件、劳动力资源条件、技术资源条件、资本资源条件等。但是，不同类型的产业布局考虑的侧重点不一样。侧重考虑某一方向的产业，可以称为这一指向的布局，如侧重考虑运费的产业，称为运输指向的布局。

1. 运输指向

按照运费来考虑工业的布局时，根据工业投入产出物质的重量可以分成两大类，即布局指向原料地，或布局指向产品的消费地。在最简单的情况下，可以用下述原料指数来判定产业属于哪一类。

$$原料指数=\frac{生产中耗用地方原料的重量}{成品重量}$$

一个工厂的原料指数如果大于1，说明这类工厂的布局是原料指向的。原料指数愈大，原料指向性越强。例如，榨糖工业的原料指数是8，这种工业必须配置在甘蔗或甜菜产区。如果原料指数小于1，则说明这类工厂的布局是消费指向的。原料指数越小，越应该在消费地布局。例如，可口可乐的装瓶工厂原料指数为0.02，这种工厂必须配置在消费区。

通常一个工厂原料地及消费地有多个。同时，运输费用必须综合考虑运输物的不同物理形态、道路的质量、原料地或消费地是否分散、原料或产品是否易于储存等诸多的因素。数学规划或运筹学可以帮助我们综合考虑上述因素，选择布局策略。在投入产出过程中自然资源密集度较高的产业，一般为运输取向。

2. 人力资源指向

由于各地人口密集程度不同、经济发展水平不同、知识水准不同等原因，区域劳动力资源分布有差异，从而引起工业中使用劳动力代价的差异（或劳动力的工资差异）。不同产业在同一地区单位重量的劳动力费用不同，从而产业的劳动力资源的指向程度也不同。产业的劳动力费用指数可以写作：

$$劳动费用指数=\frac{劳动费用(元)}{成品重量(吨)}$$

一般来说，一个工业部门的劳动费用指数愈大，通过节约劳动费用来降低生产成本的可能性也就愈大，因而在布局上就更要求指向劳动力资源丰富、工资水平比较低的地区。如造船、纺织、服装、食品等部门就是劳动密集的产业部门。

在技术密集型部门中，有一类也属于人力资源密集的部门，如一些仪表、首饰、高级服装、高级化妆品、高级手工艺品等。这些部门生产单位产品需要耗用大量劳动，对劳动力的素质要求也较高。因此，其指向不是劳动力资源数量多的地方，而是拥有这个行业所需要的熟练劳动力的地方。过去几十年间，中国实行地区间职工工资水平均等的政策，因而在地区间配置产业时劳动费用的差别不大，不成为布局考虑的重要因素。就业制度改革以后，区域间职工工资的差距日益扩大，职工工资最高的区域与最低的区域差距在一倍甚至数倍，因而劳动力费用成为产业布局的一个重要因素。但高素质劳动密集型的工业始终具有明显的布局指向性。

3. 资本资源指向

有些经济学家认为，资本可以在地区间自由流动，因此不会成为影响布局的重要因素。但事实上由于以下原因，资本资源分布状况成为产业布局的重要方面之一。

(1)已经投放在厂房、机器上的固定资产是不易在地区间移动的，或者资本移动的代价十分高。历史遗留的不合理的工业布局现象，在许多国家不得不设法维持，主要源于实物资本的不可移动性或称工业惰性。

(2)货币形态的资本流动也有着一定的惰性，受制于各种经济、社会的因素。资本在国际间的流动并不自由，况且在市场经济条件下，金融资本家为了避免出现呆帐、加速资本流转，比较愿意借贷给那些已经办得兴旺的企业，而不愿向新区、新企业投资。

(3)金融机构在地区上分布不平衡也影响资本的流动。此外，区际间的行政性壁垒也是资本资源流动的限制性因素。

由于资本在地区间流动受到各种限制，使一些地区资本过剩，另一些地区资本不足，还造成资本利税率的地区间差别。在市场经济的条件下，利率的差别又直接影响到工业生产成本，从而影响到工业布局。资本密集度高的工业在布局上越发要求指向资源充足、利率低的地区。

中国在过去的几十年间，资金的运动主要是依靠行政性计划，从而对资本资源密集型工业的布局主要是从原料及产品的地理位置考虑，对地区资本优势与否考虑不多。20 世纪 90 年代中期以来，投资体制发生了变革，中央资金密集性工业的布局一般都需要有地方的资金配套，同时投资主体出现多元化，资金指向日趋明显。

三、产业与资源的区域互补

由于产业的布局指向，客观上出现了产业的区域差别，形成区域间经济贸易分工的基础。各地区只有互补发展才能充分利用资源，实现全国整体发展。合理的区际经贸联系要使各地区各展其长，使资源和产业在全国发挥最大的效益。

在社会化大生产的条件下，区际间的产业与资源的互补是通过经济资源与产品的区际间流动来实现的。这种流动的特征随国民经济流通体制及生产组织方式的不同而不同。在有计划的商品经济条件下，区际间产品与资源的交流受到政府计划及市场竞争双重的调节。国家根据发挥全国整体优势的原则制定重要自然资源、人力资源及资本资源区际交流计划，并通过政府组织实施。同时，企业可以通过市场与外省交流资源、产品。

在一个国家内，产业与资源互补应遵循的基本原则是：第一，资源实现最大价值原则。地区对资源的使用使其能够尽可能大地实现资源本身的价值，避免资源的闲置与浪费，因此资源应该流向资源利用效率最高的地区。第二，比较利益原则。即交流产品应该按照一个地区生产的优势和劣势来划分类别，保证地区调进自己生产劣势的产品并输出自己优势的产品，通过区际产品交流降低全社会生产的成本。第三，协调发展的原则。通过区际产品、资源的交流，使全国协调发展，而不是使区际发展水平的差距日益扩大。因此，加工业发达的地区在吸收其他地区资源时，要向其他地区进行产业、技术、资本、人才的扩散，帮助落后地区全面发展。

2003 年 12 月初，由广东社科院发起，相关地区社科院、政府、企业参加，提出“泛珠三角”

的概念，泛珠江经济圈包括：广东、福建、海南、江西、湖南、广西、云南、贵州、四川九个省区，以及香港、澳门两个特别行政区。珠江三角洲是经济较发达地区，具有资本资源和人力资源上的众多优势，但一个“泛”字，拉进了几个西部的穷省区，这对区域间产业与资源的互补起到什么作用呢？运用资源经济学的知识分析可以知道：

(1)泛珠三角经济区的西部地区为东部地区提供廉价的资源、能源、劳动力、生态产品，满足东部的需求，有利于东部地区经济的发展。

(2)云贵川为珠三角输送廉价劳动力，满足东部劳动力需求的同时，“打工仔”也得到比农村更高的收入，也就是间接地为西部地区提供资本资源，对西部地区脱贫致富起到一定作用。

(3)从技术、人才上来说，东部可以为西部提供技术支持和人力资源培训，其实云贵川为珠江三角洲输送廉价劳动力，也就是东部间接地为西部劳动力提高素质。

(4)资源的相互流动和产业的相互交流，西部产业可以从东部吸收先进的管理经验、得到技术改造等方面的启迪，发展自己的优势产业，这对整体经济的发展具有重大意义。

第四节　产业政策与资源配置

1955 年产业政策在日本实施。当时，日本经过战后的经济恢复正面临着全面振兴的课题，总的目标是要赶上欧美经济发展的水平。日本政府和经济学家认为：依靠市场机制的自发作用或单靠企业管理的改善不可能实现这个目标，必须规划产业结构、确定带动整个经济起飞的“战略产业”，并通过政府的经济计划、经济立法及其经济措施来扶持“战略产业”的起飞，诱导经济按既定的目标发展。这是当时的产业政策的含义。以后人们在产业经济分析时把政府促进生产领域资源合理配置的其他政策，也作为产业政策的必要内容。

简而言之，产业政策指的是为了促进产业发展所采取的各种政策的总称，包括产业结构政策(扶持战略产业)、产业组织政策(规模经济及保护竞争)、产业技术政策(支持技术创新或某种适用技术的发展)、产业地区政策(影响产业在不同地区的分布)、产业社会政策(促使产业实现某种社会目标，如充分就业等)。它的主要作用是：在市场机制充分调节市场供求结构的前提下，干预市场调节过程，以推动产业间的协调发展，实现产业结构的合理化、现代化，它是国家宏观调控的重要手段。

一、产业政策调节资源配置的目标

产业政策的实质，就是通过政府对产业活动的干预影响社会资源在产业中的分配，从而实现政府的政策目标。其中产业结构政策与组织政策最为重要，对产业在技术、布局以及社会方面的考虑实际上都可以通过适当的结构及组织政策表现出来。产业政策调节资源配置的目标有以下几种考虑。

1. 资源向重点产业倾斜

从 20 世纪 50 年代至 70 年代的 20 多年间，日本的经济增长出现了“奇迹”。在 1950—1968 年的 18 年间，日本的国民生产总值提高了 12 倍，从一个百废待兴的战败国成为仅次于美国的第二经济强国。在这期间经济的直接推动力就是重化工业化，即重工业在国民经济中的飞速发展。

日本是战后实行经济计划最成功的国家之一，其经济计划最重要的特征，就是干预生产领域的资源配置。在其复兴计划阶段(1948—1950年)，其产业政策目的主要是：第一，为了使生产走上正轨，采用以煤炭、钢铁为重点的优先发展基础产业的发展方针；第二，加强交通、通讯等生产基础设施的建设；第三，振兴出口产业。在自立计划阶段(1951—1957年)，产业政策的重点是努力实现产业结构的现代化，提高资本积累和发展重化工业，扩大出口产业。在其增长计划阶段(1958—1964年)，产业政策着重在进一步充实社会资本，实现以重化工业化为中心的产业结构的现代化。在经济发展计划阶段(1965—1975年)，政府逐步改变了把资源优先分配给重化工业和大企业的做法，增加了对农业和中小企业等现代化程度落后部门的投资，并在维持经济稳定增长的前提下，努力解决公共部门的建设，并重视解决工业引起的环境恶化问题。在经济的稳定增长计划阶段(1976—1985年)，实现从高速增长向稳定增长的转变，实现高技术产业化、出口导向产业化。日本采取政府干预产业、规划产业发展的办法，大大地缩短了赶超美欧的时间。日本利用计划或产业政策手段实现资源合理配置的经验值得中国借鉴。

2. 促进规模经济，实现专业化分工

经济发展史表明，自由竞争的市场机制有可能导致全社会产业规模经济性，实现合理的专业化分工。但是这一过程可能在产业的演变中十分漫长，从而在一段很长的时间内牺牲产业的规模经济效益。为了缩短产业组织结构转换的时间，许多国家都采取了一系列规模化政策。政府有意识地通过政策倾斜帮助优势企业，从而实现产业内部向优势企业的集中；或者在全国推行标准化运动，使各企业都按某种统一的规模标准和质量标准进行生产安排，从而为实现专业分工创造条件；或者鼓励行业协会与政府协作，使企业能按照政府规定的规格及效益目标进行调整。所有这些措施，都使资源配置的效益提高，使资源向资源效率高的方向流动。

3. 促进产业自我调整能力的形成

产业自我调整力或自我均衡力是指随着外部需求或贸易条件的变化，随着不断的技术创新的要求，产业结构(部门结构及组织结构)不断发生适应性调整的能力。在一定的经济体制之下，产业的自我调整能力强，产业受世界性经济波动的影响就小，同时在外部环境发生不利于原有产业变化时，能迅速地以较低的代价实现产业的调整。

需求的变化、资源供应条件的变化，以及产业技术环境的变化，在经济世界是客观地不断发生的。一种产业部门及组织结构的合理性只具有相对的意义，如果产业行为不合理，缺乏自我调整的动力或条件，合理的产业结构马上就会变成不合理的状态。因此，政府应该把培养产业自我调整的能力、创造产业自我调整的条件作为产业政策的目标之一。根据这一目标，首先要维护企业间的公平竞争，反对不合理的垄断。马克思主义政治经济学曾精辟地指出，自由竞争必然走向垄断，而垄断必然导致严重的不平等和剥削，导致资源的浪费。现代经济学家认为，通过政府的产业干预，可以促使企业处在公平竞争的状态。由此产生了反托拉斯法或反垄断法，通过法律的办法或经济制裁的办法来限制产业发展中的垄断力量的成长。其次，政府的产业管理部门为公平竞争提供各种指导性的计划和信息，以引导企业竞争。通过完善各种产业服务，如法律服务、信用服务和信息服务，为公平竞争提供外部条件。此外，政府还可以通过政府投资、政府购买的方式帮助那些缺乏竞争力的中小企业或传统产业，使它们也能在竞争中存在和发展。

二、产业政策的矛盾与协调

产业政策的目标以及实现目标的手段充满着种种矛盾，从而使产业政策自其产生之日起不断地受到攻击和评论。产业政策所面临的矛盾，实质是资源配置在生产领域所面临的全部难题的集中体现。

1. 政府干预与市场竞争自律的矛盾

产业政策是政府干预产业发展的一套政策方针，其作用于企业必然引起企业市场活动的自由度降低，限制了企业在竞争中的选择性，并使政府扶持的产业和限制的产业处在一种不平等的竞争条件下。产业政策的这种作用与经典的市场理论所倡导的自由竞争原则相悖。这势必引起市场活力的减弱，并增加了由于政府官员在产业发展上主观判断失误而导致犯错误的机会。完全地不干预市场又会出现前面已经讨论过的产业结构僵化、产业结构转换困难、产业升级缓慢等问题，这就构成了矛盾。

日本、韩国等国家和地区在解决这个矛盾方面的关键做法是：①政府对产业干预的决策要合理和适度；②政府的干预大都是通过市场媒介间接地实现的，政府尽量避免直接参与或干预产业或产业间的资源分配；③政府的目标要设法让企业理解，从而加强与企业的合作。政府通过行业组织与企业的密切合作是产业政策成功的重要原因。

2. 鼓励产业的规模效益与反对垄断的矛盾

经济学家将这一矛盾称为“马歇尔冲突”。由于产业政策的目标是促进资源的合理配置，必然强调产业在规模结构上的经济性。在工业化的发展阶段，尤其是以重化工业化为主体的工业阶段，规模的扩大将伴随成本的下降，从而提高资源利用的效率。

英国经济学家麦克希(O. Maxcy)等人曾对汽车工业规模经济进行研究，提出汽车工业规模扩大与成本降低的关系(表 7-2)。他指出，一条汽车组装生产线的最小最佳规模是 6～10 万辆/年，发动机生产线是 50 万台/年，冲压设备线是 100 万套/年，从而推知汽车工业总体的最小最佳规模是 30～60 万辆/年。产业政策应该促进企业的联合、兼并，以克服盲目竞争的浪费及规模过小的不经济。

表 7-2　汽车工业规模扩大与成本降低的关系

产量增加(万辆)	成本下降率(%)
1～5	40
5～10	15
10～20	10
20～40	5

但企业发展规模经济性的结果，使大型企业具有极高的市场占有率，从而出现了市场垄断性，抑制了市场的竞争。这与产业政策反垄断的目标相抵触。解决这一矛盾的关键，在于政府产业政策制定者及竞争立法的制定和执行者充分的理性判断。在利用产业政策调控企业组织时，要明察哪些企业的联合是利大于弊的，从而在保护市场机制下的竞争活力的同时，充分利用“规模经济”。既要通过价格等杠杆，限制大规模企业在市场垄断下获得不合理的收益，保护

向大企业提供原料的众多中小企业的合理收益；也要在执行反垄断法规时严格区分合理垄断（有利于全社会的规模经济）及不合理垄断。

3. 产业政策作为政府的长期性政策与短期宏观调控政策的矛盾

政府运用产业政策影响产业的长期发展时，依据政府产业结构及布局的长期计划决定扶持什么产业、抑制什么产业。其最有力的政策杠杆是政府的财政政策、货币政策、贸易和价格政策。政府在进行经济的短期性调整时，为了实现经济稳定和经济增长的目标，政策手段亦主要是财政政策和货币政策。这样，长期性的产业政策与短期的宏观调控之间便时常发生摩擦。在许多国家和地区，这一摩擦的结果是用短期政策取代长期政策，从而使长期性的产业政策名存实亡。

日本等国产业政策的成功关键在于：第一，长期政策的短期化目标明确，从而使产业政策能够具体实施；第二，产业政策重在结构性调整，而短期宏观政策重在总量调整，因此在政策杠杆的具体内容上可区分；第三，以长期政策的连续性和稳定性解决产业趋势性的变动问题，以宏观调控着重解决短期波动问题。

4. 扶持先导产业和帮助滞后产业的矛盾

产业政策的目标之一是推进产业的高级化和先进化，从而保持产业旺盛的竞争力以迅速赶超世界先进水平。因而先导性产业是政府扶持的重点。但事实上，由于传统产业尤其是一些基础产业在市场竞争中企业经济效益较差，常常运行困难，更需要政府支持。否则传统产业的滞后，基础产业的滞后，势必影响整个产业体系的发展，给经济的成长带来不利的影响。因此问题的关键是把握新产业成长的过程，在新产业成长的初期要适当保护、促其壮大，但要注意整个产业体系的协调发展，及时地通过政策缓解国民经济中短线产业引起的矛盾。同时鼓励产业结构的转换，促使一部分传统产业淘汰转产，对基础性产业则始终予以扶持帮助。

三、中国早期的产业发展战略

在 1978 年中共十一届二中全会召开以前，中国工业化的发展战略是：在以农业为基础、以工业为主导的方针指引下，依靠国内产业，首先是农业积累的建设资金，建立和优先发展生产资料产业（重工业），高速度地发展国民经济，通过出口一部分农、矿产品等初级原料，换回发展重工业生产的生产资料；随着重工业的建立和优先发展，用重工业生产的生产资料逐步装备农业、轻工业和其他产业部门，使这些部门逐步转移到大机器生产的轨道上来，并用国内生产的生产资料逐步代替它们的进口，随着重工业、轻工业和农业以及其他部门的发展，逐步建立独立的、完整的工业体系和国民经济体系，并逐步改善人民生活。

这是一种基本内向性的、追求高速度的、以重工业为固定重点的粗放式发展战略。实行这种战略是同当时中国所面临的特定的国内条件和国际环境分不开的。这种战略的实施，对中国经济和社会的发展起到了巨大的作用。首先是中国的经济获得了迅速发展，年均增长速度超过了二战后大部分发展中国家。其次是基本依靠自己的力量顶住了外来压力，建成了独立的、比较完整的工业体系。更主要的是比较成功地改善了人民的生活，使人民的健康水平、教育水平显著提高。

重化工业优先发展的赶超战略也给中国的经济带来如下的问题：①由于资金及自然资源、人力资源过度地长期向重化工业倾斜，客观地抑制轻纺工业发展，使消费品的短缺成为经常的、普遍的现象并一度成为限制整个经济发展的结构性矛盾。②推行重化工业优先发展战略，对于中国来说所面临的困难，就是不断地加剧本来就十分稀缺的资本资源的短缺，使劳动力过剩和资金不足的矛盾日益尖锐。资源不能在企业之间、行业之间、产业之间进行合理流动，导致了全社会的资源配置效率低下。③由于在比较低的发展水平之下缺乏重化工业生存发展和不断创新的产业环境，或者由于科技、教育、信息的落后，靠强制性积累发展起来的生产资料产业客观上只能走粗放式的发展道路。生产资料长期粗放式发展有两个十分不利的后果：一是高消耗资源，使中国日益陷入资源不足的矛盾；二是重工业作为主要为轻工业和农业提供生产设备或其他原材料的部门，由于其粗放式的发展，导致设备质量不高，从而使整个国民经济的生产领域处在高消耗状态，形成一种恶性的生产循环。④由于在内向性的粗放式产业发展中缺乏国际竞争力，因而出口难以得到较大的发展，也限制了进口技术装备的能力，无法享受国际产业分工的利益。

1978 年以后，中国政府已经比较清醒地认识到产业发展中上述结构性矛盾的危害，开始逐步地进行发展战略思路的转变：从片面追求产值增长转变为注重经济效益；从突出发展重工业，到把农业、能源、交通、科学和教育作为重点，综合平衡地发展各产业；从以粗放外延式为主的发展转到以内涵为主的发展；从过去基本封闭式转变为对外开放的战略；从单纯依靠集中计划到坚持计划经济与市场调节相结合。在上述转变过程中，尽管由于体制摩擦等原因，经济中也存在着许多结构性矛盾和问题，但经济获得了极为迅速的发展，人民生活得到了明显的改善，而且经济波动的幅度大大地降低。当然，由于传统战略下形成的产业结构的固有惯性，以及资源分配体制的惯性，上述转变不可能在短期内完成，需要长期的探索和努力。

四、中国产业结构和产业政策的演变

解放以来，中国产业结构发生了很大变化，农业在国民收入中比重从 1952 年的 57.73% 下降到 1988 年的 32.44%；同期工业在国民收入中的比重上升了 26.63 个百分点。在工业内部，总的趋势是重化工业比重迅速扩展，其中以机械工业扩张最为迅速。产业结构的变动趋势总体上符合世界一般工业化趋势，即就业和产值比重从第一产业向第二产业、第三产业转移，在工业内部重化工业优先增长。但由于资源长期向重化工业倾斜的结果，中国产业结构在更深的层次上出现一种特殊性，这就是重化工业超前低水平扩张与基础设施、服务业（包括科技教育）的严重滞后。

中国产业结构发生的变化，记录了资源在产业间配置的变动轨迹。由于工业化的发展，国民经济对矿产资源的依赖越来越强，从而首先大大加强了对矿产资源的开发。由于长期侧重重化工业的发展思路，高耗能产业得到优先发展，对能源资源的开发利用规模日益扩大。在人力资源方面，由于经济粗放式的产业发展，对非熟练型的劳动力资源需求较大，从而适应了中国普通教育发展快，高等教育、职业技术教育相对落后的人才培养结构。由于优先发展资本密集型工业的思路，同时由于资金总体上的不足，大量的人力资源不能与相应的劳动手段结合，不得不采取失业潜在化的人力资源配置方式，使农村的潜在失业及工厂的隐性失业问题一度突出。在资本资源方面，为了加速推进工业化，基本上采取了抑制消费、鼓励积累的政策。20 世纪 80 年代以来，区域性行政分权包干体制刺激了资本资源向这些产业倾斜，从而产生在现行价格体制下许多消费品生产资金过剩的情况。1980 年以来在资本资源的建设中，开始大量地引进国外资本。每年实际利用外资占每年全社会投资比重在 10% 以上。由于产业的比较利益差别，占用外资较多的产业主要是服务业、玩具业等人力资源密集性行业。

产业政策的严格含义是政府利用财政、货币及其他杠杆，通过市场媒介影响产业发展的行为，这种意义的产业政策在中国尚未完全形成。如果把政府规划，影响产业发展的政策行为都理解为产业政策，则中国的产业政策起码可以分成体制改革前 30 年以及改革后 20 年两个大的政策时期。前一时期产业完全隶属于行政，按政府指令性计划组织供产销，因而没有独立的产业行为。由于政府进行产业决策规划资源配置时不能顺应产业发展的客观规律，不注意产业的协调发展，在手段上又完全依赖行政命令和政治动员，对产业没有科学的经济评价，因而不可能有稳定的产业政策。这种行为必然发生不合理的产业安排，引起产业结构的大波动，并与政策波动相一致。

改革开放以来，随着市场调节机制的引入，政府增加了对产业调节的经济手段。但在间接调控方面，两个基本的条件在中国尚不完全具备：一是管理者素质较低，缺乏对调控目标及政府政策的作用机理的正确判断，因而不可避免调控中盲目性；二是市场功能的不完备，调控对象(企业)一般不能做出合理的反应。因此，产业政策对资源合理配置的作用人为削弱，使中国的产业结构和产业组织仍然存在着许多突出问题。

近年来，中国产业部门结构已有明显的改善，反映在消费资料产业及服务业得到较大的增长，使人民生产水平在增长中得到普遍的提高。与产业结构变迁相对应，资源在部门间的分配发生了巨大变化。农业的投资被逐渐减少，加工业的低效扩张，使基础产业(交通、能源、科技、教育)严重滞后。更重要的是，在各产业内部，加工层次低，产品的国际市场竞争力弱。因此，产业结构调整的方向，一是努力加强基础设施，加强农业、科技建设；二是努力提高各加工产业的技术水平，走降耗增效的内涵发展道路。

在产业地区结构方面，由于 20 世纪 80 年代以来政策向东南沿海大幅度倾斜，结果区域差别拉大，中西部地区资金人才更趋紧张；而在部分沿海地区则发生消费早熟或资金使用效率不高的状况。地区政策的调整方向是减少过度倾斜，走区际间协调、互补发展的路子，当前西部大开发就是政策调整的重要体现。

在产业组织方面，则集中了中国体制与发展方面的诸多矛盾：一是产业的小型化与经济增长。分析表明，中国近 20 年来的经济增长主要来自中小企业的贡献，仅集体所有制企业对增长的贡献就在 50%左右。大量小型企业的产生，引起了大的经济增长，但同时使生产集中化的程度降低，成本降低困难，从而使长期稳定的增长受到影响。但是小企业在解决劳动力就业、实现劳动力的转移方面，又起着大中型企业难以替代的作用。二是由于政府管理的全民企业分属各层次、各部门，由于行政性利益分割、权力分散，使生产要素不能在区际间、部门间合理调配或转移，同时不断形成原料及市场封锁，严重地干扰了资源在产业间的合理配置。企业的重组、兼并机制不良，也影响企业在组织结构上的合理化，在产业组织方面，尚未找到一条平等与效率兼顾、市场与计划兼容、规模与竞争兼备的产业发展的道路。产业组织调控的方向是努力实现规模的经济性，国家要继续集中力量发展一批大中型骨干企业，小型企业要逐步调整到劳动密集的、与规模关系较弱的行业中；同时要通过强化中央调控并完善全国统一市场等手段，减少地方政府对生产活动的直接干预。

按照资源合理配置的要求规划中国产业结构调整的方向，受客观实际制约，并不具备由于广泛的可供选择的自由度。产业发展的本身，是使资源结构变化的过程，产业结构的现状对应着资源结构的现状。从资源合理配置要求出发来规划未来产业的发展，只能立足于现有的产业结构。客观上我们并不可能重新去选择轻工业—重工业的发展模式，中国重化工业的发展有着其扩大再生产的客观要求。

在理论上，可以根据现有的资源数量，按照最优规划的办法求出各部门的最优结构。事实上，由于部门发展与资源关系的非线性，由于产业发展中的许多非资源性限制，由于资源在品种、数量、质量分布上的各种差异，由于产品的复杂性及产品价格决定的复杂性，由于产业外部交流的不确定性等。总之，由于经济社会系统本身的复杂性，数学规划在产业结构调控方面常常无能为力。比较现实的决定产业调整方向的方法，是从现有资源的利用效率出发，寻求提高资源利用效率的产业发展途径，同时把产业发展与资源本身的建设联系起来考虑。

中国制约产业发展的资源矛盾，是资本资源相对不足且等级低（即技术密集度高的资本少）和劳动力资源相对过剩。同时，熟练劳动力或具有高智能的人力资源相对不足，从而限制了产业向高级化的进步。另外，限制中国资源体系发育完善的行业结构矛盾是科技、教育事业相对落后（不仅是数量，更有质量问题）。加上制造业层次低从而使能源等资源更显得不足。服务产业落后，从而使资源开发利用中的市场服务、储备服务、技术服务不能很好解决，影响了资源的进一步开发利用。

综上所述，按照资源合理配置原则，中国的产业结构调整的方向应该优先考虑以下几点：

(1)劳动资源密集型的加工业仍然是今后很长一段时期产业发展的重要方面。同时，要重点发展那些满足人们的消费需要的劳动密集型产业，从而使长期以来一方面消费水平低下，另一方面劳动力资源闲置不能实现其生产力的矛盾得以缓解。

(2)资本资源密集型产业的发展重点是提高产业的质量层次，也就是努力提高资本密集型产业的技术含量，而逐步地减少在产业中的能源、原材料等自然资源的含量。今后一段时期内，要把为国民经济提供装备的机械加工业的改造（提高其技术含量）放在首位，使国民经济各部门使用的实物资本资源提高档次，降低生产领域对自然资源的消耗水平，提高整个国民经济资源使用的效率。

(3)中国农村产业中劳动密集度很高，继续投入劳动力资源的效益已不明显。关键是要增加对农业的科技投入，使智力资源、资本资源与土地等自然资源结合，产生出更大的生产力。

(4)为了克服劳动力资源素质较低的现状以克服产业知识密集度低的问题，教育和科技事业要重点发展。

(5)消费品产业要向多样化、多层次化发展，以满足社会不同职业、不同层次、不同收入者的消费需要。这里，市场服务、信息产业要突出地发展，以满足日益变化的消费需求与生产者联系的需要。

(6)服务产业的发展要真正体现服务的功能，而不是简单地瓜分物质产品盈利的组织。服务产业的生命力在于，在经济资源的价值运动形成社会物质产品的过程中能减少社会生产成本（物质生产服务），或为人们生活提供所需要的服务（非生产性服务）。这也是中国服务产业调整的方向。

关键点

1. 资源条件影响地区的产业发展。不同产业所需资源不同、不同资源的重要性也不同。随着产业的发展与升级，资源利用的范围越来越广、深度越来越深，对人力资源的要求越来越高。

2. 产业中不同资源的密集程度，常常反映了一个地区的经济发展水平。发展中国家资本密集型及技术密集型产业相对薄弱，而劳动密集型产业在经济中的比重较高。

3. 产业的合理布局是产业优势形成的必要前提，也是产业有效区域协作的基础。

参考文献

江小涓. 经济转轨时期的产业政策[M]. 上海：上海人民出版社，1996
邵汉青，等. 投入产出法概论[M]. 北京：中国人民大学出版社，1983
苏东水. 产业经济学[M]. 北京：高等教育出版社，2000
杨治. 产业经济学导论[M]. 北京：中国人民大学出版社，1985
郑林. 产业经济学[M]. 郑州：河南人民出版社，1992
周文骞. 发展经济学[M]. 杭州：浙江大学出版社，1995

思考题

1. 基本概念：产业，资源优势，经济优势，产业政策。
2. 产业发展与资源有何关系？
3. 资源条件对产业布局有什么影响？
4. 以西部大开发为例，试述产业政策对资源配置的作用。
5. 举例说明产业政策调节资源配置的目标。
6. 从产业结构调整方面简述西部大开发的必要性。

第八章 技术进步与资源配置

导读

技术进步的本质内涵，就是人类利用资源的效率提高。技术进步不断拓宽资源的领域，使人类劳动的效率日益提高，从而使有限的经济资源为社会提供更多的财富。不同形式的技术进步，消耗一些资源的同时会对不同的资源配置产生影响，比如机械化生产的技术进步、人工智能的进步可以减少人力资源的消耗，增加电力能源的消耗，或许还会增加大气污染物的排放量，等等。面对不同的资源禀赋、环境状况，我们如何考虑技术发展问题，如何评判技术进步的效率？

关键问题

1. 技术进步如何影响资源配置？
2. 如何激励技术进步，促进有效的资源配置？

第一节 技术进步及其评价

技术进步的内容十分广泛，我们如何定义它，怎样评价技术进步的优劣呢？一般可分为狭义的技术进步和广义的技术进步。狭义的技术进步包括：①劳动工具和工艺流程的改进、发展与完善；②新技术、新工艺、新材料、新能源的研制、生产与推广应用。广义的技术进步还包括：③产业结构的改进与完善；④生产组织、劳动组织、经营管理水平的提高。

狭义的技术进步特指对生产要素或经济资源的本身性状进行了改变，如劳动力的技能和质量的提高、生产性资源的改进（新设备的引入），等等。广义的技术进步，并不要求资源本身的改变，或者并不直接地体现在生产要素上，它提高整个经济的效率，但并不改变参与经济循环的经济资源的数量和质量，着重于通过对经济资源配置的优化，即经济管理的进步来实现的。

一、技术进步的分类

技术进步的作用，就是使原有数量和质量的经济资源生产出比以前更多更好的产品。或者说，使用比以前更少的经济资源组合量，生产出一样多的产品。技术进步意味着资源利用效率的提高。各种技术进步直接或间接地作用于不同种类的资源。从资源角度来考察，可以将技术进步划分为四个不同类型：节约自然资源型技术进步（技术进步使某些自然资源的生产率大大提高，并超过其他资源生产率的提高)、节约资本资源型技术进步(技术进步使资本资源的生产率相对于其他资源的生产率提高较大)、节约人力资源型技术进步(技术进步使人力资源的生产率提高最快)以及综合型技术进步(技术进步使各种资源的生产率都得到了相应的提高)。

以上从资源角度对技术进步的分类，是从资源节约或从提高资源的产出率的角度分析的。但从另一方面看，技术进步本身也需要消耗一定结构的经济资源。技术对资源的要求，使一国或地区在发展技术进步的选择上受制于一国或地区的资源结构。据此又可将技术进步，按其所要求的资源密集度分为若干类。

(1)资本密集型技术进步，即资本占用与消耗较多的技术进步。这种技术一般占用投资多、技术装备程度较高，如机械制造技术、石油技术、冶金技术等。资本密集型技术的特点：一是资本占比较多，投资回收期较长；二是容纳劳力较少。但它一般具有劳动生产率高、单位产品综合消耗低、成本低、竞争能力强等优点。因此，劳力不足、自然资源缺乏的经济发达国家常把发展资本密集型技术作为一项重要政策。

(2)劳动密集型技术进步，即劳动占用与消耗较多的技术进步。这种技术一般是单位劳动占用的资本较少、技术装备程度也比较低，如轻工、纺织、饮食、服务等部门的技术多属于这一类。劳动密集型技术的特点：一是容纳劳动较多，二是资本占用较少。在建设资金比较困难，投资有限，但劳动力资源十分丰富，劳动就业压力大时，发展劳动密集型技术是上上之选。

(3)知识密集型技术进步，即高度凝结先进的现代化技术成果的技术进步。如电子计算机技术、宇航技术、大规模集成电路、原子能技术等。这种技术的特点：一是从事这种技术活动的多是中高级科技人员和经济管理人员，连一般操作人员也需要有较多的科学技术知识和管理知识；二是技术装备复杂、投资费用较高。这种技术也有占用劳动力数量少、消耗原料动力少、污染小的特点。随着现代科学技术的发展，知识密集型的技术有不断发展扩大的趋势。

(4)自然资源密集型技术进步，即自然资源在生产中价值含量较高的技术进步。例如，土地资源密集型技术，这种技术的普遍推广，需要有广阔的土地资源作为载体，如发展农业及种植业的技术。中国是自然资源丰富的国家，但有些种类的资源仍然十分缺乏，人均占有资源量普遍较少。因此，技术的选择必须结合资源条件进行。在技术项目的论证时，应重视资源可行性的分析，使现有资源能够发挥更大的效益。

二、技术进步的评价

技术进步是经济增长的重要源泉。经济学认为，影响经济增长的主要因素：一是经济资源数量的增长(以固定资产为代表的资本资源的增长、劳动力数量的增长以及土地、能源等自然资源的增长)；二是技术的进步。在这两个因素中，技术进步在经济增长中的作用越来越大。美国在1948—1969年间，由于技术进步带来的经济增长占47.7%；法国在1950—1962年间，由于技术进步带来的经济增长占73.6%；日本在1953—1971年间，由于技术进步带来的经济增长占55.2%。近20年来技术进步的速度进一步加快，主要表现为：研究成果不断应用于新技术、新产品的开发，产品从实验到市场的时间差越来越短；国民经济技术基础及技术体系不断完善；新技术、新设备、新工艺、新材料、新能源的不断涌现；物质消耗的不断下降。

技术进步综合地表现为资源利用效率的提高，这里介绍几种度量技术进步的方法，以帮助我们从数量关系上理解技术进步的内涵。

1. 指标法

通常是取几种主要资源生产率的增长速度之乘积或加权和，来作为衡量技术进步的度量指标。例如，取劳动生产率的增长速度与资本生产率的增长速度之乘积，或者取劳动、资本、土地三者的生产率增长速度的乘积作为技术进步的指标。在最简单的情况下，也可以直接用劳动生产率的增长速度作为技术进步的度量。其他的资源利用效率指标，例如，节能率、劳动节约率、原材料节约率等也可以作为技术进步的标志，用以评价产业技术进步的状况。指标法的缺陷在于它对技术进步的度量缺乏应有的综合性。

2. 因素分解法

因素分解法，即采用分析经济增长的各种因素的方法，实证地分析技术进步因素对经济增长的贡献。常用的方法有生产函数法和多因素增长模型法。用生产函数研究技术进步对经济增长的贡献也称“剩余法”，即在经济增长中扣除资金增长、劳动力增长、土地等自然资源增长作用后的余额，解释为技术进步的贡献。

设经济中决定生产增长的主要经济资源只有资本和劳动两种，且其只有量的增加而无质的改进：资源是同质的（即同一种劳动、同一种机器）；线性的生产关系，没有规模的节约。那么，经济的增长就完全可以用要素的增长来解释，用公式表示为：

$$Y = \alpha \cdot K + \beta \cdot L$$

式中：Y 为产量增长率；K 为资本资源增长率；L 为劳动资源供应增长率；α 为资本在国民收入中所占份额；β 为劳动在国民收入中所占份额。

假设，资本增长率为 3%，劳动增长率为 1%，资本和劳动在国民收入中所占的份额分别为 1/4 和 3/4，那么：

$$Y = 0.25 \times 3\% + 0.75 \times 1\% = 1.5\%$$

即每年产量的增长率为 1.5%。

当我们用上述公式计算一个国家或地区较长时间内的经济增长时，我们会发现产出的增长一般高于资源综合投入（上面的例子即 $\alpha \cdot K + \beta \cdot L$）的增长。这个增长的“余额”，可以认为是资源投入以外的一切促成产量增长的因素的总汇。当我们比较全面地考虑了各种资源的数量增长之后，余额则主要反映技术进步对生产增长的贡献。

世界银行的专家曾经用上述方法评价了中国建国后几个主要时期的经济增长，见表 8-1。这里我们看到按综合要素生产率来衡量的技术进步率，中国 1981 年以前的 30 年间，生产的增长主要是由于增加人力资源、资本资源来实现的，技术进步的效果不明显。与亚洲其他新兴的国家和地区比较反差明显，见表 8-2。

这里有两个问题需要说明，世界银行及钱纳利对中国综合要素生产率的计算，所依据的公式是用全社会劳动力增长和工业资本投入增长来解释中国国民收入增长的，并不十分合理。我们知道中国的农业增长中，资本资源的投入是很小的，劳动增长对农业增长的贡献亦有一定限度，而技术进步是一个十分重要的因素。如果分别计算工业和农业的综合要素生产率，那么，结果会乐观一些。中国工业劳动力 1952—1988 年均增长 5%，工业固定资产同期年均增长 11.4%，同期净产值增长 11.3%，按世界银行提供的系数（α、β）计算。综合要素投入增长率是每年 8.21%，因而技术进步率每年是 3.09%，占全部增长中的 27%左右。这一结果似乎更接近实际，但比起同时期的亚洲新兴国家和地区技术进步的速度慢得多，技术进步在生产增长中的作用小得多。从而也从一个侧面说明了那个时期中国经济增长的代价。

表 8-1　中国的综合要素生产率(%)

时期(年)	净产值增长率	劳动投入增长率	资本投入增长率	综合要素生产率(技术进步率)
1952—1957	8.88	2.8	16.8	0.48
1957—1965	3.24	2.4	13.6	—3.64
1965—1978	6.60	2.6	9.1	1.40
1978—1981	6.00	2.8	8.7	0.80
1952—1981	6.00	2.6	11.6	—0.30

注：1. 劳动比例 $\beta=0.59$，资本比例 $\alpha=0.41$（取国营企业固定资产）；

2. 资料来源：世界银行《中国结构变化与增长的可能性和选择方案》，1984 年 3 月。

表 8-2　若干国家综合要素投入和综合要素生产率增长比较(%)

国家地区和时期(年)	净产值增长率	综合要素(劳动、资本等)投入增长率	综合要素生产率(技术进步率)
中国(1952—1981)	6.00	6.30	—0.30
印度(1959/60—1978/79)	6.24	6.42	—0.18
南朝鲜(1960—1973)	9.70	5.50	4.20
日本(1960—1973)	10.90	6.40	4.50
香港(1960—1970)	9.10	4.82	4.28

资料来源：钱纳利·塞尔昆手稿册，第二章第 4 页表 2.2。

为了进一步分析影响经济增长的多种因素进而详细了解技术进步对增长的贡献，还可采用多因素增长模型法。用这种分析方法实证地分析一国经济增长中技术进步贡献的最有成就者，要算爱德华·丹尼森，其 1974 年出版的《美国经济增长核算：1929—1969 年》，分析了 1929—1969 年各种因素对增长率的贡献。他将资源投入分解为劳动、资本和土地三方面，其中劳动资源的投入分解为就业量、工作时数、年龄及性别结构变化、教育引起的劳动者结构变化等因素；资本资源投入被分解为流动资本、建筑及设备、住宅、国际资本；资源增长贡献以外的部分，即单位资源投入生产量的增长部分分解为不规则因素（如农业气候条件等）、资源配置的改善（主要指资源在各产业间的转移）、规模的节约（规模经济性的改善、专业化等）和知识进展及其他（主要指工艺技术等方面的技术进步），从而使技术进步的各个方面对经济增长的贡献一目了解。

第二节　技术进步与资源配置的关系

技术进步使资源的供应和需求发生变化，使产业发生变化，从而使资源配置状态处在不断的运动之中；另外，产业的发展引起的对资源配置的要求，又不断刺激着新技术的发明。

一、技术进步对资源合理配置的作用

1.技术进步引起资源配置的不均衡

从资源的供给角度考察：第一，技术进步使新的资源发现和发明，特别新能源、新材料的出现使资源的现存结构发生改变，打破了原有条件下资源生产和需求之间的平衡。例如，从石器到青铜器到铁器再到各种金属材料和非金属材料的发展，都使社会资源的配置发生重大的变化。从矿物能源的发现到核能的利用，一次次引起生产结构的变革。于是，原有的资源供求平衡关系被打破，并建立一种新的均衡。第二，技术进步使人力资源的生理素质及心理素质发生变化，尤其是电子学、计算机和通讯技术的成就，改变了教育事业和人获取信息的方式、数量和质量；现代的生产技术加强了人的生理功能的智力发展；人们在生理、智力、道德、精神上的不断完善，对生产力的量变和质变发生着深刻影响，并通过智力结构和人力组成影响产业结构，从而不断打破原有资源状态下的平衡。第三，人们不断把科学成果用于生产工艺和技术，不断完善原有工艺，发现和推广新的工艺，并在此基础上使资本资源数量扩张，重新装备整个产业，改变资本资源在各行业的比例，从而影响和改变工业结构，引起原有资源配置状态的改变。第四，科学技术的进步不断改善着经济管理、生产体制以及各种资源的组织结构和形式，从而节约了资源的使用，提高了资源利用的效率，影响产业结构变动。

从资源需求角度来考察：技术进步不断开拓物质生活的新领域，各种消费品随着技术进步而推陈出新，在衣、食、住、行等方面都产生了新的需求。例如，食品的范围、数量、类型和结构变化；衣料和款式的变化；建筑材料和施工技术以及住房结构的变化；交通工具的更新和组合变化，等等，都在人们的最终需求结构上引起变革，从而引起产业结构及资源的需求结构发生变化。其一，在精神生活涉及的领域，技术进步刺激了崭新的需求内容。例如，电子计算机帮助人们工作和学习，电影、电视等科学成果大大丰富了文化生活，引起新的需求内容，从而要求相应的产业成长，改变了资源原有的配置状态。其二，技术进步提高了资源的使用效率，降低了生产所投入的资源的成本，不断地减少单位产品中的资源含量，加入其技术含量，使资源的需求数量和结构改变。成本下降后，价格相应下降，需求量增加，要求产业结构及资源投入相应变化。另外，在技术进步的背景下，几乎所有的新产品都经历从发明到缓慢增长，再到加速发展，然后进入相对稳定，最后被更加新的产品逐渐代替的过程。

技术进步作为一种世界性现象，通过贸易货物及资本的国际间运动对一国的资源需求结构产生重大影响。出口贸易使一部分具有比较优势的资源产品的需求增大，同时，国际间的资源交流也会引起一国资本资源结构的变化。

2.技术进步促使资源配置新的均衡

产业在发展过程中不断地发生结构变动，引起对资源需求的数量、质量、结构的转变，从而要求通过技术进步的手段使资源在新的产业结构的要求之下发生供应和需求的相应变化。

工业革命大大增加了对能源的需求，加剧了工业发展与能源资源供应的矛盾，不断引起资源配置的不均衡，同时对技术进步提出了相应的要求。技术进步一方面使新的、更有利于工业利用的能源资源不断产生出来，首先是煤炭，然后是石油，然后是二次能源的全面、广泛地使用及核能的发现和应用；另一方面是不断地提高工业过程中的能源使用效率，从而达到资源配置新的均衡。经济发展的实践表明，随着经济发展，能源及其他资源消费总量都在大大增长，同时单位资源创造的社会财富也在大大增长。20 世纪 70 年代，石油输出国组织为自身利益大幅度提价限产，一度使许多西方国家陷于能源危机，随即也大大促进了节油技术的推广应用。随着节能方面的技术进步，缓解了能源成本过高及能源不足引起的矛盾。

一部产业发展史，也是一部技术进步促进产业从不均衡到均衡再到新的不均衡的历史。几百年来，由于人口的大量繁衍，耕地不足的矛盾日益突出，生态系统的承载能力也日益受到挑战，这对技术进步提出了连续不断的要求。由于农业在良种选育及其他耕作技术方面的进步，由于许多人工的管理方法（如人工灌溉等）的引进，由于化学肥料及杀虫剂的不断完善，使单位面积的农作物产量成倍地增加，不断地满足着人类生活的需要。

二、技术进步对资源配置的不利影响

正如开发资源的每一次活动都有利弊两方面一样，技术进步也有其不利的一面。一项具体的技术进步的可取与否，就看它是否利大于弊。全面的分析要从技术的微观、宏观成本收益、近期和远期成本收益等方面进行。

1. 技术进步引起生态系统的破坏

技术进步当然有改善生态系统的一面，但也可能对人类生活环境造成污染和破坏，在某些领域内不适当地使用技术的结果，可能导致更为严重的后果。由于工业革命引起对能源供求的增加，导致大量开发矿业和大量排放工业废物；原子能的利用带来了核辐射并能导致癌症；车排放的一氧化碳以及农药、化肥使水、土壤和食物受到的污染等直接或间接地对人类造成危害；原子弹的技术、化学武器的技术还使人类处于巨大的战争破坏的威胁之中。这使资源不能完全地造福于人类自身。

技术进步使人类日益摆脱对自然力的依赖，但是，技术进步使人类资源利用的领域拓宽，随着人类对各种形式能源需求的增大，人类与环境的依赖程度与日俱增。要维持人类的文化模式与个人生活方式所需的自然界的能量越来越大。因为任何技术并不能创造能量，充其量技术只起一个能量转换的作用，技术现代化的进程越快，能量转化的速度也就越高，有限的能量就耗散得越来越多。

2. 技术进步可能加剧某些资源的短缺

在一定的生产发展阶段，各种经济资源的社会供给和需求量有一定的限度，并遵循一定的比例关系。如果某些技术引入后减少了某些资源的消耗，同时又增加了另一些资源的消耗，就可能使原来经济中已经出现的资源结构上的矛盾进一步加剧。例如，在一个失业严重的地区，进一步发展节约劳动的技术，用资本替代劳动，那么劳动力闲置的问题就会更加突出，资本资源也被浪费，资本资源的短缺会加剧，经济中总体资源利用的效率会更加低下。显然，这种技术进步是不可取的。

第三节　促进有效技术进步的途径

技术进步不会凭空产生，它需要多方面的条件才能产生，比如科学教育环境、对技术的投入程度等。技术进步的程度与效果也并不是同等变化，对于某地区而言并不一定是越先进的技术对社会经济发展越有利。技术进步的效果如何才能更好更充分地体现出来呢？如何选择适用技术？怎样才能促进有效的技术进步值得我们分析思考。

一、技术进步的条件

一国或地区的技术进步程度，与很多因素相关。归纳起来主要包括以下几个方面：

1.对技术的投入程度

一国或地区对技术的投入程度，即从基础科学、技术研究、产品开发等各方面，进行扶持的程度。近几十年来技术进步的过程日益加速，主要原因就是人类投入于研究与开发方面的人力、资本及其他资源越来越多。技术进步的投入包括：用于基础研究、应用研究、产品研发方面的投入；用于人才培养方面的投入；用于生产手段、技术改造和更新方面的投入。投入越多，技术进步的条件越好。

2.科学教育环境

技术进步依赖科学教育环境。技术的产生可以分成两种类型，一类是依赖科学研究成果的技术进步，另一类是在生产实践中直接发明的技术。从技术进步发展的历史来看，早先在实践中直接发明产生的技术，占有相当重要的地位。但随着人类知识的进步，由于生产的复杂性，科学对技术的指导作用日益占据重要的位置。因而一国或地区科学研究的水平，无疑是技术创新的重要环境。实践证明，凡科学研究水平高的国家或地区，也是技术进步最快的国家或地区。人才是技术进步中最活跃的因素，具有先进技术知识的人才本身就是技术的载体，同时也是先进劳动手段的操作者。没有与劳动手段相适应的劳动者，任何先进的工艺、设备都不能发挥应有的作用。因此，各国都把劳动者素质的提高当作推进技术进步、产业升级乃至经济发展的最重要的因素。

3.企业创新的动力

全社会技术进步的基础是生产领域的技术进步，因此，技术进步的程度及快慢的重要决定性因素是企业创新的动力。企业只有不断地产生更新产品、改善工艺、提高质量的热情和冲动，企业的技术进步才会成为一种事实。企业创新的动力又取决于体制等诸多的因素。在市场体制条件下，企业的创新动力来源于对由于技术进步带来的更优厚的利润的追求及对垄断地位的向往，来源于因此而产生的竞争的压力。在社会主义有计划商品经济条件下，企业创新的动力既依赖于生产者（工人、技术人员及管理者）由于社会主义觉悟而产生的精神力量，也来源于利益杠杆的调节。

4.技术扩散的条件

技术进步是一种社会现象，但其发展在国家之间、区域之间又是不平衡的。由于科学技术的突飞猛进和生产的日益多样化，一国要垄断所有的技术是不可能的。通过国际区际商品的、人员的、资本及信息的交流，技术也在不断地扩散。因此，推进发展中国家的技术进步或一国中相对落后地区的技术进步，主要是引进、消化、吸收外部先进技术问题。但是技术的扩散，受政府的政策影响（如贸易、资金、技术流动的壁垒），也受国家、区际交通、通讯条件的影响，同时还受到因为文化传统不同、价值观念不同引起的摩擦的影响。因此，减少国际和区际适应技术扩散的障碍，是迅速推进技术进步的技术条件。

5. 需求对技术创新的牵引作用

消费需求是生产的原动力及终极目标。产品的消费者对产品的质量、性能以及其他方面日益改进的要求，必须通过其在选择消费产品时的价值取向并反过来影响生产者的选择。在任何一个存在消费者选择的经济社会，这种作用都是不容忽视的。消费者需求的创新，可以来自产品使用过程中产生的对产品性能的需求，或是其他更优质的同类消费产品的示范性诱导，也可以来自于生产者方面的刺激。

二、适用技术发展规划

技术既有推进产业之间资源合理配置的作用，也有导致产业间资源配置不均衡的作用。一国和地区在选择技术发展的方向时，一定要把有限的资本和人力资源投入到最适用的技术上，才能不致加剧经济生活中某些资源的短缺，促进经济生活中全部资源整体的最优配置。

适用技术适应于一个国家或地区的各种具体条件，比如资源条件，其可行性好、能够迅速取得最佳经济效益和社会效益。适用技术的理论最早是由英国人舒玛彻在《小的就是好的》(Small is Beautiful)一书中提出来的。20 世纪 60 年代以来，这一理论受到许多国家，特别是发展中国家的重视。

一般认为，适用技术应该符合下述资源合理配置的要求：①能够最有效地综合利用本地的自然资源，降低原材料及能源的消耗；②与当地经济、技术管理和社会发展的水平相适应。即当地应具备有效地使用这一技术的资本资源条件，有使用、维修及经营管理的条件并能提供相应的配套服务；③能最有效地利用资本资源。投资于这类技术比其他可行的技术选择具有更好的社会经济效益；④能够创造必要的就业机会，而不引起就业的减少，使人力资源能与适当的资本资源、自然资源结合，产生更多的经济社会财富；⑤产品能符合市场需要，从而使资源的价值能得以实现；⑥能维护生态系统所要求的资源平衡。

按照上述要求，适用技术不一定都是先进技术（即一定时期内居领先地位的技术）。采用先进技术是发展中国家技术进步的目标，但是 20 世纪 60 年代以来，工业发达国家是在国内资本相对过剩、人力资源相对不足的条件下采用一些最先进的技术和设备的，不少属于“资本密集”、“技术密集”、自动化程度很高、节省人力资源的技术。采用这类先进技术，往往需要大量的投资，消耗大量的原材料，需要大批高层次的技术人员及管理人员，是经济发展水平较低的发展中国家所难以承受的。这类技术，就不是发展中国家的适用技术。

适用技术可以包括部分传统技术。传统技术是经济发达国家成熟的技术，它对于操作和管理水平的要求较低一些。如果这种技术相对于发展中国家或地区仍具有一定的先进性，即能改造这些地区的产业并使资源利用效率提高，同时发展这类技术的资源条件又具备，就可以成为适用技术。

中国不同于一般的发展中国家，其重要特点之一是过去几十年我们选择了积累资金优先发展重化工业的道路，从而在一些城市建立了资本资源与人力资源都十分密集的产业群，并在一些技术领域(如航天技术、核技术、农业技术、石油技术等)获得了领先的发展,部分已达到世界先进水平。技术水平在产业和地区间的分布是不平衡的。中国的资源结构、产业及技术结构,客观地决定了在中国适用技术是多层次的。在制定技术发展规划,引导技术进步时,应注意以下几点:

(1)中国今后一段较长的时期内,技术进步的重点是节约资本资源型技术,通过技术手段实行劳动力对资金的部分替代。在部分地区,可以大量使用人力资源但不影响产品质量、不会提高物质消耗的领域,限制发展自动化或其他节约劳动的技术。

(2)保持多层次的技术结构。由于国民经济各个行业、企业和生产环节之间技术水平的不平衡性,在重要产品以及影响产品质量和影响产量物质能量消耗的主要环节和关键部位,应尽可能采用先进技术;对一般产品或一般部位和辅助设施,视具体情况采用一些比较先进的技术或一般性技术:对那些暂时无碍大局的部位,可以保留一些传统的技术。这样做,既能适应我国多层次生产水平的需要,又能将有限的资金投入到重点技术改造项目上去,能够在总体上保证技术水平向国际先进水平看齐。多层次的技术结构,还指各个行业的产品技术呈多层次,以适应不同层次的市场需要。

(3)积极扶持新兴高新技术产业的成长。我国的技术水平总体上落后,为了实现赶上发达国家水平的目标,必须采用跨越式方式,尽可能采用适用的先进技术使一些具有一定比较优势的部门得到更快发展,优势进一步发挥;使一些暂时无竞争力的部门,通过引进技术迅速地走向国际市场,参与国际竞争。一些高新技术的产品,如不采用先进的生产技术(包括自动化生产工艺和现代化检测手段),就不能保证产品的质量,生产成本也不可能降低到国际先进水平。所以,对不同的产品、不同的生产领域采用何种技术要作具体分析,区别对待,不能一概而论。由于我国劳动力资源丰富,就应尽可能多发展劳动密集型产品。

(4)积极采用先进技术改造传统产业。在国民经济中,满足人们基本需要的传统产业领域始终居于主体的地位。因此,这些传统产业的技术进步应作为整个国民经济技术进行的主体。我国的传统产业目前主要停留在传统技术阶段,要设法用先进技术对传统产业进行改造。例如,采用生物技术改造传统农业,走利用自然资源及劳动力资源,并实现生态良性循环的绿色农业道路;在所有的高能耗、高物耗、低产出的传统产品部门广泛推广使用节能降耗先进技术,等等。

(5)在地区分布上,实行有效的产业技术分区,多层次地布局各种技术,使各地区能各展所长,并实行区域间技术互补发展。

三、研发与引进相结合

现代工业以先进的科学技术作为生产工艺的技术基础,通过不断地把科学技术的最新成就应用到生产中去,实现工业的现代化。所以,工业要现代化,科研必须领先。我国为了用较少的科技投入取得较大的效果,一是要坚持科技研究面向经济建设,把工业发展中现实的重大技术问题作为自己的研究对象,重点放在应用研究和开发研究上。首先研究那些我国近、中期可采用的技术,积极开发新产品、新工艺、新材料、新设备;特别要重视自然资源的深加工利用。二是围绕产业技术改造中带普遍性的技术难题,集中资金、人力,协作攻关,避免分散、低水平的重复研究。三是大力开展群众性的科研和技术革新活动,把人的技术改造和日常的小改革结合起来。

科学技术是人类的共同财富。发展中国家为实现赶超目标而引进技术，并且迅速在国内生产中吸收推广是一条捷径。日本在这方面做得最为成功。1950—1979 年，日本共引进技术 34 000 项，极大地加快了技术进步的速度。从引进到投产，一般为自己摸索研究时间的 1/5，因此日本在经济高速增长时期，仅用 15 年就掌握了世界上近半个世纪开发的几乎全部的技术成果。技术引进不仅节约研发时间，还大量节省了技术研发的费用。据估计，引进费用只相当于研究费用的 1/30。

在技术引进与研发方面，需要注意的几点：

(1)提高技术引进的起点，加紧消化吸收、自主研发，加快国产化进程。

(2)给予政策上的鼓励和支持，以促进技术研发与推广。

(3)适应国际市场需求，提升产品技术含量，提高单位产品附加价值。

(4)承认技术的经济社会价值，增强企业创新的动力。

(5)加强技术协作、交流，促进技术成果的扩散。

关键点

1. 技术进步的本质内涵，就是人类利用资源的效率提高。技术进步不断拓宽资源的领域，使人类劳动的效率日益提高，从而使有限的经济资源为社会提供更多的财富。

2. 技术进步是经济增长的重要源泉。

3. 一方面技术进步使资源的供求关系发生变化，使资源配置状态处在不断的运动之中；另一方面，产业的发展引起的对资源配置的要求，又不断刺激着新技术的发明。

4. 技术进步需要多方面的条件才能产生，技术进步的程度与效果也并不是同等变化。

参考文献

梁小名. 西方经济学[M]. 北京：中国社会科学出版社，1998

吕超，孙立梅. 以技术创新推动产业结构调整[J]. 技术经济，2004，(2)：42－44

思考题

1. 技术进步与资源配置有何关系？

2. 怎样认识和避免技术进步对资源配置带来的不利影响？

3. 怎样才能促进技术进步？并举例说明。

4. 自然资源密集型技术进步指什么？

5. 何谓劳动密集型技术进步？结合我国国情分析其发展前景。

6. 目前阶段符合我国国情的技术进步应该包括哪些特征？

第九章　自然资源的开发利用

导　读

虽然自然资源总有一个极限，但资源稀缺问题不仅仅是这个自然极限造成的。人类的不合理利用、不适当的管理、人口增长过快、经济社会结构的不适应、科学技术的欠缺等因素，才是资源稀缺最为主要的原因。我们分析自然资源的特性、探讨缓解资源稀缺的方法与措施，第一个容易想到的就是合理的开发利用。那么，如何才算科学合理地开发利用呢？针对不同的自然资源，会不会有不同的原则和方式呢？

关键问题

1. 自然资源有哪些特性，针对不同的特性，在资源开发利用时要注意哪些问题？
2. 为实现自然资源的合理开发利用，有哪些资源、环境、经济政策手段可以使用？

第一节　自然资源的基本属性

自然资源本质上是自然环境和人类社会相互作用的一种价值判断与评价，是以人类利用为标准的。离开了人类、人类社会和地理环境，谈自然资源毫无意义。自然资源是人类需要和能力的体现，而不仅仅是自然界的存在，所以对自然资源的看法随着知识的增加、技术的改善、人类需求的变化和文化的发展而随时变动。虽然地球的总量秉赋是固定的，但资源却是动态的，没有已知的或固定的极限。迄今的资源利用史一直是不断发现的历史，对自然资源的定义仍在不断拓展。

一、自然资源的分类

自然资源是指在一定的时间条件下，能够产生经济价值以提高人类当前和未来福利的自然环境因素的总称。目前尚无统一的自然资源分类系统，通常可从各种角度、根据多种目的来分类。例如，根据自然资源的形成条件、组合情况、分布规律，以及与其他要素的关系，可以分为矿产资源（地壳）、气候资源（大气圈）、水利资源（水圈）、土地资源（地表）、生物资源（生物圈）五大类。根据用途，将自然资源分为工业资源、农业资源、服务业（交通、医疗、旅游、科技等）资源。

根据自然资源自我再生的性质，将自然资源分为可更新资源与不可更新资源两大类。例如，生物资源属于可更新的，矿产资源属于不可更新的。“可更新”与“不可更新”是相对而言的。土地可年复一年地耕种，从这个意义上说是可更新资源；但若利用不当，表土流失殆尽时也就不可更新了。而这种不可更新又是从人类历史尺度上来看的;若按地质历史尺度来看,水土流失后的地表亦可再发生成土过程恢复表土,从这个意义上看又是可更新的。矿产资源在人类历史尺度内是不可更新的,但以地质历史作为尺度,又是可更新的。生物资源本身是可更新的,但若物种灭绝,也就谈不上可更新了。

有的学者主张用“流动性”或“收入性”来代替“可更新性”,用“储存性”或“资本性”来代替“不可更新性”。在“流动性”资源中,有些是取之不尽、用之不竭的,称为“恒定性资源”(按人类的时间尺度来看是无穷无尽的,也不会因人类利用而耗竭的资源),包括太阳能、风能、潮汐能、原子能、气候资源和水资源。地壳中有固定储量的可得资源,称之为储存性资源。比如矿产资源,由于它们不能在人类历史尺度上由自然过程再生(如铜),或由于它们再生的速度远远慢于被开采的速度(如石油和煤),它们是可能耗竭的。另一些则介于“恒定性资源”和“储存性资源”之间,称为“临界性资源”。在正常情况下可通过自然过程再生的资源,如果此类资源被利用的速度超过再生速率,它们也可能耗竭,包括土地资源和生物资源。

二、自然资源的性质

1. 稀缺性

任何“资源”都是相对“需要”而言的。一般说来,人类的需要实质上是无限的,而自然资源却是有限的。这就产生了“稀缺”这个自然资源的固定特性,即自然资源相对于人类的需要在数量上的不足。这是人类社会与自然资源关系的核心问题。

2. 整体性

从利用的角度看,人们通常是针对某种单项资源,甚至单项资源的某一部分。但实际上各种自然资源相互联系、相互制约,构成一个整体系统。人类不可能在改变一种自然资源或生态系统中某种成分的同时,又使其周围的环境保持不变。

3. 地域性

自然资源的形成服从一定的地域分异规律,因此其空间分布是不均衡的。自然资源总是相对集中于某些区域之中。在这些区域里,自然资源的密度大、数量多、质量好,易于开发利用。相反,必然有某些区域自然资源分布的密度小、数量少、质量差。同时自然资源开发利用的社会经济条件和技术工艺条件也具有地域差异,自然资源的地域性就是所有这些条件综合作用的结果。

4. 多用性

大部分自然资源都具有多种功能和用途。例如,一条河流,对能源部门来说可用作水力发电,对农业部门来说可作为灌溉系统的主要部分,对交通部门而言则是航运线,而旅游部门又把它当作风景资源。森林资源的多用性表现就更加丰富,它既可提供原料(木材),又可提供燃料(薪柴);既可创造经济收入,更有保护、调节生态环境的功能;既可提供森林副产品,又是人们休息、娱乐的好去处。自然资源的这种多用性在经济学看来就是互补性和替代性。

5. 变动性

自然资源加上人类社会构成“人类-资源生态系统”,它处于不断的运动和变化之中。这种变动可表现为正负两个方面,正的方面如资源的改良增值,人与资源关系的良性循环;负的方面如资源退化耗竭。而有些变动是一时难以判断正负的,可能近期带来效益,远期却造成灾难。人类应当努力了解各种资源生态系统的变动性和抵抗外界干扰的能力，预测人类-资源生态系统的变化，使之向有利于人类的方向发展。

6. 社会性

由于自然资源中所附加的人类劳动而表现出来的社会性，当代地球上的自然资源或多或少都有人类劳动的印记。今天，在一块土地上耕耘或建筑，已很难区分土地中哪些特征是史前遗留下来的，哪些是人类附加劳动的产物。但有一点是可以肯定的，史前的土地绝不是现在这个样子。深埋在地下的矿物资源，边远地区的原始森林，表面上似乎没有人类的附加劳动。然而人类为了发现这些矿藏，为了保护这些森林，也付出大量的劳动。自然资源上附加的人类劳动是人类世世代代利用自然、改造自然的结晶，是自然资源中的社会因素。

三、自然资源的价值

1. 自然资源的天然价值

天然价值是自然资源本身所具有，未经人类劳动参与的价值。之所以有这种价值，是因为自然资源具有使用价值，而且稀缺。不具有使用价值的东西没有价值，自然资源作为生产基本要素，其使用价值是不言而喻的。因此，未经人类勘测、开发、改造、利用、整治、保护过的自然资源，或已经人类勘测、开发、改造、利用、整治、保护过的自然资源中的原始部分，虽然未凝结人类劳动或物化劳动，也是具有价值的。进一步探究，可以看出自然资源的天然价值主要取决于以下三个要素：

(1)自然资源的丰饶度和质量。自然资源丰饶度是其自然属性的总和，不是它的个别自然属性。例如，一处矿藏资源的自然丰饶度应该包括下列方面：储量、品位、有益伴生矿、有害伴生矿；可选程度、埋藏深度、矿层厚度与倾斜度、矿床周围岩体性质与水文地质情况等。又如，森林资源的丰饶度包括木材蓄积量、木材质量、木材生长速度等因素。每一个因素对于丰饶度的影响有大有小，然而，在评价它的丰饶度时，都不可忽略。自然资源的丰饶度是天然客观属性，纯粹属于自然的属性。例如，油田的油气蕴藏量、金属矿的品位、温泉与地热资源的蕴藏量等反映自然资源的某些丰饶度。这些都是大自然赋予人类的礼物，是人类的主观努力难以改变的。自然资源的自然丰饶度与它的使用价值成正比例。自然资源的自然丰饶度越高，它的使用价值越高，对经济活动的影响越大。

(2)自然资源的自然地理位置。自然资源的位置包含着自然的客观方面的因素，也包括社会的主观方面的因素，前者称自然地理位置，后者称经济地理位置，是人类活动的产物。自然资源与山脉、河川、海岸线等自然要素的相对位置关系是自然地理位置，它是相对稳定的，是位置的客观方面，是位置的自然基础。对于大多数自然资源来说，位置的作用是不可忽视的。有时，位置的作用甚至比自然资源的丰饶度更重要些。

(3)自然资源的生态服务价值。自然资源除具有上述可在市场上实现的价值外，还有生态服务价值，这部分价值目前还难以在市场上实现，但它是客观存在的。例如，日本科学家在20世纪70年代对日本全国树木的生态价值进行了综合调查和计算，得出了惊人的数据：在一年内，全国树木可贮存水量2 300×10^8t，防止水土流失570×$10^8$$m^3$，栖息鸟类8 100×$10^4$只，供给氧气5 200×$10^4$t。将这几项按规定价格换算成金额，其总的生态价值达120.8万日元，相当于日本1972年全国的经济预算。又如，印度加尔各答农业大学一位教授对一棵正常生长50年的树的作用进行折算，总的生态价值高达20万美元。其中包括生产氧气3.1万美元，净

化空气、防止空气污染6.2万美元，防止土壤侵蚀、增加肥力3.1万美元，涵养水源、促进水分循环3.37万美元，为鸟类和其他动物提供栖息环境3.1万美元，生产蛋白质2 500美元，还未包括树木果实和木材的价值。再如，我国吉林省环保所等单位1984年依照日本的方法对长白山森林的生态价值进行了初步估算，他们把长白山森林的效益分成涵养水源、保持水土、提供氧气、保护野生动物、调节气候等7项，而只对其中4项进行了计算，结果为95亿多元，是当年所产$450\times10^4 m^3$木材价值6.67亿元的13.7倍。

2. 自然资源上附加的人工价值

人类不仅改变了植物和动物的位置，而且也改变了它们所处地方的面貌、气候，甚至改变了植物和动物本身。我们今天在利用土地资源时，已很难区分哪些特征是史前时期遗留下来的，哪些是历史上人类附加劳动的产物。矿产资源和原始森林，表面上看不到人类的附加劳动，然而，人类为了发现这些矿产资源，为了保护这些原始森林，付出了大量劳动，这些都是特殊形式的附加劳动。人类对于自然资源的附加劳动已合并到土地中了，合并到自然资源中，与其浑然一体了。自然资源上附加的人类劳动是人类世世代代利用自然、改造自然的结果，绝大多数自然资源只有经过人类的附加劳动后，才具有充分利用的可能性。自然资源附加的这些人类劳动，就是自然资源的劳动价值。

在自然资源上附加的人类劳动可以分成两类：①直接附加。就是指直接作用于自然资源对象上的那一部分劳动，如土地平整、排干沼泽中的积水、生物品种改良，人工造林、梯田、灌溉系统、施肥等。这是人类在从事自然资源的勘测、调查、开发、改造、保护、更新等活动过程中，直接附加到自然资源上的活劳动与物化劳动，使对自然资源有了认识，并改变了其性状，形成了与自然资源不可分割的部分。②间接附加。就是指那些并不直接作用于自然资源上，但对于改善自然资源的使用价值有影响的劳动。例如，在离地块颇远的地方修建防洪堤坝，使地块免受洪水威胁；改革矿产资源开发的经济、社会事件等。这种间接附加人类劳动可以从以下几方面来看：第一，经济地理位置的改变。自然资源对于城市、道路、消费区的相对位置是经济地理位置，是历史性的，经常发生变化的。第二，对自然资源的管理。现在的领空、领海、领土都是有专门的机构和人员管理的(包括国土部门和环保部门等)，它们都付出了大量的劳动。第三，开发条件的改善。例如，道路、供水、电力、通讯等基础设施的建立和改善，使开发自然资源的条件更好、成本更低，从而提高了该资源的价值。

3. 自然资源的稀缺价值

物以稀为贵，越是稀缺的资源，其价值越高。正是自然资源的稀缺性，构成了与自然资源的天然价值和劳动价值相联系但相对独立的另一类价值。

四、自然资源的稀缺性

1. 全球性资源稀缺

就全球范围来看，流动性资源的极限不是目前最严重的问题。无论是马尔萨斯的世界末日，还是罗马俱乐部的悲观预言，都没有被历史所证实。世界人口近一二百年来快速增长，现在已经是马尔萨斯时代的5倍多，至少至今并没有受到土地或其他资源的限制。

但是，全球生态圈正受到严重威胁。人类不可能不断地将环境当作废物堆，而不损害生命自身赖以存在的生物-地球化学循环。众所周知，化石燃料的燃烧不断增加大气中的二氧化碳,改变了碳的循环,而由于吸收二氧化碳的森林广泛消失,更加剧了这一过程。这种额外的二氧化碳在大气中积聚到多严重的程度?它是否会引起严重不利的气候变化?这对生态系统的长期影响将如何?在了解人类是否正在毁灭自身的生命支持系统以前,很难要求对这些至关重要的问题给出答案。如果说这种对人类生存的担忧是过分夸张了,那么任由不利的变化过程继续下去的心不在焉的态度就更值得怀疑。

传统的经济发展模式单纯追求数量上的增长,认为消费有利于生产,这使人们以追求物质上的享受为重,人类的消费也达到空前的水平。但是这种高消费的追求是以资源的过度消耗为代价的,其结果是与之有关联的经济增长不能持续。这迫使人们重新思索目前的经济增长模式、消费水平和资源利用方式。对此,发展中国家需要避免工业化国家以资源、环境为代价的增长模式,提倡适度消费,建立资源节约型的国民经济体系,扭转"超前消费"、"攀比消费"以及高消耗的粗放型经济发展模式,以利于国民经济持续健康稳定地增长。而欧、美、日等所谓的"后工业化"国家,出现了从更多的物质享受转向更多的服务和精神享受的趋势,后者需要较少的物质性资源投入,有利于整个社会的持续发展。

2.地区性资源稀缺

在国家和区域尺度上,资源稀缺、贫困和饥饿却广泛存在,这些问题并非是因为全球自然资源达到了极限,而是在很大程度上归咎于全球自然资源分布的不均衡、国际经济秩序的不合理、内部经济(社会体制不适应、经济发展水平差异、分配不公)以及其他的政治、军事、文化等原因。特别是像中国这样一个人口众多、人均自然资源处于世界后列,经济上又正处于一个高速增长阶段的国家,自然资源稀缺的问题更显得突出,且在相当长的一段时间内都不会有根本的改善。

资源利用是不平等的。首先,资源的地理分布是不平衡的,一些国家可能拥有丰富的矿藏和森林,而另一些国家则拥有迷人的沙滩和休闲胜地。其次,资源开发的历史是不同的,发达国家由于长期的资源开发,已经耗尽了他们自己的优质低价资源,他们利用其先进的技术,雄厚的经济实力和强权政治以及武力,剥削、掠夺其他地区的资源。第三,经济发展水平和人口分布差异,造成人均资源消耗不一样,例如,一个美国人每年消耗的能源是一个印度人的35倍,消耗的水量是一个加纳人的70倍。总的看来,发达国家的人口占世界总人口的1/6,但消耗了世界资源的2/3。这种资源分布、消费和生产在空间上的不一致,就会引起区域性资源稀缺,无论是富国还有穷国都有一定的资源稀缺问题。

(1)地缘政治造成的资源稀缺。20世纪70年代石油输出国组织的联合行动,造成全球石油危机,对发达国家的冲击尤其剧烈。50～80年代社会主义与资本主义两大阵营的对垒,更是出于地缘政治的考虑,对一些重要的战略资源实行封锁和禁运。目前,国际社会中存在一些局部(如对伊朗、古巴等)的封锁和禁运,从某种意义来说,也属于地缘政治的原因。遭受封锁和禁运的国家或多或少都面临着资源稀缺问题,有的还相当严重,连人民维持生存所必需的物质资源都感到匮乏。但是,世界经济正在走向一体化,各国、各地区的联系越来越密切,相互之间的依赖程度越来越大,地缘政治的作用只会越来越小。

(2)人口压力造成的资源稀缺。迄至2010年,世界人口已超过了70亿人,我国人口也超过13亿人。我国虽然地大物博,但由于人口太多,资源显得非常稀缺,各类资源人均占有量都低于世界平均水平。我国人均值与世界平均水平的比值,矿产是1/2,土地面积为1/3,森林资源是1/6,草地资源是1/3。尤其是耕地和水资源,前者我国人均1 000m^2,是世界平均水平

3 000m^2的1/3;后者我国人均2 600m^3,不及世界平均水平11 000m^3的1/4。水土资源是难以增加也无法从国外进口的,它们已成为我国的稀缺资源。我国主要自然资源的人均占有水平低,并将继续降低,这一难以改变的事实表明,我国人口对资源的压力过大。

我国在相当长时期内都将处于人口负荷过重的临界状态,并有可能超过资源承载极限。据一些学者研究,我国目前土地资源生产力的合理承载量为9.5亿人、超载人口约2.5亿人,21世纪初叶土地资源生产的合理承载量为11.5亿人,仍将超载约1.5亿人。面对着人口的膨胀与经济高速增长对资源的需求日益增加的压力,中国正处于历史上极其严峻的资源危急时刻。

(3)欠发达造成的资源稀缺。在理想的市场经济体制下,资源稀缺问题是通过涨价来平抑需求、刺激新的供应来克服的。但是,这个过程取决于人们是否能够承担价格波动所产生的冲击。相对而言,大多数发达国家的经济系统更接近这类理想的市场经济体制,因而有能力做出适当的调整,以克服一些特殊资源的稀缺。但是,在贫困地区和国家,人民生活水平很低,价格上升往往使人们购买力下降,甚至影响基本生活的维持。因此,涨价不仅克服不了稀缺,反而加重了稀缺。不过这种稀缺并不意味着自然的限制,而是由于经济原因即消费者缺乏有效的需求以调整各种投资去克服稀缺。

(4)环境退化造成的资源稀缺。环境问题中一是自然因素为主引起的:自然环境中的某些要素发生了不利于人类的变比,从而使人与环境的平衡受到威胁甚至破坏。比如,我国北方农牧交错带自中更新世以来干旱化趋势就很明显,环境演化过程中的波动性加大,水热组合关系发生巨大改变,造成水、土、热资源的稳定性减弱,其利用的持续性(保证程度)降低。另一种环境问题是人类不合理地利用和管理自然资源造成的。特别是对那些功能性的资源(包括部分物质性资源),传统上常认为是丰富的、免费的、可更新的自然要素,在利用上就不加节制,超过了这类资源在容量和数量上的限制,从而造成资源基础(生态系统功能上)的整体退化;反过来,又削弱了自然资源的更新能力,使其不能持续地被人类利用。这类资源包括森林、鱼类、生物种和环境承载力等。这类资源的更新并非是纯自然的过程,人类既能将利用率保持在自然更新的能力之下,又可将这种能力人为地提高到一定的水平。如果两者之间没有达到平衡,则"可更新资源"(包括环境承载力)的利用与"不可更新资源"的利用就没有什么区别,"稀缺"终将来临。

第二节　可更新资源的开发利用

可更新资源的开发利用过程表现为某一产业的经济再生产和自然再生产的双重过程。合理开发利用可更新资源就是要发挥资源优势,建立一个合理的、高效的、可调控的和永续利用的生态经济系统,其特征是"生态-经济-社会"三大效益的高度协调统一。

一、可更新资源的作用与特征

1. 可更新资源的作用

作为自然资源的重要组成部分,可更新资源是指在一定的社会、经济、技术条件下,能产生经济价值、提高人类福利,其自身数量、质量和规模能够恢复和再生的自然环境要素的总称。

可更新的自然资源在开发利用到一定程度或阈值内，其数量和质量能够更新和恢复。超过阈值，资源就可能遭到破坏乃至消耗殆尽。如果人类开发利用得当，这类资源也可用之不尽，长期为人类提供福利。这类资源包括有生命和无生命的资源。例如，生物资源和土地资源等。

可更新资源种类繁多，各种可更新资源对人类和经济发展的影响各有不同。例如，气候资源对经济发展的影响主要体现在农业生产上（气候在很大程度上决定着土壤的构成和特点，决定着区域水资源的分布状况和生物资源的数量与种类）；水是生命的摇篮，又是生活和经济活动不可缺少的重要资源；土地资源具有承载功能、滋育和供给功能；草原资源具有生产、防护、净化环境等功能，等等。

可更新资源数量多寡、质量高低、种类差异对社会经济发展具有重要影响。可更新资源直接决定和影响农副产品的供给量。在古代和经济发展初期，它对社会经济发展、文化繁荣和社会进步具有决定性的影响。例如，起源于黄河流域的中国文明、恒河流域的印度文明、尼罗河的埃及文明、底格里斯河和幼发拉底河两河流域的巴比伦文明等，这些古文明都是以农业文明为标志的，也就是说，农业经济的高度发达是其文明的基础。从当时的特定地理位置来看，他们一般都位于具有优良灌溉条件和土壤肥沃的河谷地带，可以说优越的自然条件（水、土等再生资源）为种植业的发展提供了可能，从而为人口增长、社会文明的发展提供了可靠的保障。

可更新资源，在某种程度上影响着地区产业类型，导致了区域社会文化的差异。可更新资源主要包括土地、森林、草原、海洋等类型。每一种形式的资源都是一个庞大而复杂的生态系统。不同的生物种类为人类提供着不同的经济产品。人类利用资源方式的差异建立起不同类型的经济系统和产业部门，如种植业、养殖业、工业等。在生态经济系统的基础上，发育或形成了各具特色的社会、文化景观，创造出多种类型的文化（语言、文字、科技等）和社会文明。

2.可更新资源的特征

可更新资源存在的系统性。随着生态理论的发展和生态环境问题的日趋严重，人类对可更新资源的认识、研究方法也发生了极大变化，即上升到系统高度，认为可更新资源具有系统性。生态系统中各因子（生物因子、非生物因子）间是密切相关、相互制约和相互依存的，从而构成一个完整的统一体。系统中各因子的生存和发展都依赖于整体系统的正常运行。某一因子的变动都可能导致整体系统结构的变化和振荡。

在现实世界中，人类的某项经济活动需要开发利用和投入若干种自然资源。各种自然资源都有特定形态和特定的存在方式。从表面看，彼此间似乎没有任何联系，其实不然，可更新资源中的生物和非生物资源是在特定的时空范围内进行不同的组合，从而以不同类型的生态系统方式存在。也就是说，每种资源都是某一特定生态系统中的一个组成因子，与其他因子是一种相辅相成、互相制约的关系，各因子具有系统性特征。因此，在开发利用中应遵循系统整体性原则。

可更新资源功能的多样性和利用上的单一性特征。某一种可更新资源，在不同的社会、经济、技术条件下往往有多种不同的用途和使用价值。这些功能和用途随社会发展和科技进步而不断变化，如森林资源的利用经过薪材-木材-综合利用等过程。某一资源在某一特定的时空范围内能满足多种功能和用途，如发达国家的森林资源同时可提供户外游乐、放牧、木材生产、狩猎、林间套种、涵养水源及其他林副产品的多边利用方式。

可更新资源具有的多种类型，主要是受地质、地形、气候及人类干预等多种因素长期作用的结果，上述因子的不同组合使资源分布呈现出区域性特征。由于人们往往利用不同的资源生产同一类产品或从事相似的经济活动，结果使可更新资源枯竭。这就要求我们在开发资源中遵循因地制宜原则，充分发挥地区资源优势，建立合理的生态系统与生产布局。

可更新资源供给有自然供给和经济供给之分。自然供给指在自然条件下的供给数量。这种自然供给不受社会经济技术等因素的制约。一个国家、地区或世界，资源自然供给的数量是固定不变的，它是一种无弹性的供给。只有在某种特定的自然条件下才可能被人们利用。经济供给是指在一定时期内，资源供给随用途变化而变化，有多种用途，诸用途间可以互相竞争和替代。资源经济供给量是随着人类需求增加和经济效益提高而变化，因此，资源经济供给是有弹性的。资源经济供给和自然供给既有区别又有联系，首先，自然供给是经济供给的基础，经济供给量是在自然供给量的范围内变动；其次，自然供给是静态的、无弹性的供给，经济供给则是动态的、有弹性的供给。

无论自然供给，还是经济供给，其数量都有一定限度，而资源消耗者——人类，却是世世代代繁衍不息，人口数量与日俱增，同时随着经济发展、社会进步和人类物质、精神需求的日益增长，有限的资源与人类需求之间的矛盾将愈来愈突出。这种经济供给上的持续性和可更新资源的短缺性，需要人们引入市场机制，实行资源有偿使用和经济利用，用价值规律来调控资源的配置，消除片面追求利用再生资源数量和规模，而不注意其社会、生态、经济效益的行为，以节约使用这些属于全人类的共同财富。

二、可更新资源的开发利用

1. 水资源的开发利用

水资源通常是指逐年可以得到恢复补给的淡水量，是大气降雨循环再生的动态资源，一般采用径流量来表示。径流是指陆地接受降水后，从地表或地下排泄的水流。地表水和地下水是它存在的形式。

从用途来分类，水资源可分为：城乡生活用水资源、灌溉用水资源、水能（水力）资源、水运资源等。

数量有限是所有经济资源共同的特性。除此之外，水资源还具有以下特点：

(1)可更新性。存在于河川湖泊中的水，通过蒸发、蒸腾回归大气，又以降雨、降雪等形式再注入河川湖泊，渗入地下含水岩层。水体在天上、地表、地下以气体、液体和固体的形态互相转化，循环往复，不断更新，供人类永续利用。

(2)不可替代性。水是生命的源泉，是生态环境系统中最活跃、影响最广泛的因素。水具有许多自然特性和独特的功能，它是植物光合作用的要素，具有溶解多种物质的性能，并能把溶解在土壤中的各种植物营养、盐类通过毛细管作用输送到植物的上部。作为生态系统的重要组成部分和构成环境的基本要素，水是不可替代的重要资源。水亦是人类生命的重要保证，水是“生命之水”，是不可替代也无法替代的。

(3)水既是生活资料又是生产资料，有多种功能和广泛用途，具有“利、害”两重性。人类生活和工农业生产离不开水，地球上生物繁衍生息也离不开水，水既是生活资料又是生产资料。水具有多种功能和用途，可以用来灌溉、发电、航运、水产养殖、旅游、调节气候、美化环境和饮用。水的上述用途是对人类有利的一面；但若对水利用不当或降水过多过少，则会造成洪涝或干旱，这是其有害的一面。

(4)供给和需求呈负相关。这种关系表现为越是需水量大时，供给反而不足，而需水量少时，正是供给量充足之时。例如，干旱地区需水量大，但水资源缺乏；干旱季节需水量大，而降水量反而少。水网地带或降雨季节却是水量充沛。

(5)水资源各种用途之间和各用户之间，存在着直接的物质利益联系，可能产生积极或消极的影响。水资源的某种用途，必然会在水量、水质和功能等方面影响其他的用途。例如，修筑水坝蓄水发电，可能造成船舶断航或增加运输成本，也可能会阻断鱼类洄游路线；工业用水及排放，势必降低水的质量，从而影响人类饮水的质量；上游地区灌溉用水增加，必然减少下游地区的供水量；某个用户率先抽用地下水，必然使相邻的地下水用户因地下水位降低而增加用水成本，等等。

因此，水资源的开发利用应遵循以下原则：

(1)综合勘测、规划、开发利用原则。水资源既存储于江河湖泊之中，也埋藏于地表深处，受各种因素的综合影响，分布很不均匀，变化莫测。不清楚其数量、质量、时空分布规律就无法正确地规划、经济合理地开发利用，因此，必须进行综合勘测、分析、规划。综合规划是根据考察结果和国民经济各部门、各地区、各企业、事业单位对水的需求情况，进行科学的再分配，关键在于处理好各用水单位的供求关系，确保重点。

(2)生物、工程措施一体化开发原则。在修建水库或其他工程设施的同时，要在库区周围及上游地区植树造林，充分发挥森林植被涵养水源、保持水土、调节地表径流等方面的特有功能与作用，并能延长工程设施的使用寿命，扩大工程设施对洪涝、干旱的抗灾能力和调节功能。

(3)开源节流和科学用水原则。水资源短缺已成为世界各国的普遍现象。据统计，世界有60%的地区供水不足，有40多个国家发生"水荒"。"淡水贵如油"的现象已从中东沙漠和干旱的非洲大陆扩展到欧洲、拉丁美洲。近年来，印度、巴基斯坦、巴西、澳大利亚、墨西哥缺水日趋严重，美国、日本、德国等发达国家也面临水资源短缺。我国已有233个城市缺水，其中北京、天津等22个城市严重缺水，并在京津唐周围形成了大面积漏斗和地面下沉。据联合国环境规划署统计，全世界水的利用大体可划分为三大类：农业灌溉占73%，工业占21%，公共给水占6%。在发达国家工业用水量达40%以上(东欧为80%以上)，第三世界主要以农业灌水为主。现在全世界用水量年递增5%。

面临日趋严重的水资源短缺和危机，我们应在积极开发新水源的同时节约用水，大力开展节水运动。例如，①农业节水。农业节水的主要方法是合理耕作和种植，增加防治措施，采用先进的灌溉技术。喷灌一般比漫灌或沟灌节水50%左右，滴灌又比喷灌节水50%左右。在我国农业灌溉技术落后，工程不配套，管理不健全，水资源浪费惊人。采用科学的灌溉技术不仅可以节水，而且还可以保护耕地的生产力。②工业节水。在工业方面，水主要用于冷却、锅炉、运输、空调、洗涤、发电等。不同类型的工业所需水量相差很大，其中，需水量大的主要有初级金属、化工产品、石油精炼、纸浆、造纸、食品加工等，其用水量合计约占整个工业用水的2/3左右。工业节水的主要措施是提高水的循环利用率和重复利用率。世界主要工业国家的重复利用率都在60%以上，我国北方缺水区为20%～30%，南方则基本不搞循环利用。据不完全统计，全国日排污水量高达2 758×10^4t，98%未经处理，其中工业污水占81%，生活污水占19%。因此，主要应抓工业的技术改造、工艺改革和设备更新。这是提高水资源利用率，防治水污染的根本措施。在技术改造中，通过制订合理的原料消耗定额，以无毒、低毒的原材料代替有毒的原材料，采用无污染或少污染的生产工艺，更新污染重的老设备，鼓励企业开展综合利用，大力回收、加工利用三废资源，因地制宜地兴建生物或工程污水处理场以净化水资源。

(4)流域开发的整体性原则。水既是一种多用性资源,又是一种共享性资源,同一流域各用户之间存在直接的利害关系。流域的水质和水植,对整个流域的开发利用形成了总的约束和限制。因此,在其上、中、下游各不同地段间或同一地段内不同用户间都存在着相互影响、相互制约的利害关系。这主要反映在用水量、水质、用水时间、防洪、排涝、开发建设上的竞争或互济:①上下游同时发展高耗水企业,或筑坝库储水就构成竞争关系,若发展调节水量的项目对上下游都有利,则属共惠关系;②当上游库坝不能抗御洪水时,抗洪需要将与灌溉用水或城市生活、工业用水相竞争:③充分利用地下水时,可能引起地下水位下降,从而直接影响到用水户用水,形成竞争关系。这就要求我们统一规划,合理分配其用水量,合理布局生产力。

(5)遵循生态平衡原则。水资源中蕴藏着巨大的能量,开发利用水资源,修建水电站是世界许多国家解决能源问题的重要途径。水电站的建设不仅能为国家提供宝贵的电力资源,带动灌溉、航运、旅游等事业的发展,而且对防洪、排涝、保障下游地区人民生命财产的安全具有重要作用。但是,水利工程的建设将改变水资源的区位分布和水量的平衡,不可避免地会对整个流域的生态环境、地质构造、生物种类产生影响。因此,在工程上马前必须进行认真研究、调查、模拟实验和严格的专家论证,力争把环境损失降低到最低限度。

2. 土地资源的开发利用

土地是地球陆地表面人类生活与生产的空间场所。它是由气候、地貌、岩石、土壤、植被和水文等构成的一个独立的自然综合体,可分为地上层、地表层和地下层。按自然状况分类,土地可分为耕地、荒地、草地、戈壁、沙漠以及内陆水面等。按经济用途分类,土地可分为工业用地、农业用地、商业用地、道路用地、住宅用地和绿化用地等。

我国土地按其用途可分为三大类:①农用地(指农、林、牧各业生产用地),主要包括耕地(指种植农作物的土地)、园地(指集中连片种植,覆盖度在 0.5 以上或每亩株数达合理株数 70%以上的多年生草本、木本作物用地,包括果园、桑园、茶园、橡胶园、热带经济作物园等)、林地(指生长乔木、灌木、竹类等主要用于林业的土地,包括用材林地、经济林地、防护林地、竹林地、薪荒林地,以及母树木、科学试验林地、国防林地等特种林地)、草地(指生长草本植物,覆盖度达 15%以上的土地,包括天然草场、改良草场和人工草地等);②建设用地,主要包括城镇建设区、农村居民点、厂矿用地(各种企业的厂房、仓库、矿石场、砖窑等占有地以及油田、盐场等用地)、交通用地(铁路、公路、农村道路与机场、港口、码头等及其附属设施用地);③未用地(指目前尚未开发利用的,仍处于原始自然状态的国土,也包括盐碱地、沼泽地、沙地等)。

作为经济资源的土地,除了具有稀缺性这一经济资源共有的特点之外,还具有以下的经济特点:

(1)区位的不可移动性。任何一块土地都有固定的地理位置,不能搬迁,无法改变。各块土地由于区位不同,以及交通运输等条件的差别,形成级差的生产力。

(2)开发利用的可选择性。土地虽不可移动,但对它的使用却是可选择的,表现在两个方面:第一,同样的用途可选择不同区位的地块;第二,同一块土地可用于多种用途的选择。

(3)既是人类的基本生产资料,又是其他经济资源的载体。土地是人类的基本生产资料,人类通过对土地的开发利用,可以生产粮食,修建房屋,修筑铁路或公路,等等。同时,土地又是经济资源的载体,生物资源、水资源和矿产资源都以土地资源为依托,人类则运用资源转化成各种具体的生产资料,以土地为对象进行多种形式的开发利用。

(4)土地的使用成本是机会成本。这是因为土地资源有多种用途,可用于农业、林业、牧业，也可用于工业或其他事业。但在一定时期，一块土地只能用于一种用途，而同一块土地若因用于一种用途而放弃另外用途，可能获得较大收益，也可能得不偿失。因此，在使用土地资源时，应综合考虑各方面的因素，进行科学决策。

(5)土地资源的使用效益是综合的经济、社会和生态效益。人类在对土地资源进行开发利用时，会受到社会和生态环境等因素的影响和制约，同时又会对社会和生态环境产生有利的或不利的影响。例如，围湖造田生产粮食，我们固然要计算粮食的收益，但也必须考虑由此带来的区域生态环境变化可能造成的种种后果。

因此，在土地资源开发之前应进行土地评价(包括土地适应性、土地生产潜力评价等)。土地评价的基本任务是按照不同土地的特性及生产的需要，评定土地对农林牧副渔生产的适宜程度和限制因素，确定土地最适宜利用的方向，为合理利用和有效地管理土地资源提供科学依据。

常用的土地评价因素和指标有：海拔高度、坡度、土层厚度、土壤质地、土壤肥力、水源保证、地下水位、气候条件、地理位置、交通条件、自然灾害等。

在土地自然因素分析的基础上，应进一步结合经济因素，从经济角度对土地质量和利用方向做出评价，这里常涉及的因素有国家计划、作物产量、交通条件、劳动力情况等。土地资源开发必须遵循以下原则：

(1)坚持合理开发利用原则。由于土地资源有较明显的地域性和生物资源对其生存环境的适应性，因此，确定土地的利用方向必须树立地域观念，根据当地客观条件和国民经济需要，科学地评价土地利用方向及生产潜力，做到扬长避短、发挥优势。合理开发利用土地资源，除了注意自然环境的适宜性外，还要考虑到社会经济的合理性和科技条件的可能性，使不同类型的生产部门进行科学合理的地域组合，真正做到“宜农则农”、“宜林则林”、“宜牧则牧”、“宜渔则渔”。土地利用在注意发挥专业化优势的同时，又要兼顾多种经营，使专业化和多样化相结合，以增强经济系统的稳定性。

(2)坚持生态、经济、社会效益相结合的原则。过去人们只注重土地资源利用的经济效益和社会效益，而忽视生态效益，因而导致了生态失调，损害了长远利益。然而，生态效益的实质是社会、经济效益的一种表现形式，它们之间存在着一种转化机能，提高生态效益就等于增加了未来的经济、社会效益，它是后者的基础和保障。所以，在维护生态效益、保持生态平衡的前提下，开发利用土地资源应作为今后的主要方向。

(3)坚持宜农地优先用于农业的原则。随着社会经济发展和人口增长，人类对土地资源的需求量越来越大，而土地的经济供给量却是有限的，因此，必须坚持节约使用土地和珍惜每寸土地。随着经济的发展，土地将不可避免地转入非农业部门使用和占有，所以保护耕地资源已成为一项十分紧迫的任务。以农地生产的农产品养活本国居民，这是土地利用的首要的、基本的任务和目标，尤其是像我国这样一个拥有13.7亿人口的发展中国家，粮食和其他农产品的基本供给只能建立在自力更生的基础上，而依靠进口是不切合实际的。因此，坚持宜农地优先用于农业的原则，把保证农用地放在一切土地利用的首位，十分珍惜、合理利用每寸土地应是我们的基本国策。

与农业争地的主要原因是城市扩大、乡村延伸，以及交通事业的发展等。其中，城市扩大是耕地减少的主要根源。1967—1977年美国每年有100万英亩耕地转为非农用地，德国农用地每4年损失1%，英国、法国每5年损失1%。由于城市位于最肥沃的土地上，因此城市扩大对世界粮食生产的影响较大。据报道，全世界每年损失土地2 500×10^4 ha，这意味着损失了足以养活 8 400 万人口的粮食。

一般来说，农村土地的合理利用，必须从土地资源的类型特点出发，因地制宜安排用于农林牧副渔各业的土地。同时，还要与保护、培育、改造相结合，进行土地规划。这样才能使有限的土地资源愈用愈好，土地生产愈用愈高，做到经济效益与生态及社会效益相协调。

城市是一定区域内人口、经济、科学技术、文化教育和政治设施等聚集的中心。与农村用地相比，城市用地具有两个特点：一是城市用地的面积相对较小，而且是已开发利用的土地，供给弹性较小；二是城市用地不仅用于生产性建设，也用于包括文教、卫生、服务、行政等非生产部门。研究城市用地的经济问题，必须考虑这两个基本特点，才能做好城市的土地规划、管理和保护。

3. 森林资源的开发利用

森林是地球生物圈中最大的生物群落。联合国粮农组织对森林的定义是：凡生长着任何大小林木为主体的植物群落，不论采伐与否，但具有木材或其他林产品的生产能力，并影响气候和水文状况或能庇护家畜和野兽的土地称为森林。我们认为森林是以乔木为主体并由林下植被、动物、微生物等生物以及土壤、气候、水文等非生物共同组成的自然综合体。有关研究表明，整个陆地生态系统中生物总重量为 180×10^{10} t，其中森林生物总量达 160×10^{10} t，占陆地生物总量的 90%，大陆表面的 1/3 是被森林覆盖，每公顷生物总重量达 100～400t（干重），约为农田或草原的 20～100 倍，是地球生物圈中的最大生产者。

森林种类繁多、分布广。按植被类型可分为：热带雨林、热带稀树林、亚热带常绿阔叶林、硬叶常绿阔叶林、落叶针叶林、常绿针叶林、干旱林等。按经济用途可分为：用材林、经济林、竹林、薪炭林、防护林等。

森林资源的开发利用所形成的产业是一个知识密集型的综合产业，其中包括种植业、养殖业、森林采伐、运输、木材生产、加工、林产化学工业、野生动植物的保护等，所以，它兼有工业和农业两种特点。

森林除具有自然资源、再生资源的一般特征外，还具有以下三个特点：

(1)经营周期长。森林生长周期一般为 10～40 年，甚至更长。在集约经营条件下，人工更新杨树一般为 10～20 年，落叶松 40～50 年，红松 90～100 年，而天然更新森林则需要 100～200 年。这一特点便产生了森林经营中眼前利益和长远利益的矛盾、局部利益与全局利益的矛盾、当代人造林而后代人享有的矛盾等。因此，在现代商品经济社会中，影响到人们对经营林业、增加投入、保护生态环境的积极性。

(2)空间结构复杂。森林的分层性和空间异质性非常显著，众多的绿色植物生长在一起形成多层结构。例如，寒温带针叶林生态系统的植物地上部分至少为三层：立木层、下木层及地被物层。

(3)生态功能巨大。森林是陆地生态系统的主体，也是陆地上最庞大、最复杂、多物种、多功能与多效益的生态系统。

综合考虑森林资源的功能和特性，森林资源的合理开发利用应遵循以下原则：

(1)坚持“以林为主，多种经营”的生产方针。森林是林区的主要资源和植被，也是经过长期自然进化而形成的稳定的生态系统。森林的消失不仅影响本地的气候、降水及农业生产，而且还将造成下游河道淤积，威胁下游地区人民生命及财产的安全等。因此，广大林区坚持“以林为主，多种经营”的生产方针是尊重自然规律、尊重生态经济规律的必然选择和客观要求。

(2)遵循永续利用,采育平衡原则。森林资源永续利用原则是经营林业、合理开发利用森林的基本指导思想。做到永续利用就必须坚持植树造林、采育并举、采育平衡等多种措施相结合。

第一,坚持以营林为基础是实现永续利用的基本前提。拒绝采取竭泽而渔的发展战略,坚持林区人工更新,发展速生林和荒山秃岭的植树造林,提高森林覆盖率,是实现永续利用的基本要求。

第二,坚持采伐量不超过生长量。要做到永续利用、青山长在,必须十分重视、坚持贯彻采伐量不超过生长量这一基本原则。

第三,培育合理的林种结构。各林种要有合理比重,应根据各地的实际情况营造不同的林种。从林种结构看,20 世纪末全国用材林面积占森林总面积 73.2%、经济林占 10.2%、防护林占 9.1%。薪炭林比重过高,与充分发挥森林多功能效益的要求不相适应。在各林种中还要有合理的林龄结构,同时应注意地区间的合理布局。

(3)遵循立体经营、多边利用原则。立体经营是指充分利用其复杂的空间结构,发展和经营不同的产品生产。如在林下种植土特产品、菌类生产等。

森林的功能具有兼容特征,即可同时提供多种效益。随着经济发展,发达国家的森林经营已达到了多边利用的新阶段,都确立了从宏观角度来实现森林的全部功能和永续利用的理论。从发挥森林公益效能和发展林业生产两方面入手,一些发达国家制定了协调森林直接与间接经济利益关系的林业技术、法规、政策,使森林开发利用走上了林业生产与保护生态、提供游憩,经济效益、生态效益与社会效益三者相结合的发展道路(见表 9-1)。

(4)遵循木材的综合利用原则。提高木材利用率,稳定采伐量,解决供需矛盾是世界性趋势。木材利用率高低是衡量国家木材加工和森林利用水平的主要指标之一。20 世纪末一些北欧国家木材加工剩余物利用率高达 95%,经过多次加工、利用,木材利用价值高达 1 600 元/m^3,而我国仅 280 元/m^3 左右。木材生产过程中将产生大量剩余物。在生产原木时,大体只利用了立木体积的 40%左右,而当作"废料"遗弃在迹地上的枝丫、梢头和树皮相当于立木的 30%,原木加工中所剩余的锯屑、边料和碎料相当于原木的 25%。这些"废料"经过物理化学加工处理后,可以制造出各种人造板、松香、烤胶、芳香油、酒精、纸浆和各种日用产品等,其潜力极大。

表 9-1　一些国家各种功能森林占森林总面积比重

国　家	功　能					
	木材生产	游憩	狩猎	保护	自然保护	放牧
比利时	88	5	74		11	12
芬　兰	78	2		11	4	
法　国	47	7	77	6	1	
德　国	89	4		68	2	
瑞　典	48	20		2	1	
美　国	47	27		29	6	10

(据 1984 年联合国粮农组织第七届林业会议材料)

4. 草场资源的开发利用

草场是指陆地上具有生长饲用植物并能直接放牧和刈草的地段，包括天然草场、人工草场和半人工草场，它是发展畜牧业的基础。全球草场净初级生产力约 148.3×10^8 t(干重)，占陆地生态系统有机生产的 13.82%。据联合国粮农组织统计，1980 年全世界有草地和放牧地 31.2×10^8 ha，占世界土地面积的 23.8%，其中非洲占 25.2%、亚洲 19.4%、大洋洲 14.9%、南美 14.4%、北美和中美 11.3%、欧洲 2.9%。我国有天然草场 43 亿亩，是农田面积的 3 倍。

草场的合理开发利用应遵循以下基本原则。

(1)坚持"以牧为主，林牧结合，多种经营"的方针。地球上的草场多是生态环境比较脆弱的地区，雨量少、气温低、土质瘠薄等因素严重制约着自然生物的生产力。我们知道，气候是植物生长的基础，不同的植被对环境适应的差异很大，要求也不尽相同。粮食作物对自然环境的要求远比牧草要严格得多，苛刻得多，难以适应草原地区恶劣的环境条件，同时根系很不发达，植被覆盖度低，不能有效地固定草原土壤，巨大的风力将推动土壤的运动。毁草开荒种粮不仅粮食产量低，还能造成原有系统的破坏，使之变成不毛之地。因此，在牧区必须坚持以牧为主的生产方针，严格禁止毁草种粮，以维护草场生态的平衡。

在以牧为主的同时，还应重视林业建设和多种经营。在我国及非洲的许多牧区，由于缺乏燃料，牧民不得不大量砍伐森林和牧草。据统计，在我国牧区由于过度樵柴而形成的沙化土地占沙化面积的 32.4%。因此，大力发展薪炭林，不仅可以缓解燃料供应紧张的矛盾，还有利于维护草原生态平衡。此外，应根据当地实际情况，发展防风固沙林、经济林，利用当地资源开展多种经营，如旅游业等。

(2)坚持以草定畜、草畜平衡的原则。草畜平衡是保持草场生态系统稳定的有效措施，也是草场开发利用最基本的原则之一。草原畜牧的生产过程包括牧草生产、牲畜生产这两个自然再生产过程，牧草是第一性生产者，牲畜是第二性生产者(第一性的消费者)，牧草是牲畜赖以生存的物质基础和保障。要增加畜产品的产量就必须首先提高牧草生产的数量和质量。不顾及牧草生产的数量和再生能力而盲目发展牲畜数量，导致滥牧或过度放牧，其结果是草场退化、沙化，牲畜因饲草供给不足而大批死亡。根据生态学中"十分之一"能量定律，牧草的营养大约只有 1/10 能被牲畜转化吸收，其余 9/10 被呼吸消耗。这就是说牧草与牲畜只有保持适当比例关系才能保持生态平衡。为此，必须采取以下措施：

第一，改良与改造天然草场。1975 年全国畜牧业工作座谈会上就提出了"建立基本草场"的建议。"建立基本草场"就是将天然草场经过改良与改造转变成高产、稳产的人工、半人工草地。其核心是达到饲草的高产、稳产。我国内蒙古兴建的"草库伦"就是建立基本草场的一种方式：通过围建草库伦，提供一块块封育的地段，并进行天然草场的改良和改造。在草库伦的周围营造防护林，使之成为高产、稳产和人工调控的草场生态系统。改良措施包括改变生态条件与改变群落组成两部分，通过人为措施(开垦、种植优良牧草、集约经营管理等)建立起来的人工草地，其生产能力、牧草营养等均比天然草场高得多，达到了高产优质的目的(见表9-2)。

近年来，不少国家把发展畜牧业建立在发展人工草地(场)的基础上。人工草地建成后载畜量可提高 3～10 倍。世界各国人工草地、改良草场和围栏面积占本国草地的比重差异很大：我国仅 2%、美国 9.5%、加拿大 24%、新西兰 66%、澳大利亚 5.8%。我国人工草地的产草量仅为西欧国家的 1/2 左右。

表 9-2 人工草场、天然草场生产能力对比表

项 目	人工草场(Ⅰ)	天然草场(Ⅱ)	Ⅰ/Ⅱ
干产量(kg/亩)	660	140	4.7
草亩产粗蛋白质(kg/亩)	82.35	10.35	7.9
载奶产(亩/头)	18	50	0.36

第二,确定合理的载畜量,实行草畜平衡,计划放牧与饲养。牧场载畜量是指在一定的放牧期间,单位面积的草场上,在不影响草场生产及保证牲畜正常发育的条件下所能容纳放牧的牲畜头数。确定载畜量的实质是控制草地的利用程度,保证牧草再生产的顺利实现,做到计划放牧。合理载畜的计算公式为:

$$单位面积载畜量 = \frac{草地面积 \times 产草量 \times 可利用率}{牲畜日食量 \times 放牧天数}$$

$$可利用率 = \frac{允许牲畜采食量}{牧场总量} \times 100\%$$

第三,实行科学放牧制度。首先,划分不同季节利用的牧场。季节牧场的划分是我国天然牧场利用的特点,其优点是可以解决由于地形、气候、植被、水源等因素引起的牧草季节供应不平衡的矛盾,以充分利用不同地貌类型上的牧草。以新疆为例,北疆主要为冬场、春秋场、夏场三季轮换,南疆主要为冬春场、夏场、秋场三季轮换。其次,划区轮牧。在划分季节性牧场的基础上把每一个季节牧场再划分为若干个轮区。分区放牧可以提高单位面积草地的载畜量,防止牲畜病虫害的发生和传播,以便于计划管理。据实验,轮牧草地每公顷产草量约增加 24%;家畜的采食率由 64%增至 78%;家畜日体重增加 34%。轮牧周期的确定应考虑轮牧频率、牧草的再生强度、草地生产力和牲畜密度等因素。

第四,发展季节畜牧业,重视刈草的利用。草地的生长季节和分布不均,在很大程度上限制了畜牧业的发展。首先,应大力发展刈草地,晾制干草和制成青贮饲料,解决冬季牧草不足问题;其次,应发展季节畜牧业,选择最佳屠宰期,大力提倡当年幼畜育肥的办法,也可以当年出售到农区育肥,提高草场利用率。实验证明,同一牲畜品种,年龄越大,饲料转化率越低,6 岁羊每增加 1kg 所耗饲料为 1 岁羊的 4.5 倍、为 2 岁羊的 3.3 倍。

第五,重视科技进步,改良牲畜品种。实现品种的良种化,确定合理的种群结构(年龄结构、性别结构、品种结构等),提高草场资源的有效利用率和畜牧业生产的经济效益等,都离不开新技术和生物技术的研究、推广与应用。

三、可更新资源的保护与管理

可更新资源是全社会、全人类的共同财富,由于资源短缺,所以在利用中常因经济利益而发生冲突。浪费甚至破坏再生资源,给经济发展带来了严重影响。为了合理开发利用可更新资源,保证社会利益及各部门的正当利益不受侵害,必须加强可更新资源的保护与管理工作。可更新资源的保护与管理主要包括以下三个方面的内容。

1. 加强法制建设

国家运用法律手段对资源进行保护并促其合理开发利用,已成为世界各国普遍采用的办

法。其中心内容是建立合理、有效的可更新资源产权制度及其产权主体权能。

(1)建立有效的产权制度,明确再生资源的所有权。产权制度是一项最基本的社会经济制度,这是社会经济运行的规则,是整个社会经济活动得以有序进行的前提。产权制度包括所有权、使用权及流转制度。

(2)制定完备的法律体系并保障实施。自然资源法是国家立法机关为解决人们在自然资源的开发、利用和保护过程中所发生的生态经济问题和规定开发利用者的权利和义务而颁布的法律、法令等的总称。它是由各部门的资源法所组成,如环境法、土地法、森林法、草原法、水法、渔业法等。

2.实行合理的经济政策

在商品经济社会中,经济手段是调整资源配置、保护和管理可更新资源的有效措施。多年来我国的可更新资源一直处于无偿使用状态,其弊端甚多。许多生产单位和部门只考虑占有资源数量的多少,忽视了资源的保护、管理和利用效率,由于不尊重生态经济规律,导致了资源的浪费、滥用甚至破坏。因此,必须实行资源有偿使用制度,主要包括:①土地的有偿使用;②水资源的有偿使用;③征收排污费(税)。

3.开展国土整治工作

国土整治是国家根据社会经济发展的客观要求,全面规划、合理布局,对国土资源进行勘察、开发利用、保护和治理。它是一项内容广泛、影响深远的工作,是保护和恢复资源生产力的有效手段。当前世界各国都十分重视国土整治工作。国土整治工作有以下主要环节。

(1)建立健全国土管理机构。许多国家经验表明,国土整治工作能否顺利开展,关键在于国家是否重视和领导机构是否健全。例如,日本为了整治国土,成立了国土管理最高机构——国土厅。它的中心任务是综合推行有关全国国土的行政工作,以调节,监督与正确利用国土资源。国土厅有权责成农林、水产、建设、建商产业、运输等部门提供国土整治资料,并依据全国经济发展的需要确立整体规划。它的职权范围包括:起草和实施各种国土整治的政策和计划,制订重大法律、法规和监督落实。法国于1963年成立了“国土整治与地区开发局”。我国20世纪80年代末成立了国家土地管理局和国家发展计划委员会国土资源局,1998年组建国土资源部,但是其权威性还需加强,许多工作也刚刚起步。

(2)制定和实施国土整治规划。国土规划是国土整治工作的重点,国土规划的任务是为了有效地利用和保护国土资源,探索和确定国土整治的战略目标:选择实现规划的最佳手段,制定规划方案。国土规划内容包括:国土资源调查、分类及评价;制定国土规划;实施国土规划。这三个阶段之间存在着紧密的联系。

资源清查是为了摸清家底,便于合理规划、利用、开发,这是国土规划中最基本的一项基础工作。在清查基础上应进行资源分类和资源评价工作。既要查清资源的总量,又要考虑其地区差异。制定国土规划主要包括以下内容:①流域规划。主要是对流域内的自然条件、经济状况和水利资源进行全面的分析、评价,结合防洪、灌溉、供水、发电、航运、水产等方面做出阶段的和梯级的开发方案,以及保护环境和保护自然等问题。②土地利用规划(农业区划)。主要是对广大农用土地进行布局。③城市规划。主要是指城市的建设和发展的规划。它的基本任务是:确定城市的性质和发展方向;确定城市的规模;确定城市的空间布局和时序布局。现代城市规划要求在区域规划的原则指导下从事城市总体规划工作。它是在城市总体设计基础上为近期项目划定用地范围、规定建筑密度和高度,进行总平面布局、估算总造价等。现代城市规划，特别重视生态环境的改善和防治环境污染。④专题规划。如沙漠治理、水土保持、植树造林等。⑤环境污染控制规划。主要包括工业污染控制规划、城市污染控制规划、水污染控制规划及农业污染控制规划等，它规定了控制目标及应采取的对策。

第三节　不可更新资源的开发利用

各种矿物元素和矿物能源都属于不可更新的资源，根据环境与资源经济学的要求，对此类资源必须坚持节约利用和综合利用的原则。

一、不可更新资源的特征

1. 不可更新资源的定义

不可更新资源是相对于可更新资源而言的，二者根本区别就在于其更新能力的差别，不可更新资源基本上没有更新能力或更新率小到可以忽略的程度。我们以 R_V 表示资源更新率，R_t 表示资源存量，R_0 为初期资源量，t 为时间长度，则有：

$$R_V = \frac{R_t - R_0}{tR_0}$$

对于不可更新资源来说，就有 $R_V \leqslant 0$。当资源尚未被开发利用时，$R_V = 0$；而一旦利用后就有 $R_V < 0$。

对于不可更新资源可以分为可循环利用资源和非循环利用资源，后者又称为一次资源。如矿物利用的废渣可借助循环而被回收，各种金属矿物和原料矿物基本上属于前一类；而能源矿物则属于后一类，它的消耗是一次性的，既不能再循环，也不能被回收，但并不排除转化形态继续利用的可能，例如余热利用等。几乎所有的矿产资源都属于不可更新资源。

2. 不可更新资源的特点

(1)分布的地域性。矿产资源的地域性分布极为明显，因为不同的矿产有其特有的成矿规律，在不同的自然条件和地壳运动的作用下必然分布着不同的矿产。据有关资料介绍，波斯湾沉积盆地在不超过 $100 \times 10^4 \text{km}^2$ 的面积下，蕴藏着约世界石油总储量的58%，被称为“油极”；世界煤炭总量的87%蕴藏在美国、中国、前苏联三国；占世界已探明总量80%的稀土矿集中在我国；77%的铬，65%的铂族、钒，50%的黄金集中在南非。在我国，约64%的煤炭集中在山西、内蒙；97%的钾盐集中在青海；98%的稀土集中在内蒙；75%的钠矿集中在甘肃，65%的云母被新疆所占有。可见，不可更新资源的分布具有明显的区域性，并呈相对集中的格局特征。

(2)数量的有限性。如果说可更新资源数量的有限性是相对的话，那么可更新资源的数量确是绝对的。这不仅在于不可更新资源在特定时空条件下数量的有限和可被开发利用规模有限，更重要的还在于它的最终储量也是有限的。因为任何一种矿物的形成除了需要有特定的地质条件外，还必须经过千百万年、上亿万年的物理、化学、生物作用的地质过程才能形成，因此，矿产资源的储量是固定的，开发利用一部分，储量就会减少一部分，稀缺性就会增加一部分。

(3)使用的辅助性。这一特性主要表现于部分非金属矿物原料和全部化石燃料。非金属矿物原料大部分在生产利用中是作为辅助原料使用的，它们需要与一定的工业基地或其他生产基地相配合。能源的这一特征尤为突出，它在产品生产中只是作为改变物质形态和性能，满足生产工艺的需求所提供的条件，而并不构成产品的实体，所以仅仅是起发挥性的作用而已。除辅助性外，能源使用还具有一次性特征，燃料一旦使用，原来的实体立即消失，通常不能重复使用，这种一次性使用过程的不可逆性决定的。

(4)用途的多样性。和其他资源一样，不可更新资源也具有多种用途：①资源是由多种物质成分组成，各种成分各有其可能的用处，所以任何一种资源都有多种用途；②即使仅由一种物质成分构成的某种资源，由于处于不同的生态经济系统中，参考与不同的物质循环及能量转化过程，同样也会具有多用性；③不同物质成分组成的资源，仍可以有相似的理化特征、生物特征和经济特征，参加具有同类功能的系统运转的资源可以是不同的资源，这说明某些资源在功能上的相互替代性。正因为资源功能上的多用性和替代性，决定了不同的组合方式可以获取不同的组合效果。这在为合理利用不可更新资源提供多种选择机会的同时，也构成了资源优化组合的内容。

(5)构成的整体性。不但不可更新资源，而且所有的自然资源之间都是互相联系、互相制约的统一整体，它们在不同的时空条件下形成结构不同的各类生态系统与环境。除此之外，矿产资源往往具有共生或伴生的复合性质。作为整体性表现之一的"共生"现象普遍存在于矿产资源中，稀有、分散金属矿产尤为如此，镓、铟、镉、锗、银等金属都是从铅锌矿的综合利用与回收中取得的。比如，白云鄂博铁矿含有铁、铌、稀土等 20 多种可用矿物的综合体，金川镍铜矿是我国目前最大的镍矿、铜矿和铂族金属矿产地，并伴有金、铌、硒、铟等多种贵重稀有金属，攀枝花钒钛磁铁矿伴有钴、镓、锰等 13 种可用矿物。

二、矿产资源开发的经济可行性分析

1. 储量设计

不同生产规模的采矿企业有不同的服务年限，需要与其服务年限相适应的矿产资源储量可供开采。其基本条件是：资源储量大于采矿企业服务年限与生产规模的乘积，若生产规模每年以 g 速度递增，这样几年内矿产开采总量可以计算如下。

$$R_0 = \frac{y_0}{g}(e^{gt} - 1) \qquad (其中\ e = 2.718\,28)$$

假设 y_0 为第一年生产规模 $=200\times10^4\,t$，规模递增率 g 为 0.05，服务年限 $t=10$ 年。于是这 10 年内的资源开采总量为：$R_0=200\div0.05\times(2.718\,28^{0.05\times10}-1)=2\,595\times10^4\,t$。因此，资源储量至少不能低于 $2\,595\times10^4\,t$。

2. 投资效果分析

我们考虑投资回收期和投资报酬率来进行动态分析。在动态分析中，资金的价值是时间和利率的函数，其大小由时间长短、利率高低和计算方法所决定。现假设某拟建采矿企业历年投资、经营费用和效益值如表 9-3。

拟建企业共投资 600 万元，三年建成，第四年正常进行生产，每年收益值为 160 万元，经营费用 60 万元，净收益 100 万元。若用静态分析，其投资回收期 6 年。若根据下列动态方法分析：

$$P_0 = P_T/(1+\gamma+f)^T$$

式中：P_0 为贴现值；P_T 为 T 期现金值；γ 为利率；f 为通货膨胀率；T 为计算贴现的年限。

表 9-3　资金预算表　（单位:万元）

年　度	各年现金支出		各年现金收益值
	基本投资	经营费用	
1	300		
2	200	30	80
3	100	60	150
4		60	160
⋮		⋮	⋮
n		60	160

则投资回收期显然要比 6 年时间长。假设各年的 γ 和 f 值一定，且 $\gamma=0.1$，$f=0.05$，得

$$1/(1+0.1+0.05)^T = 1/1.15^T$$

称为现值系数，代入历年 T 值，即可得出其常数列。用上表作基数计算如表 9-4。

由此可见，该投资需近 9 年才能全部收回，因此，如果该矿产资源储量不能开采 9 年或实际利润率低于 15%，则拟建企业的投资就无利可图。

表 9-4　投资回收核算　（单位:万元）

年　度	历年现金支出			历年现金收入		
	支出合计	现值系数	折现值	收入合计	现值系数	折现值
1	300	0.869 6	260.88			
2	230	0.756 1	173.90	80	0.756 61	60.488
3	160	0.657 5	105.20	150	0.657 5	98.625
4	60	0.571 8	34.308	160	0.571 8	91.488
5	60	0.497 2	29.832	160	0.497 2	79.552
6	60	0.432 3	25.938	160	0.432 3	69.168
7	60	0.375 9	22.554	160	0.375 9	60.144
8	60	0.326 9	19.614	160	0.326 9	52.304
9	60	0.284 3	17.058	160	0.284 3	45.488
10	60	0.247 2	14.832	160	0.247 2	39.552
	1 020.0		539.98	1 350.0		596.809

三、不可更新资源利用与管理原则

1. 指导思想和开发体制

现实矿产资源的有限性或稀缺性，决定人们只能经济、合理、有效地利用。这是因为任何资源的现实供给量都是有限的。在既定条件下人口密度越大，人均资源量就越少，可开发利用的时间就越短；不合理的开发利用程度越高，破坏越严重，人均资源的供给就越不足。浪费越多，稀缺程度就越严重。要使社会经济获得稳步的发展，必须建立必要有效的贮备。因此，只有精打细算，从长计议，经济、合理、有效地开发利用资源，才能保证发展需要。任何破坏、浪费都是一种犯罪行为。

综合找矿、集合评价、综合开发、综合利用是客观规律的要求。从一般情况来说，同一矿物元素可以在不同地质条件下形成不同的矿物，而不同矿物元素也可以在相同的地质运动作用下，形成统一的或称为共生的矿物。这个成矿规律要求我们必须实行综合找矿、评价、开发、利用的体制，才能实现经济、合理、有效利用资源的目的。

我国的现行体制由于条块分割，大家各行其是，抢勘探基地，争国家投资以寻找各自需要的矿产。这不仅造成了大量重复劳动和重复投资，而且放松了地质调查和普查找矿的基础工作，造成勘探基地的供不应求的恶性循环。因此，我们应加强地质调查、普查找矿、地质科研工作，努力提高我国区域地质调查的质量和速度，同时着手开展海底矿产、深部地质与找矿的研究和开发，成立跨部门、跨地区的综合勘探公司，实行企业经营，消除重复劳动、重复投资的浪费，提高工作效率和社会经济效益。

采取综合的开发利用措施是解决矿产资源不足的有效途径，它已成为现代科学技术的重要课题。因此，实行自然资源的综合开发利用研究，建立综合性的管理体制，也是刻不容缓的。

2. 健全法制体系

为使我国矿产资源开发走上健康发展的轨道，国务院早在 1956 年公布了地质部制定的《矿产资源保护试行条例》，要求各有关部门主动配合、密切协作，正确处理好当前与长远、局部与整体、用矿与保矿之间的关系，切实贯彻执行综合勘探、综合开发和综合利用的方针，以保证社会经济长期发展的需要。

我国于 1986 年 3 月 19 日正式公布实施《中华人民共和国矿产资源法》(以下简称《矿产资源法》)，它特别强调"矿产资源属于国家所有，地表或者地下的矿产资源的国家所有权，不因其所依附的土地的所有权或者使用权的不同而改变"；"国家保障矿产资源的合理开发利用，禁止任何组织或个人用任何手段侵占或破坏矿产资源。各级人民政府必须加强矿产资源的保护工作"；"勘探矿产资源，必须依法登记，开采矿产资源，必须依法申请采矿权，国家保护合法的探矿权和采矿权不受侵犯，保障矿区和勘探作业区的生产秩序、工作秩序不受影响和破坏"；"采矿权不得买卖、出租，不得用作抵押"；"国家对矿产资源实行有偿开采"；"国家对矿产资源的勘查、开发实行统一规划、合理布局、综合勘查、合理开采和综合利用的方针"。

自《矿产资源法》颁布以来，全国各省市自治区相继制定了地区性的管理条例，为有效地保护、管理和合理开发利用矿产资源，提供了较为完善的法律依据与保障。

3. 完善管理、保护机构

建立和完善相应的管理、保护机构与建立健全法律体系具有同等重要的意义。《矿产资源法》第九条明确规定:“国务院地质矿产主管全国矿产资源勘查、开采的监督管理工作。国务院有关主管部门协助国务院地质矿产主管部门进行矿产资源勘查、开采的监督工作。”同时对省市自治区人民政府的地质矿产主管部门的关系也作了类似的规定,全国已建立了矿业监督管理网。

根据《矿产资源法》的有关规定,对矿产资源勘查项目进行登记;对已有矿山进行定点划界,采矿登记;批新建、发证与综合管理相结合;切实保护好国家特种矿产资源;加强矿产管理队伍建设,不断提高素质和执法管理科学水平。

4. 不可更新资源利用的一般原则

第一,对于具有多种用途的共生矿,必须坚持综合勘探、综合开采、综合加工、综合经营、综合研究、综合管理的原则。反对进行单一开发而把其他共生矿物元素作为“二废”排放到生态环境中去的浪费资源的利用。

第二,改进工艺流程,使各个有联系的生产环节,如矿物开采—初级产品加工—中间产品加工—最终产品加工—废料综合利用等,尽量构成有机整体,使每一环节既节约资源,又产出较多中间产品,并使“废物”尽量被利用在生产环节中。

第三,在研究各种矿物资源多用途性的基础上,努力发挥各种资源的优势功能和稀缺功能。

第四,重视资源替代特性的研究,发展用丰富矿元素代替稀缺资源的工艺技术,以节约稀缺资源使其用于更急需的生产领域。

第五,利用二次原料,促使废物资源化,从而节约资源,降低成本,防止或减轻污染。

第六,努力推广“生态工程”、“环境工程”、“无污染工艺”等新思想和新技术,使自然资源得到最有效、最充分、最洁净的合理利用。

第四节　自然资源的可持续利用

自然资源的可持续利用是伴随着可持续发展问题的出现而产生的。1987 年,联合国环境与发展基金会向联合国大会提交了《我们共同的未来》的报告,可持续发展的模式从此显露,并明确将“可持续发展”定义为:既满足当代人的需要,又不损害后代人满足需要的能力的发展。它主要包括自然资源、经济与社会、环境的可持续发展三个方面。其中,自然资源的可持续利用不但构成了自然资源和生态环境可持续发展的重要方面,并进一步影响到整体可持续发展战略目标的实现。

一、自然资源可持续利用的含义

自然资源的可持续利用是一个有多种含义的概念。持生态伦理的人把人类社会的伦理观念扩大到自然资源乃至整个自然界;环境论者认为人们必须保护自然资源和环境以备将来利用,技术工作者常常将保护等同于治理土壤侵蚀、栽植树木、驯养鹿群时所采用的技术手段;而旅游管理者则把可持续利用视为对景观、垂钓和狩猎条件等的改善;宣传可持续利用的好处的游说者们则把它比作是美好生活的象征,比作达到“使最多的人获得最大的好处,并且永远如此”的灵丹妙药。

关于自然资源可持续利用的各种观点，可归纳为以下三个层次的问题。

1. 生态伦理层次的可持续利用

生态论理学认为，自然界中没有等级差别，在人与自然的关系中，人与其他物种乃至其他自然要素是平等的；就像人有其价值和权利一样，自然资源和自然环境也有其价值和权利；人的价值和权利应该得到保护，自然资源和自然环境的价值和权利同样应该得到保护。

2. 世代公平含义的可持续利用

按照可持续发展原则，自然资源保护是要给后代留下同等的利用机会和条件，在开发利用自然资源的同时强调保护，为的是持续地实现资源利用的经济效益、生态效益和社会效益。从这个意义上讲，自然资源保护的严格定义应该是："保护地球上的资源以使潜力和效率不降低，或是保持近似于自然状态下的条件，或只容许明智地耗用资源"。

3. 经济含义层次的可持续利用

许多保护主义者强调为了未来利用而节约某些资源，然而，绝大多数人反对这种不利用的政策，虽然他们赞成自然资源保护和节约，但只限于在保护政策与目前有效利用方案不矛盾的范围内进行。因此，在讨论可持续利用时，重点多放在高效有序地利用资源，消除经济浪费和社会浪费，使社会净收益长期最大化等必要性方面。

从经济和社会角度来看，"可持续"可以定义为资源的长期明智利用。可持续利用确实是针对社会和私人有关资源在目前和未来之间分配的决策而言的，是针对提高某种资源未来可用量而采用的政策和行动而言的。资源利用怎样才是长期明智的呢？对这个问题的回答因资源类型而异。储存性资源的可持续利用，要求将相对固定的供给量分散在较长时间内使用。此时，资源的长期明智利用是指"降低资源耗损或消费的速度，增加期末未利用的剩余资源量"。恒定性资源的可持续利用要求消除由于资源闲置而造成的经济损失和社会浪费现象，要求在现有条件下最经济有效地利用这些资源。临界性资源的明智利用，是指在每个经营计划期都能带来尽可能最大的净收益，而同时又维持或者尽可能地提高资源未来生产力的资源利用。

由此，我们可将"自然资源的可持续利用"定义为：在人类现有认识水平可预知的时期内，在保证经济发展对自然资源需求的满足的基础上，能够保持或延长自然资源生产使用性和自然资源基础完整性的利用方式。

根据上述对"自然资源的可持续利用"所下的定义来考虑，自然资源可持续利用的基本内涵，从深层次来讲主要包括以下几个方面：

第一，自然资源的可持续利用必须以满足经济发展对自然资源的需求为前提。人类只有通过自然资源利用方式的变革，实现自然资源的可持续利用，来协调经济发展与自然资源、环境保护两者之间的矛盾，从而保证经济发展对自然资源的需求。

第二，自然资源可持续利用的"利用"是指自然资源的开发、利用、保护、治理全过程，而不单是只指自然资源的利用。合理的开发、使用就是寻求和选择最佳的利用目标和途径，以发挥自然资源的优势和最大结构功能；而所谓"治理"是要采取综合性措施，以改造那些不利的自然资源条件，使之由不利条件变为有利条件；所谓"保护"是要保护自然资源及其环境中原先有利于生产和生活的状态。

第三，自然资源生态质量的保持和提高，是自然资源可持续利用的重要体现。自然资源的可持续利用意味着维护、合理提高自然资源基础，意味着在自然资源开发利用计划和政策中加入对生态和环境质量的关注和考虑。

第四，在一定的社会、经济、技术条件下，自然资源的可持续利用意味着对一定自然资源数量的要求。自然资源的可持续利用必须在可预期的经济、社会和技术水平上保证一定自然资源数量以满足后代人生产和生活的需要。

第五，自然资源的可持续利用是一个综合的和动态的概念。为了实现自然资源的可持续利用，必须对经济、社会、文化、技术等诸因素综合分析评价，保持其中有利于自然资源可持续利用的部分，对不利的部分则通过变革来使其有利于自然资源的可持续利用。

二、自然资源可持续利用的对策

实现自然资源可持续利用的有效途径在于建立和健全一个高效率的自然资源综合管理体系。应在树立自然资源整体化概念的基础上，按市场经济运行的规则，综合采用经济、行政和法律的手段，实现对自然资源可持续利用的综合管理。随着市场经济的发展而带来的对自然环境、自然资源的压力也相应增加，若实现资源的可持续利用须采取如下基本对策。

1. 建立资源节约型的国民经济体系

以往的经济发展一直是以粗放的外延发展为特征，是通过高投入、高消耗、高污染实现经济高增长的。经济增长过分依赖于资源的投入。这种发展模式既破坏了自然环境，又严重浪费了资源。建立低度消耗资源的国民经济体系，以降低资源的消耗，提高资源利用率，实现资源的可持续利用。

2. 建立保障自然资源可持续利用的信息系统

自然资源信息是指反映自然资源利用过程中自然资源的数量、质量、分布、权属、利用程度、形式及其发展变化的消息、情报、资料等的统称。自然资源信息在实现自然资源可持续利用中占有重要的地位，起着重要的作用。主要表现在自然资源信息是自然资源可持续利用综合管理的重要依据，要使所做出的资源利用方面的决策能够比较正确和切合实际，就必须有大量的可靠的自然资源信息。应充分利用国家、地方、部门各自建立的信息中心作为建立自然资源动态监测体系的基础，使它们互相连接、协调运行，逐步形成一个全国统一的高效率的自然资源监测系统。这是科学地进行自然资源综合管理的前提，也是提高自然资源可持续利用管理效率和管理水平的一个重要方面。

3. 建立自然资源可持续利用的政策体系和法律体系

为了保证自然资源的可持续利用，必须建立促进自然资源可持续利用的政策体系。充分利用经济手段和市场机制来促进自然资源的可持续利用。自然资源可持续利用的政策体系的主要作用应该是鼓励采取保证自然资源可持续利用的经济行为和发展方式。

自然资源可持续利用的政策体系包括：①自然资源可持续利用的产业政策；②自然资源可持续利用的投资政策；③自然资源可持续利用的技术开发政策；④自然资源可持续利用的财政税收政策；⑤自然资源可持续利用的资金信贷政策；⑥自然资源可持续利用的价格政策。

建立自然资源可持续利用法规体系应加强以下两个方面的建设。其一，完善环境和自然资源可持续利用方面法律体系的建设；其二，建立健全自然资源可持续利用法规的实施体系和支持保障机制，保证法律法规的贯彻。

4. 充分运用经济手段，保护自然资源和环境，实现自然资源的可持续利用

充分认识到自然资源是有限的，目前我国自然资源开发利用率都很低。因此，再制定资源政策时，一定要把合理利用和节约资源作为首要目标，运用必要的经济手段，实现资源可持续利用。为此，首先要改革现行的自然资源价格体系，明确规定自然资源的资产属性，建立资源有偿使用制度，制定资源开发利用补偿收费政策和环境税收政策，制定合理的资源价格，改变原材料价格偏低的状况，运用价格杠杆抑制资源的过度消耗、浪费和环境破坏。其次，要实行自然资源核算，并纳入国民经济核算体系，逐步建立完整的国家资源核算体系。再次，鼓励自然资源的再生产，推进二次资源的开发利用，逐步建立正常的资源更新的经济补偿机制；对环保工程和生态恢复工程给予税收优惠，取消或减少不利于可持续发展的财政补贴。

5. 调整产业结构，发展资源、环保产业，推行清洁生产

在产业结构调整中，严格限制和禁止能源消耗高、资源浪费大、污染严重的产业发展，大力发展技术先进、高效低能、污染轻的产业；实行优惠政策扶持资源、环保产业发展，增加对资源、环保产业的资金投入，强化资源、环保产业自我发展机制，加强资源、环保产业领域内的国际合作，以促进其持续发展。而清洁生产是促进环境与经济协调发展，走持续发展道路的重要措施，也是从生产和消费的全过程考虑的，这种生产要求选择清洁的能源和原材料，采取物料和能源消耗少、产品转化率高的工艺、生产技术和设备；清洁的生产过程，对生产过程中产生的废物要实行减量、循环、综合利用和无害化处理；清洁的产品，要求其在使用中和使用后不危害人体健康和环境，即生产"绿色"产品。可见通过推行清洁生产，既可减少污染，又可减缓资源消耗，通过资源综合利用，提高资源利用效率，减轻对自然资源和生态系统的开发压力。

关键点

1. 自然资源是人类需要和能力的体现，而不仅仅是自然界的存在，所以对自然资源的看法随着知识的增加、技术的改善、人类需求的变化和文化的发展而随时变动。

2. 可更新资源的开发利用过程表现为某一产业的经济再生产和自然再生产的双重过程。不可更新资源的开发，必须坚持节约利用和综合利用的原则。

参考文献

克鲁蒂拉，等. 自然环境经济学[M]. 北京：中国展望出版社，1989

历伟. 试论自然资源的可持续利用[J]. 国土经济，2000，(5)：21－23

马传栋. 资源生态经济学[M]. 济南：山东人民出版社，1995

马中. 环境与资源经济学概论[M]. 北京：高等教育出版社，1999

王松霈. 自然资源利用与生态经济系统[M]. 北京：环境出版社，1992

尹秀英. 初论我国自然资源可持续利用对策[J]. 世界地质，1995，14(4)：99－101

张薰华，等. 土地经济学[M]. 上海：上海人民出版社，1987

思考题

1. 名词解释：自然资源，恒定性资源，储存性资源，临界性资源，可更新资源，不可更新资源。
2. 简述自然资源的特征。
3. 自然资源的价值包括哪几个方面？
4. 环境退化为何会造成资源稀缺？
5. 水资源开发利用应遵循哪些原则？
6. 不可更新资源开发利用应遵循哪些原则？
7. 简述自然资源可持续利用的含义。
8. 如何实现自然资源的可持续利用？

第十章　社会资源的开发利用

导　读

社会资源是经济资源的重要组成部分，主要包括人力资源、资本资源和信息资源。社会资源也是市场经济过程中最为活跃的生产要素，合理配置、开发利用各种社会资源对于促进国民经济的持续、快速、健康发展具有重要意义。那么，如何才算科学合理地开发利用呢？针对不同的社会资源，会不会有不同的开发原则和方式呢？

关键问题

1.人力资源有何特点，如何评价人力资源的优劣，如何提高人力资源的利用效率？

2.社会资源开发利用的过程与自然资源有何不同？

第一节　人力资源的开发利用

人力资源是国家的第一资源。人力资源通常是指一定范围内人口总体中所蕴含的劳动能力的总和。涉及到人，就会有数量与素质问题。量与质，也是人力资源评价的重要指标。具备劳动能力的劳动者的数目，是人力资源量的表现。体现劳动者体质和智能（包括文化科学知识、劳动技能、生产经验、思想道德水平等）两方面统一的劳动者素质，则是人力资源素质的反映。作为一种经济资源，人力资源具有和其他以物的形式存在的经济资源同样的一些特点，如有用性、稀缺性和可选择性。然而，人力资源作为一种以人的形式存在的特殊经济资源，又具有某些自身的特点。了解并掌握这些特点，有助于实现人力资源和其他经济资源之间的合理配置。

一、人力资源的特点

人力资源是人类在与自然界长期斗争过程中，不断总结经验，体力和智能逐步发展，具备了能够推动整个经济和社会发展的劳动者的能力，并能在经济活动中被开发利用而形成的。人口的不断增加，提供、补充了活动中需要的劳动力。教育及科学技术的发展，保证了人口素质即人力资源素质的不断提高。

1.生产者与消费者的统一体

劳动者是人，在进行生产的同时，需要不断地进行生活消费（不仅本人消费，还要为失去劳动能力的老人和尚未具备劳动能力的孩子提供必需的生活消费）。因此，劳动者既是生产者，也是消费者。劳动者作为消费者，不属于人力资源这个概念的范围(因为我们是把劳动者或者劳动力，作为一种生产要素来研究)。其作为消费者的一面，不属于资源经济学研究的范围。尽管如此，资源经济学在研究劳动者作为生产者的一面时，仍然会涉及其作为消费者的一面。资源经济学是从生产力与生产关系的结合上来讨论资源经济问题的。劳动者作为消费者的一面得到体现和关心的程度，直接影响劳动者作为生产者的作用和积极性的发挥。对人力资源的开发利用，应当充分认识劳动者是生产者和消费者的统一体这一特点。

2.具有主观能动性

人力资源与以物的形式存在的其他经济资源不同，作为人力资源实体的劳动者是具有思想，具有主观能动性的人。劳动者运用劳动的手段，作用于劳动对象，引发和控制社会生产过程，使社会经济活动按照人类自己的意愿发展。

劳动者的主观能动性对于生产的发展起着重要的甚至是决定性的作用。人们常常可以看到这样的现象：条件大体相同的劳动者集体或劳动者个人，甚至同一劳动者集体或劳动者个人，使用同样的劳动手段和劳动对象，由于他们的情绪、主观努力的程度的不同，就会导致生产效果的显著差别。显然，劳动者的思想意识和主观能动性直接决定其投入生产的劳动的数量和质量。

劳动者思想觉悟的提高和主观能动性的发挥，取决于两方面的因素：一是来自对物质消费的追求。如前所述，作为消费者的劳动者，为了求得温饱而取得更加丰裕的物质消费享受，必须充分发挥其作为生产者的功能，去努力创造物质财富。二是来自思想教育和精神灌输。

3.具有再生性和可塑性

人力资源可以通过教育培养实现素质的提高，且开发过程具有持续性。世界上大多数经济资源是随人类对其的应用而逐步减少的，用一点就少一点。然而人力资源却具有再生性和可塑性，即人类不仅能够不断地繁衍后代，而且可以通过各种教育手段，培养和创造出符合社会经济新发展水平所要求的劳动者，从而形成丰富的高素质的内部结构合理的人力资源。

4.人力资源是经济资源中的核心资源

人力资源是经济资源中的核心资源，是一切资源中最为宝贵的资源。因为一切生产活动都是由人的活动引起和控制的过程，在生产中，作为劳动者的人居于主体地位，与物的要素相比，人的要素起着决定性的作用。从人类社会文明发展史来看，是人类唤醒了沉睡亿万年的大自然，从钻木取火到制造劳动工具，从开垦处女地到驯养牲畜，直至将各种矿石冶炼成各类金属，制造出各种机器，等等。由于有了人类的劳动，各种自然资源才成为经济资源，才进入生产过程而成为生产要素。也是由于有了高智能的人类，各种经济资源才能得到深层次的开发和充分的利用，从而发挥出更大的效益。

5.闲置过程的消耗性

人力资源如若不加使用，处于闲置状态，他们与一般物力资源的明显区别是具有消耗性，即为了维持其本身的存在，必须消耗一定数量的其他自然资源，如粮食、水、织物、能源等，这是活资源用以维持生命所必不可少的消耗。

二、人力资源的供求

1.人力资源结构与产业结构

在人类社会经济发展的漫长过程中，人力资源的结构发生了各种变化，影响其变化的重要因素是产业结构的变化。当社会经济以农业(包括种植业、渔业、牧业)和手工业为主体时,人力资源的主体是农民、渔民、牧民以及手工业者。这种劳动密集型产业需求的是一种体力型的简单劳动者;机器大工业出现后,对劳动者的智能和劳动工具的要求明显提高,需要大量有一定文化科学知识和劳动技能的技术工人和管理者,并且需要大批资金来添置和改造机器设备。于是,大工业这种资金密集的产业的出现与发展,促使体力型的简单劳动者向"体力+智力"型的复杂劳动者转变。现代工业(包括原子能、电子计算机、航天技术、生物工程等)的发展,则使人力资源的结构发生飞跃的变化,原有的体力型的简单劳动者(主要是从事农业体力劳动的部分)数量相对减少但素质不断提高,"体力+智力"型的复杂劳动者比重增大。随着技术密集型和知识密集型产业的出现和发展,一代以智力型为特征的高技能劳动者成长起来,成为劳动者队伍中最有创造力的部分。

显然,人力资源结构与产业结构之间存在着一种互相影响互为因果的关系,人力资源结构(包括数量的增减和素质的提高)的变化,是引起或推动产业结构变化的因素之一,而产业结构的任何一种变化,都势必对人力资源的结构产生直接的影响。

2. 人力资源的供求平衡

宏观方面,世界或国家的劳动力(包括数量、素质、性别、年龄等条件)为人力资源的供给方,社会生产(包括物质生产和精神生产)水平所决定的容纳能力为劳动力的需求方。一般来说,世界特别是发展中国家日益膨胀的人口为人力资源提供了几乎取之不尽的生理学意义上的基础,但是,庞大的人口数量与符合社会生产要求的人力资源之间并不能简单地划等号。通常,庞大的人口数字使人力资源在数量上显得相当富裕,往往供过于求,而在高素质方面却显得比较贫乏,常常供不应求。这一点在经济比较落后而人口出生率又很高的发展中国家尤其突出。因此,就世界范围或一个国家来看,实现人力资源供求平衡的焦点,应当是较少地追求人力资源总数的增长,而致力于人们素质的提高和人力资源内部结构的调整和优化。

微观方面,影响人力资源供求关系的是工资率。在市场经济国家,人们通过劳动力市场,以工资率为导向或媒介,将劳动力引导向生产效率和经济效益最高的地方去。为了分析的简便,我们假设:第一,所有劳动者都是同质的,即在技术上是相同的;第二,企业是追求最大化利润的;第三,劳动力市场和产品市场是竞争性市场。一个追求利润最大化的企业如何决定使用多少劳动者?企业只要将工人的劳动力边际净产量(MRP_L)与工资率比较即可。为使利润最大化,企业应该沿着下降的 MRP_L 曲线增加用工人数,直到雇用最后一名工人时边际净产出刚好等于工资率为止,即 $MRP_L=W$。

在图 10-1 中,如果工资率是 W_1,使企业利润最大化的用工水平就是 L_1,这里 $MRP_L=W_1$,L_1 以外的工人不可能被雇用。若工资是 W_2,企业则会将雇用工人的人数增加至 L_2。

图 10-2 则表示整个经济的劳动力供给和需求曲线。需求曲线的位置反映了经济中现有资本的数量、所有产品的均衡价格以及工人的同质的技术水平。在这种情况下的均衡工资率将是 W^*,因为只有在这个工资下,劳动力的供给数量才正好等于劳动力的需求数量。

在计划经济国家,实现人力资源供应与需求平衡,长期以来是依靠劳动力培养与就业计划统一安排来实现的。其优点在于能运用行政的力量根据经济发展的要求和社会状况培养和使用人力资源,尤其是在保证劳动者就业权利实现社会公平方面作用显著。其弊端在于某些脱离实际的计划会使劳动者结构不符合经济结构的要求,造成人力资源的浪费;国家统包就业的做法,以降低劳动生产率和经济效益为代价,造成各种资源的浪费。有鉴于此,中国进行的经

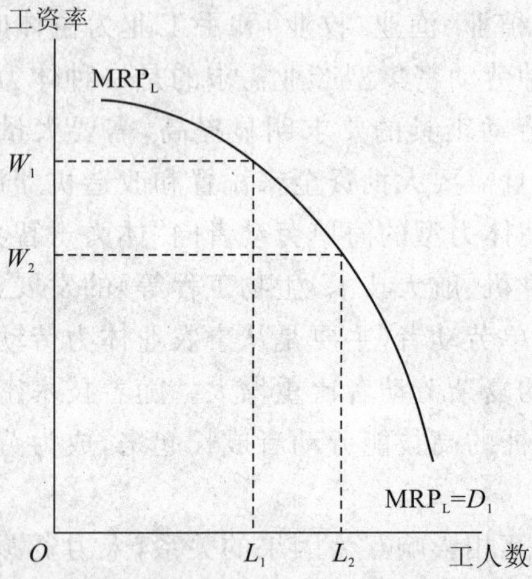

图 10－1　竞争性企业的短期劳动力需求曲线

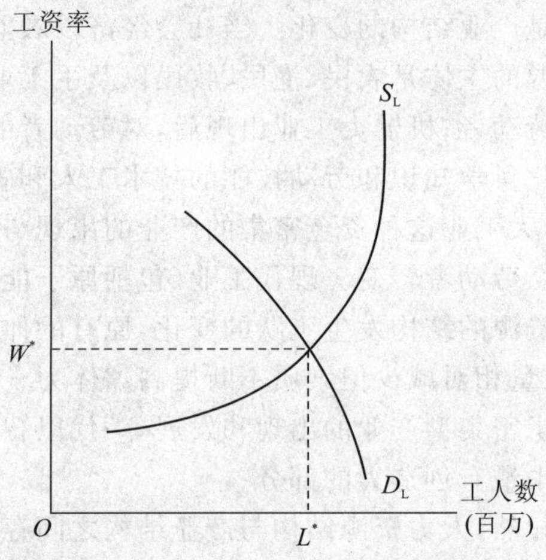

图 10－2　劳动力市场供给和需求

济体制改革，将人力资源的供给与需求平衡作为一个重要问题来解决。在有计划的商品经济体制下，中国实行计划经济与市场调节的经济机制，依据客观经济规律的要求和本国的实际确定人力资源开发利用计划，同时引入市场机制，开辟就业的多种渠道，鼓励劳动力的合理流动，在促使人力资源供给与需求方面取得了一些成效。

三、人力资源的经济评价

人力资源是一种特殊的经济资源，对人力资源合理有效的开发利用，可以为社会创造更多的财富。对于人力资源及其开发利用，人们可以做出自然的评价、社会的评价和经济的评价，资源经济学则着重对其做出经济评价。

1. 用机会成本——工资率来评价人力资源

由于人力资源本身各部分具有可选择性，在社会生产过程中，人力资源对于资本和物资具有一定的替代性（如以劳动投入代替部分资本和物质的投入），因此，可以用机会成本来评价人力资源及其开发利用的经济价值。一般来说，人力资源（劳动力）的机会成本是它不能被用于另一处时，在经济中必然放弃的物品和服务的价值。在市场经济条件下，劳动力的机会成本通常又是以市场工资率来计算的。

2. 用边际产出率来评价人力资源的投入

人力资源投入于生产过程并非无限制的越多越好，而是视企业的经济状况在一定时期内有一定的限度。一般来说，企业增加劳动力的投入能够增加生产和销售的产出数量，因而收益也将增加。但是，劳动力投入的增加，也会增加工资的支付。因此，企业要衡量增加多少劳动力投入才是经济上合算的。最简单的就是看增加的收益是否大于增加的成本。也就是说，人们可以用边际产出率评价人力资源投入的经济价值。

3. 评价一国或一地区人力资源的综合指标

一国或一地区人力资源的经济价值，可用多种指标从不同的方面、不同的层次来反映，从而作为综合的评价。

(1)以各种人口构成指标来反映。人口总数、出生率、性别构成、人口城乡构成、平均寿命和年龄构成，都可当作衡量人力资源经济价值的指标。在一定的经济社会发展水平条件下，如果一个国家或地区拥有与其经济发展和承载力相适应的一定数量人口，保持能维持物质生产与人口再生产需要的一定水平的人口出生率，男女人口比例接近，人口的城乡比例构成符合现代化经济发展的需要，人口的年龄构成中青壮年是主体，平均寿命不断提高，那么，此时此地人力资源应视为高素质的，因而也是具有高经济价值的。

(2)以教育和职业指标来反映。教育是提高人力资源素质的重要手段，劳动者受教育程度是反映人力资源素质的重要指标。这里主要考虑的指标是：文盲率、中小学入学率、在业人口文化程度比重、知识分子比重。

以职业指标来反映人力资源，主要是考察劳动者的产业构造、劳动者的城乡构成、体力劳动者和脑力劳动者的比例。

(3)以劳动生产率和收入水平指标来反映。一定的劳动生产指标，如全员劳动生产率、人均生产物质财富数量、人均使用生产资料价值量等，可以反映出人力资源素质的状况及变化趋势。

劳动者的收入水平指标，如职工人均年收入、农民人均纯收入、恩格尔系数等，则从消费的角度来反映人力资源素质的状况变化。

四、提高人力资源开发利用效率的途径

人力资源是一种特殊的经济问题。作为经济资源，对其开发利用就有经济效益问题，也就是说，应当从投入与产出的关系上来衡量人力资源开发利用的价值。这里核心的问题是提高人力资源的利用效益，即以较低的成本培养出适量的高素质的劳动者，与适量高质的生产资料相结合，形成一定时期的科学技术与经济水平条件下最高的劳动生产率。根据中国的国情，提高人力资源开发利用效率，应当从以下方面努力。

1. 控制人口数量，提高人口素质

中国经济和社会发展的头号难题之一，就是人口多，增长速度快。大量的新增人口作为消费者，对社会生产造成巨大压力，中国每年新增的国民收入中约有20%要被当年新增人口消费掉。只有控制住人口数量，才能在社会经济较不发达的情况下，以更多的财力和物力投入去发展社会经济，不断提高人民生活水平，提高人口素质，使社会获得源源不断的高素质的人力资源。

中国人力资源存在着结构性矛盾，即低素质的劳动者供过于求，而高素质的劳动者严重短缺，因此，中国要提高人力资源开发利用效率，必须在努力提高劳动者素质的同时，对现有的低素质劳动者合理使用。人力资源素质的提高要从多方面采取措施，其中特别重要的是，通过教育事业的调整和发展，建立与社会经济发展水平相适应的教育体系，普遍提高全国人民的文化科学技术素质和思想道德素质。首先，要坚持普及九年制义务教育，减少以至消灭学龄儿童成为文盲、半文盲的机会；其次，应当根据中国的国情，调整中等教育结构；再次，要调整高等教育结构，大学的设置与招生，要兼顾经济和社会发展双重目标，既重视基础理论研究，又要适应人才的市场需求，增加应用性专业的设置。

这里还要指出的是，对已培养出来的各个层次的专业技术人才，应当根据经济社会发展的需要，根据本人的专长和特点，予以合理的使用，做到人尽其才、学以致用。对于技术人才以各种合法的方式充分发挥自己聪明才智的要求，都应允许和鼓励。同时，还要鼓励他们接受继续教育，为他们提供进修深造的机会，以不断地更新知识，增长聪明才智。

2. 实施人力资源替代战略，引导农村劳动力在农业开发的深度和广度上下功夫

中国人口数量多，如果单纯从就业来考虑，是一个沉重负担。但如果把人口多的负担转变为劳动力丰富的优势，把人力资源转变为社会财富的优势，就不再是负担了。

我们知道，人力资源的充分开发利用，要以一定的物质基础为条件，即一定数量的劳动者必须与一定数量和质量的生产资料相配合。与人力资源相比，中国目前十分缺乏资金，存在着人力资源同资金(生产资料)比例严重失调的状况。为解决这一矛盾，我们一方面要充分运用现有生产资料发展生产，以求能创造出更多的生产资料来武装劳动者，另一方面，我们应该实施人力资源替代战略。人力资源对资金的替代在中华人民共和国建国初期曾经是重要的资金原始积累的方式，效果是十分显著的。因此，从中国的实际出发，根据各产业的不同特点，在努力发展资金-技术密集型产业的同时，大力发展劳动密集型产业，以容纳更多的劳动力，降低就业成本，取得更好的经济效益和社会效益。

中国农村人口多、耕地少，国家又一时不可能拿出巨额资金作为农业投入，因此，如何解决农业劳动力充分就业的问题，就成为困惑人们的难题，表现为农村劳动力“过剩”的现象。为解决这一难题，人们探讨过很多途径。采用某些经济发达国家的办法，比如将农村人口大量的转移到城市，将一部分农业劳动力向乡镇工业和服务业转移，等等。引导农村劳动力向农业生产的深度和广度进军，延长农业产业链应该是较好的解决方法。

3. 改革劳动管理体制，建立适合社会发展的就业机制

中国较长时期内实行的是高度集中的计划管理体制，劳动管理作为这一体制的组成部分，自然也是以“高度集中”为特征的，改革开放以来，中国建成有计划的商品经济体制，进行了有声有色的一系列改革。在城镇管理方面，进行了许多改革，例如，改“统包统本配”就业为劳动部门介绍就业、自愿组织起来就业和自谋职业“三结合”的就业新体制；改革招工用工制度，实行面向社会、公开招收、全面考核、择优录用的合同工制度；推行优化组合；逐步开放劳务市场；改革劳动计划体制，实行职工人数增长与工业总产值挂钩，等等。劳动管理体制的初步改革，对中国人力资源的开发利用产生了积极而巨大的影响。我们现在的任务应该是深化劳动制度改革，从根本上改变原有的不合理就业制度，建立和发展适应中国城镇经济和社会特点的劳动制度和劳动管理体制，确立以计划管理为主和市场调节相结合的运行机制，改善劳动就业结构，从而将人力资源开发利用效率提高到一个新水平。

4. 充分调动劳动者的社会主义劳动积极性和创造性

调动劳动者的积极性，主要是指调动他们内在积极性，即劳动者受政治信念支配，受人生观、价值观等因素影响而形成的一种奋发向上的行为动机。它在行动上表现为主动进取，对自己从事的工作有一种自主的认定感和满意感，并且在任何场合和任何时候都能朝着自己认定的目标奋发努力和顽强拼搏。

劳动者的社会主义积极性和创造性的激发，需要从两方面努力：一是从物质利益的合理分配上，实行按劳分配，关心群众的生活，努力改善劳动者的工作和生活条件，二是加强和改进思想政治工作。应当指出的是，这两者不可偏废。有人认为，现在是发展社会主义商品经济，人们追求的唯一目标就是物质利益，这显然是一种误解。人是有思想的，是讲精神和奉献的，劳动者为国家做出的奉献，是不能单纯用金钱来衡量的。如果仅仅是靠加工资、发奖金来调动积极性，这种积极性是不可能持久的。相反，劳动者有了坚定的信念，精神的力量可使他发挥出

巨大的物质力量，激发出更多的聪明才智。例如，山西太原钢铁公司退休职工李双良，退而不休，为国家贡献余热，不为名，不为利，带领一批工人在近7年时间内坚持不懈地搬走了一座钢渣山，不仅回收价值达1亿多元的废钢铁和其他物资，而且为企业创造一个优美良好的环境。劳动者自身积极性和创造性的充分发挥，将会创造出人间奇迹来。精神变物质，为社会创造出巨大的财富，这就是人力资源开发利用效率提高的具体体现。

第二节　固定资本资源的形成与使用

固定资本（也称为固定资产）是一种经济资源，与自然资源、人力资源一样，可以直接进入生产过程。在社会生产过程中，作为生产手段将其价值转移到产品和服务中去。固定资本资源可以分为生产性（包括农业、工业、交通运输、邮电业、建筑业、商业部门拥有的固定资产）和非生产性（包括非生产性经营部门固定资产、公共部门固定资产、居民消费性固定资产等）两大类，也可以分为可移动性固定资本资源（如机器设备、仪器仪表等）和不可动固定资本（包括房屋、道路、桥梁等），还可以根据损耗过程中的性状来分类。

一、固定资本资源的特征

1. 既是生产要素，又是劳动产品

任何固定资本资源都不是天生而就，而是人类劳动的凝结。它作为一种人类劳动产品，不同于普通商品。我们把它当作一种资源来考察时，注重的是其作为生产手段的性质，它是进行物质生产和服务的必要条件。而普通的商品是以交换为主要特征的。当然，作为生产要素的资本资源和作为商品的资本货物之间有着深刻的、内在的联系。资本货物是指生产其他货物和提供劳务供使用的商品或物件。处在流通状态时，它就是普通的商品，当企业或投资者通过货币购买而形成实物资本时，它便作为生产要素，开始为生产产品或劳务服务。固定资本资源作为要素以及作为产品的这种两重性，是其他两大类经济资源所不具备的。

固定资本作为一种经济资源，具备稀缺性、可选择性和要素投入性三个基本特征。在一个生产过程中，管理者必须最有效地安排使用固定资本，才能获得有效的经济产出。因此，也只有把资本作为一种实实在在的经济资源，企业、部门和政府在生产、消费领域对投入产出的有效经济核算才有可能实现。

当然，固定资本资源本身的劳动产品属性表明不同数量、质量的资源，包括前若干个生产过程中不同数量和质量的社会必要劳动，因而从哲学意义或政治经济学的意义上，对固定资本资源的合理配置问题，就是对劳动资源的配置问题。但在实际生产过程中考虑资本的配置及其效果，我们难以按照形成资本的社会必要劳动时间来定量化地分析问题，只有把资本当作一种经济资源，当作一种生产要素，实际的分析过程才有可能进行。

2. 价值形成和转移过程的分离

一个生产领域中的固定资本资源的形成起源于对固定资产的货币投资，并通过对资本货物的购买而完成。在这里，货币是其他资源或商品通过流通过程转换为固定资本的媒介。因此，固定资本资源的形成是以牺牲等值的货币为代价的。当然最终是通过其在生产过程中凝结在产品中的资本资源价值来补偿。但资本资源不同于能源、矿物等自然资源，其价值不是必须在一个生产过程中向产品转移。资本资源一般要服役于若干个生产周期，而其价值的转移是在其服役的时期内逐步地转移到产品中去。

3. 具有有形的损耗及无形的损耗

固定资本资源在其生产过程中，由于机械的自然磨损，不断地损耗，直到报废。自然损耗平均每年的价值，是以生产的原值减去残值后除以服务年限来计算的。当然，一般资本资源所承受损耗不会每年均等地进行，不同的固定资本资源的损耗会呈现各不相同的曲线。

固定资本资源在使用过程中或贮存过程中还会发生无形的损耗，使其原有的价值逐步丧失。如一台机器或其他的固定资产，即使不使用，没有发生实际的物质磨损，但由于技术进步或需求变化等原因，也会被淘汰，从而不能实际服务于生产过程。固定资本资源的这一属性，完全有别于自然资源及人力资源，人们在分析固定资本资源在时间上的配置使用的成本和效益时，应特别地注意这一点。

二、评价固定资本资源的方法

1. 新度系数法

即从一个部门或地区固定资产的新旧程度来判定该部门或地区拥有的固定资本资源的质量。一般在数量上用固定资产的净值和原值之比来表示。即：

固定资本新度系数＝固定资本净值/固定资本原值

这一系数越是接近 1，表明新度越高，资本资源的质量也就越好。但这一方法的缺点是无法反映资本的技术状况、是否不配套或由于结构不合理而引起的闲置状况，这种方法的优点是简便易行。

2. 技术性能指标法

任何一种固定资本资源，只要服务于生产过程，在这个过程中就会体现出其技术性能。这些性能是通过各种质量指标、物耗指标、能耗指标来表示的。物耗指标、产品质量指标、利用系数或设备工作效率指标等，均可作为资本的技术性能指标。

3. 技术年代指标法

即固定资产的技术年代所表征的质量状况。由于技术进步，各个产业的设备都处在不断的改进之中，旧的设备处在不断的淘汰状态。因此，每一类设备都客观地存在一个技术年代，即属于某个年代的技术。技术年代和出厂年代不是一回事，80 年代也可以生产处于 50 年代、60 年代技术水平的设备。因此，根据对固定资本所代表的工艺技术水平做出鉴定，就可以反映固定资本的质量状况。

4. 资本效益指标法

即用资本利税率、资本纯收入率、资本产出率等指标来衡量资本的质量。这类指标实际上是生产过程效益的综合反映，取决于产业的资源结构，也取决于资本的管理水平。不同的行业，无法直接地进行比较。因为不同的行业资本有机构成不同，资本密集度不一样，因而资本产出指标就不可比。但同类行业可以借此进行综合性的比较。

5. 市场价值法

即根据资本市场对某企业固定资本的综合估价，得出对其资本资源质量状况的综合看法。这种方法一般只有在资本市场比较完善、资本流动比较灵活的情况下，才有可能得出比较合理的判断。在市场经济国家,资本的价值判断是根据股票的价格来进行的。股票价格上涨表示资本升值,它是相应的企业或公司经营状况良好的综合反映。这样在资本市场上,资本的价格和企业经营状况、市场需求及企业的发展前景等联系起来了。但是整个经济不景气的情况下,这一指标对资本质量的评价是失效的,因为股票价格总指数的下降,并不意味着相对应的资本质量普遍降低;反之,在经济的繁荣时期,股票总指数的大幅度上升,也不意味着资本质量的普遍提高。

三、固定资本资源的形成

1.固定资本资源形成的宏观解释

尽管在不同的经济体制下,国民收入的基本流动规律不同,但是任何一国资本资源的形成总是来源于国民收入的积累,而国民收入的积累则是社会生产产品经过一系列复杂的分配和再分配的结果。

国民收入在生产领域进行初次分配,分为职工收入、上缴财政收入及企业剩余;然后在政府、银行及非生产部门的参与下进行最终产品的社会再分配。国家财政将从企业、个人征收的财政收入的一部分分配给非生产领域用于发展社会公共事业;另一部分直接用于固定资产的投资以保证国家重点建设的进行;还有一部分用于各种补贴,转化为各种企业收入及个人收入。银行通过存贷活动,也实现了一部分国民收入的再分配,将企业及个人的储蓄转化为信贷投资。非生产部门一方面从财政获得发展资金,另一方面通过非生产性劳务收费的方式将一部分企业及个人收入转移到本部门作为投入。企业实际留利按一定比例(如60%)用于发展生产的积累,另一部分(40%)转化为非生产建设及个人收入。个人收入的一部分转化为消费,另一部分转化为积累或投资。

通过初次分配以及社会的再分配过程,构成全社会固定资产投资的资金来源。除由于折旧以及大修理基金形成的重置投资外,还包括其他国家投资、企业投资、个人投资、信贷投资、国外引入的净投资。这些投资成为资本资源增长的来源,成为生产日益扩大的基础。

2.固定资本资源形成的微观解释

从企业角度看,固定资本资源形成是投资的货币资金逐步转换为实物资本的过程。首先是企业必须筹集用于固定资本建设的货币资金,然后进行实际建设,逐步形成固定资本资源。

用于投资的货币资金来源有许多途径。有国家财政拨款或拨放贷款投资、银行贷款、发行企业债券、发行企业股票、利用生产发展基金及企业专项基金等途径来解决投资资金问题。

企业在固定资本资源的建设中,所利用的投资资金来源不同,所付出的资本成本(即企业为建立固定资产而付出的代价)也不一样。从企业角度看,政府拨款代价最低,除了申请拨款而付出费用外,投资的成本几乎是零。其次是多种优惠贷款,一般银行贷款及债券股票的筹资代价大小则视各自利息及筹措条件的不同而异。

3.资本资源形成的经济效益分析

不管形成资本资源的资金从何而来,当其用于建设一个项目、形成新的固定资本时,它就确定了一种资源配置的方案。投入这一资本形成的一切资源的代价,要求这一项目在运行过程中用产出的效益来补偿。

评价资本资源形成效益有许多方法和标准,较简单常用的一些标准是投资回收期、净现值、内部收益率和获利指数(收益成本比率)。

(1)回收期。回收期是评价投资项目经济价值的一种比较简单和常用的标准，其定义是：公司从兴建一个项目取得盈利到全部收回项目投资所需的时间。用数学公式表达回收期的关系如下：

$$\sum_{t=0}^{n} Y_t = 0$$

式中：Y_t 为 $t = 0,1,2,\cdots,n$ 时流入项目的净现金流；n 为投资回收期。

投资回收期的倒数 $1/n$，可以解释为初期投资的平均收益率的粗略量度。例如，一个项目的回收期是 4 年，那么平均每年要回收初期投资的 $1/n=1/4=25\%$。回收期也可以用于项目的排序，即在许多可投资的机会中，我们计算出各种投资机会的预计回收期，然后选择那种回收期最短的投资项目。

(2)净现值标准。把项目发生的净现金流按一定的贴现率贴现为基年的价值，然后求其和，用这个净现值的大小来判断资本资源形成的效果。计算公式为：

$$P_0 = \sum_{t=0}^{N} \frac{Y_t}{(1+i)^t}$$

式中：P_0 为净现值；Y_t 为 t 年末的净现金流；N 为项目的寿命期；i 为贴现率。

贴现率在项目分析中可以采用多种标准，在企业分析中，可以取上面分析的资本投入的综合利率或资本的边际收益率。在从国民经济角度对项目的分析中，i 一般取社会贴现率并作为国家参数固定下来。

一般认为，净现值大于零则项目可以采纳，否则拒绝。存在两个互不相干的备选项目时，净现值较大的项目应优先采纳。

(3)收益成本比率标准。是项目在整个寿命期的现值收入和项目筹资期、项目寿命期的成本支出现值之和(即贴现到 $t=0$ 的值)的比率。即

$$B/C = \frac{P_0 + C_0}{C_0} = \frac{P_0}{C_0} + 1$$

或者用净收益-成本比率(NB/C)表示

$$NB/C = \frac{P_0}{C_0}$$

很明显，按照这一标准，产生的投资决策是：

若 B/C	或 若 NB/C	决策法则
>1	>0	采纳
$=1$	$=0$	无差别
<1	<0	放弃

(4)内部收益率标准。内部收益率，即使净现值等于 0 的贴现率，记为 i^* 即

$$P(i) = \sum_{t=0}^{N} Y_t (1+i^*)^{-t} = 0$$

内部收益率(IRR)是上述多项式 $P(i)$ 的一个未知根，可以用试算法或用计算机搜索法求得。它反映了项目的实际盈利能力。一般认为，当 i^* 大于所选择的社会贴现率时，项目可取

(对于企业评价,通常只要求 i^* 大于前述的资本投入企业成本)。

(5)综合效益分析。一个资本形成项目对全社会所产生的资源配置影响是多方面的。从全社会角度考察固定资本建设的成本效益时必须进行综合分析。建设项目对资源配置的影响,一般可以分为项目的内部影响和外部影响。

资本资源形成及使用过程中的内部经济影响,是将项目作为一个独立体系,分析其投入和产出的价值变化。内部影响包括内部成本(资本形成过程及使用过程中各种投入的费用或代价)和内部效益(项目建成后使用过程中生产品的直接价值)。

项目的外部影响又可以分为三个层次:第一层次是产业关联影响;第二层次是收入分配影响;第三层次是生态环境、文化教育、科技环境的影响。这些影响的可定量性依次降低。因此,一个项目的可行性研究,要综合上述各方面的影响,进行定性和定量的综合分析、权衡,并考虑在未来发展中的不确定性因素。当然这是十分困难的,目前尚无一种理想的方法能同时处理资本形成过程中各种定量和定性的影响问题。定性因素的数量化处理不可避免地分给各定性因素赋予大量主观权重,具有一定的主观随意性。目前在实际的分析中,对于生产性项目即生产性资本资源的形成项目,定量化的成本收益分析是项目取舍的主要依据;而对于非生产性资本资源形成项目,一般使用效果成本分析,即实现一定的目标(如建设一定规模的学校或医院),并使付出的代价最小的分析,再综合考虑各种定性因素。

四、固定资本资源的价值损耗和补偿

(一)固定资本资源的价值损耗

固定资本资源自其形成之日起,就开始发生价值的损耗。其损耗可以归纳为两大类:一类是物质上的原因,即有形的损耗,它包括两个方面:①固定资产在使用过程中一般的磨损,这和固定资产的使用强度、时间及其本来寿命有关;②自然的侵蚀,即一切资本资源即使不使用,也会逐渐发生腐蚀,就如宝剑在鞘中锈蚀一样。有形损耗的详细的研究,属于科学技术的范畴。第二类原因是非物质性的损耗,又称无形损耗。

(二)固定资本资源的价值补偿

由于固定资本在使用过程的价值损耗,固定资本资源客观地要求在其使用中通过生产产品(物质产品或服务)进行其价值补偿,使其成本能在资本资源的寿命期内得以完全补偿,从而使全社会的资本资源价值实现良性循环。

由于固定资本资源的损耗是在其寿命期内若干生产循环中逐步实现的,因而应在生产过程中逐步分摊到产品上,作为生产成本的一部分。这种分摊在经济学上称为折旧。对于一项固定资本资源,折旧的计算要考虑以下三方面:

第一,计算折旧总额。折旧应以资本资源形成的总成本为准,如果某项固定资产有残余价值较大,例如,一家出租车公司在更新汽车时,估计这些汽车将会由别的所有者多使用几年,在旧车的出让上收回一部分原始成本,即估算的残余价值,在计算出租车公司折旧总额时,则应从总成本中减去这部分残余价值以求得折旧总额。

折旧总额＝固定资本成本－残余价值

关于残余价值的计算,应视资本资源的类别而定。对于建筑构成物如房屋等,一般都假定其残余价值为零。

第二，估算资本资源的使用期限。固定资本资源的使用期限问题是一个有关专门技术的问题，在进行这项估计时，既要考虑影响折旧期限的物质方面的因素，也要考虑非物质方面的因素（无形损耗），此外，还要考虑固定资产的维修情况。固定资产在良好的维修情况下可以延长其使用年限。特别是在一些大部件更换，就其经济性质来说，属于固定资产的局部再生产，是其使用价值的恢复。

第三，折旧总额在使用期限的分配。固定资产的折旧总额及使用期限确定之后，如何把折旧总额分配于各个期间使用，这是固定资产价值补偿核算中一个比较复杂的问题。有多种分配方法，但可归结为两大类：平均分摊的方法和非平均分摊的方法。

（三）折旧的方法

1. 平均分配法

平均分配法又可以分为三类：按年限平均、按工作时间平均、按产量平均。具体计算公式如下：

年平均分配法：

$$\text{固定资产年折旧费}=\frac{\text{固定资产原始价值}-\text{残余价值}}{\text{使用年限}}$$

工作时间分配法：

$$\text{本期折旧费}=\frac{\text{固定资产原始价值}-\text{残余价值}}{\text{使用年限内计划工作班次}}\times\text{本期实际工作班次}$$

产量分配法：

$$\text{本期折旧费}=\frac{\text{固定资产原始价值}-\text{残余价值}}{\text{使用年限内计划产量}}\times\text{本期实际产量}$$

对于车船等交通运输工具，产量分配法的形式：

$$\text{本期折旧费}=\frac{\text{固定资产原始价值}-\text{残余价值}}{\text{使用年限内计划行驶里程}}\times\text{本期实际行驶里程}$$

此类方法的优点是比较容易计算，但未考虑固定资产损耗过程的特征：其一，一项资产在初期使用性能较好，需要的维护费用较低，而后期维护费用较高。因为维护费用直接计入成本，从负担平均的角度，初期应多分担一些折旧费。其二，前期的无形损耗率较高，因此产生了非平均因素。

2. 余额渐减法

折旧率每年不变，但与平均法不同的是，平均法以资产的原始价值作为计算基础，而余额渐减法则以资产的净值（余额）作为计算基础。

设 V_1 为资产原值，V_2 为资产的残余价值，n 为资产使用年限，r 为折旧率。

用表格表示如下：

年度	年初资产价值	年度折旧费	年末资产余额
1	V_1	$V_1 r$	$V_1-V_1 r=V_1(1-r)$
2	$V_1(1-r)$	$V_1(1-r)r$	$V_1(1-r)-V_1(1-r)r=V_1(1-r)^2$
…	…	…	…
n	$V_1(1-r)^{n-1}$	$V_1(1-r)^{n-1}r$	$V_1(1-r)^n$

第 n 年余额 $V_1(1-r)^n$ 也就是资产的残余价值，即

$$V_2 = V_1(1-r)^n$$

故折旧率为：

$$r = 1 - \sqrt[m]{V_2/V_1}$$

此方法的缺点是：第一，资产使用期限很短时，期初将负担过重；第二，对于残值为零的资产不能运用此法。

3. 年序相加法

即以固定资产各使用年序数相加为分母，以颠倒的年序数依次为分子，求得每年折旧（如资产原价 1 100，使用 10 年，残余价值 100）。

年序数	颠倒年序数	折旧率	折旧额	累计折旧额
1	10	10/55	182	182
2	9	9/55	164	346
3	8	8/55	145	491
4	7	7/55	127	618
5	6	6/55	109	727
6	5	5/55	91	818
7	4	4/55	73	891
8	3	3/55	55	946
9	2	2/55	36	982
10	1	1/55	18	1 000

企业使用哪种折旧方法，各国一般以法律形式的规定，从而使成本的分摊及税收的征缴趋于规范化。1954 年以前美国主要采取平均法，1954 年《国内税收法》规定的折旧方法为余额渐减法和年序相对法。中国目前普遍使用平均法。

4. 大修理基金的分摊和提取

固定资产在其使用过程中要保持正常使用，必须进行不断的修理。较大规模的修理实际上是进行局部更新，需要较大的费用。为了不致在大修理期间固定资产的补偿使当期成本负担过重，造成成本的被动，亦要求在整个固定资产使用期分担大修理费用，均衡地计入产品成本。这在使用平均法折旧的企业尤为重要。

固定资产大修理基金一般采取综合提存法，具体可以分为两种：

(1)按大修理基金提存差提取。计算公式为：

$$\text{年提存率} = \frac{\text{单次大修计划费用} \times \text{使用年限内大修次数}}{\text{固定资产原始值} \times \text{使用年限}}$$

(2)按固定资产折旧的比率提取，计算公式为：

固定资产大修基金提存额＝固定资产计划折旧总额×大修基金提存率

在实际工件中，固定资产基本折旧基金、大修理基金、生产发展基金可以合并使用，用于固定资产的更新、改造或重置。

五、固定资本资源的有效利用

1. 固定资本资源的短缺和浪费现象并存的原因

资本资源在总量上的严重缺乏是发展中国家的基本特征。占世界人口绝大多数的发展中国家，人均资本资源占有量只及发达市场经济国家的数十分之一，而人均资本积累能力仅为发达市场经济国家的6%左右。但资本产出率低、资本资源的利用率不高在发展中国家则是一种十分普遍的现象。中国金属切削机床的利用率不到50%，钢材利用率仅65%左右。形成资本资源短缺和浪费并存的原因有：

第一，资本资源的布局不合理。资本资源的合理配置有着严格的空间要求。一个项目布局在什么位置，需要进行多方面的考察，包括资源条件、市场条件、基础设施状况、生态环境以及基本的社会环境（人口、劳动力、教育、卫生、科技等）。进行综合分析后，得出使资本资源形成最能发挥效益的布局方式。

第二，资本资源的结构不尽合理。资本资源结构是一个十分复杂的概念，它包括：①资本资源的规模结构，即资本资源在不同类型的产业、企业中的集约度，也就是资本资源是否达到了经济规模；②资本资源的部门结构，即各部门的资本资源的比例关系是否合理；③资本资源的技术结构、各种技术水平或技术门类的资本资源比例关系，等等。

第三，资本资源结构缺乏有力的调整机制。由于技术环境的变化以及市场需求条件的变化，要求产品生产供应处于不断地调整中，同时不断地适应技术环境的变化及市场竞争，进行资本资源的更新改造，调整资本资源的结构。结构老化或技术陈旧的资本资源终究不能产生应有的效益。

第四，资本资源管理方面的问题。中国工业固定资本中，国营所有制的资产比例较高。对这些资产的管理，仍未探索出一套有效的办法。长期以来，企业资产闲置的数量较大。在固定资产的形成方面，国拨资金以及各种优惠贷款仍然是低代价的资本形成来源，因而“投资饥饿”现象并未解除。1987年开始实行国营企业承包责任制以来，有利于保证财政收入和增强企业利润的积极性，但又限制了企业间的资本流动，并出现有的企业放慢了技术改造和大修理，为减少投入而拼设备的现象。

2. 提高资本资源利用效率的途径

从上面的分析可以看到，资本资源要最有效地得到利用，最基本的要求是，资本布局合理、资本结构合理、良好的调整机制和资本资源使用过程的有效管理。

资本资源结构合理的第一个层次是资本资源总量及其形成规模和全社会的劳动力资源、自然资源相协调。一个国家或地区资本的形成规模并不是越大越好，而是受制于许许多多的条件。例如，在能源十分缺乏的地区大力发展耗能型资本，资本资源的效率就不能发挥。资本资源结构合理的第二层次的含义，是各部门的资本资源能协调配合，没有阻碍经济运行的瓶颈。生产性资本资源和非生产性资本资源的比例要合理，交通能源、邮电通讯等部门的资本资源和工业产业的资本资源相适应。资本资源结构合理性的第三层次的含义，是每一产业内部各种加工层次之间资本资源分布合理，即资本资源在整个生产过程的各个阶段的合理分布。

任何合理的资本资源结构在不断变化和发展的世界中都只具有相对的、暂时的意义，如果资本资源结构不能适应外部环境的变化而不断调整，就不能保证和保持资本结构的合理性，从而不能实现有效地利用资本资源的目的。资本资源的调整有许多方式和手段，但最基本的两个概念就是存量调整和增量调整。增量调整就是通过社会的投资活动，使新增的资本资源始终适合于社会最迫切的需求，从而使社会的资本资源结构日益合理。这种调整有一定限度，即使新投资的资本能有效的运转，也无法解决一些不适应的资本资源的闲置或低效率运行所产生的浪费。因此，经济社会还不断地要求资本存量的调整，通过一部分不对路的资本转移、兼并来实现资本资源结构的调整。

资本资源通过增量或存量的调整能否顺序地实现，取决于社会资金运动的机制。在计划体制下，通过集中计划安排的方式来实现存量调整，通过关、停、并、转的方式来进行存量调整有很大的局限性。市场机制调节资本资源的动力来自于管理者根据市场信息（主要是需求及价格方面的信息）追求最大利润或资本发展的动机。他们总是要把新增资本投向获利高的部门；同时在竞争中失利的企业，或者自觉转产，或者破产倒闭被优势企业兼并，从而实现资本资源的调整。企业要立于不败之地，管理者必须始终保持创新的热情和资本调整的热情，不断适应环境的变化进行资本的调整。正是在这种调整下资本资源的利用效率得以大大提高。

当然，市场并非万能，在资本资源市场调节中，常常对宏观效益、外部效益考虑不够，同时也无法避免在激烈市场波动下的盲目性。因此，国家在资本资源配置及调整上的干预是必要的。由此可见，资本资源的有效利用和合理调整，依赖于一种国家干预和市场自律相辅相成的调节机制。

资本资源的利用过程中要求不断通过更新改造补偿其有形和无形的损耗，以不断保持或扩大其有效的生产力。企业的资本资源在使用过程中会逐渐磨损而失去其应有的效能，最后将完全失去其使用价值。由于科学技术的进步，新的机器设备的出现也将使原有的固定资产贬值而最终被淘汰。因此，必须对现有的固定资产进行更新，以保证其应有的生产能力。在科学技术进步的条件下，固定资产的更新不是简单地以相同的机器设备去更换报废的机器设备，恢复其原有性能，而是用先进的机器设备替换落后的机器设备，不断实现技术进步。因而也是内涵扩大再生产的主要途径。

对于工业企业，固定资产更新改造的内容包括：对原有设备（生产设备、工艺设备和测试手段）进行更新改造，有计划地利用效率高的设备代替效率低的设备；对原有的工艺进行改革，不断地用先进的工艺方法和工艺流程代替落后的工艺方法和流程；不断开发新产品，用质量高、花色新、品种全的新产品代替旧产品；按照新工艺、设备的要求维修改造原有厂房，等等。

事实证明，加快对老企业的技术改造具有重要的意义：第一，技术改造是推动资本资源技术进步的途径。在中国新建企业与老企业相比终是少数，即使新建企业技术先进，但如果占绝大多数的老企业仍停留在落后水平，整个资本资源的技术水平就无法迅速提高。况且新企业的设备都是由老企业制造的，难以达到技术先进水平。因此，不重视改造老企业，就可能陷入资本资源技术落后的不良循环。第二，技术改造是加快工业发展、发挥资本潜力的一条捷径。一般来说，通过对老企业的改造，能够迅速扩大生产能力，与新建企业相比，具有投资少、见效快、效益好的特点。因为资本资源的不同类型不会以同等速度陈旧，所以改造比新建可以更好地利用原有的基础，如厂房和公共设施等。同时，劳动力资源的调整也容易。第三，技术改造后，可以使资本资源在使用过程中降低能耗、物耗，从而节约生产资金，提高劳动生产率，使资源利用的效率普遍提高。

对资本资源的技术改造的成功经验是：

第一，国家计划和培养企业创新的动力相结合。企业如果缺乏创新的动力，资本资源的技术改造就不可能有效地进行。

第二，要有一个长远的规划，包括国家、部门、行业、地区、企业的技术改造规划，分别重点和一般，搞好综合平衡。

第二，技术改造要以产品的更新换代和降低消耗为目标，综合配套地进行，把技术引进、设备重置、计量检验以及各种辅助配套项目综合考虑实施。

第四，发展多层次的技术。技术的选择要以“适用”为准，以经济社会效益为原则，而不盲目追求设备新、技术等级高。

第三节　信息资源的开发利用

信息通常指消息、情报、知识等，通过符号（如文字、图象等）、信号（如语言、有某种含义的动作、电磁波）等具体形式表现出来。狭义的信息是指某一专门领域内整理好的信号或资料。广义的信息是指一切关于自然的、社会的运动状态中，通过各种形式表现的知识。人类所进行的一切活动都难以离开信息。比如，人们对某些事情的情况不清楚，当获得关于事物的信息时，就增加了了解的程度。信息作为一种资源有哪些特征，我们如何开发利用呢？

一、信息资源的特征

信息资源是指反映客观事物的各种信息的总称。信息作为一种资源，是随着信息科学的发展逐步被人们所认识的。信息资源的重要性，随着社会与经济的发展日益增加。在发达国家，信息资源的开发、传递和使用，已成为国民经济中最重要的部门之一，信息产业的从业人数已经超过物质产业的从业人数，从而进入了所谓“后工业化社会”，即信息社会。信息资源是人类社会的巨大财富，开发信息资源、充分利用信息资源，可以产生巨大的经济社会效益。世界上的各种事物都处在不断的运动状态中，时刻都在发射和扩散各种不同的信息。人们通过接受、区别、选择、加工信息，认识客观事物的规律，形成各种科学技术和社会实践知识，从而更好地改造客观世界。

经济信息是指生产、交换、分配、消费的社会再生产过程中各种经济状态、经济关系和经济活动规律的反应形式。经济运动过程的每一环节都同时产生着经济信息的运动。无论是在整个国民经济，还是在企业的经济活动中，都存在大量的信息，它们在属性上表现为质、量、度，在时态上分为过去、现在和将来。经济信息表现形式是多样的，最常见的有经济技术指标、经济法规、经济文献、经济政策等。经济信息资源就是经济信息的总体。

信息资源可以按照许多形式来分类。由于信息的发生和传递是伴随着自然的、经济的、社会的及人类思维运动的客观现象，因此信息可以按照事物活动的领域来分类。例如，经济信息资源、技术信息资源、军事信息资源、自然信息资源、政治信息资源、文化信息资源、艺术信息资源等。信息资源还可以按信息本身的属性来分类。例如，按其状态属性可以分为数量信息、质量（或性质）信息；按时态属性可以分成历史信息、现时信息和将来信息，以反映事物在时间范围的状态。除此以外，按信息资源本身的属性还可以分成简单信息和复杂信息。前者如一个数字或一个文字讯号；后者如一个色谱信息或一个经济、社会状态的信息。复杂信息可以分解为多个简单信息。信息资源也可以按照信息传输、加工整理的层次性来进行分类。可分为原始信息和加工信息,加工信息又可以分为一次和二次加工信息等。

信息资源有许多特征,如自然特征、技术特征和经济特征等,这里讨论的是其经济特征。信息资源作为一类经济资源,它具有经济资源的一般特征,即有限性(关于一个事件的经济信息在一定时间、空间范围内总是有限的)、使用方向的可选择性(同样一个信息可用于不同的对象及不同的用途)以及作为生产投入要素的性质。

信息资源是一种十分重要的投入要素。实际上任何一个生产过程和生产阶段,除投入物质资源、能量资源、资本资源、劳动力资源以外,还必须投入信息资源。例如,将羊毛变成衣料的加工过程每一步需要信息,纺织或操纵机器都需要知识和技术,需要生产设计的信息投入。信息的投入在每一步都发生,并在每一道工序上积累。例如,羊身上的毛可以纺织成衣料,这种认识就是一种信息。每一个机械装置或每一个机器上的固有部件,都有一段革新和发明的历史,关于机器或固有部件作用的知识就是信息。

每一物品或材料或人力,在投入信息后就会具备增值的条件。例如,人们可以根据有关的信息使荒芜的沙漠变为生产作物的土地;愚昧无知的劳工通过教育、接受信息后,能变成熟练的、有较高生产效率的操作人员;闲置的资本加上信息就变为有利的投资;人们依靠科学知识,就可以使太阳、潮汐这些未被利用的能源做出有益的贡献;教育作为一门产业之所以能不断扩大国民财富的比例,原因就在于教育使人们获得更多的信息,从而增加受教育者的经济价值。

信息作为一种经济资源,它与其他的物质资源或人力资源比较,有着自己的特点:①信息消费与信息积累的一致性。②信息的共有性,即一部分人消费某种信息,并不会影响其他人再消费它。③信息自身具有增值性,即信息的投入不但可以使自然资源、人力资源和资本资源增值,同时也使自身增值(原始的信息可能是一系列相互没有联系的事实和看法,通过分析、对比、选择、分类、综合,或者用别的办法加以组织,这些原始的信息成为更有价值的加工信息,成为对具体目标有实际指导意义的资料)。进一步加工可能形成一套有逻辑联系的"知识",知识是组织好的信息。这种类型的信息是认识和判断的基础。④信息的时效性。信息可能比其他任何资源都有时效性。一条过时的信息,可能一钱不值,而一条及时的信息可能价值连城。⑤信息的媒介性。信息只有被接受才有用,而信息总是要通过一定的媒介才能转达给接受者。即信息资源由信息源(信源)、信息传输道(信道)、接受者(信宿)构成。不同的信息一般借助不同的媒介传递,例如,声音借助空气传播,新闻借助报纸等传播媒介传播,等等。

二、信息资源的需求与供给

人类所进行的一切活动都离不开信息。例如,人类的经济活动的三个基本问题,每一个都离不开信息。比如,生产什么?生产者首先需要掌握消费需求的信息,包括品种、质量、数量、价格的信息等;怎样生产?生产者为有效地组织生产需要掌握为生产某种商品所必备的投入产品的数量、质量和成本的信息,生产过程的各种技术经济信息;如何分配?产品如何分配,在整个经济社会需要掌握各种社会集团的信息、各种影响分配的政策对分配结果调节影响的信息,等等。离开了信息,一切人类活动都无法进行。因而,人类社会从低级到高级的发展,人类活动复杂化程度的增加,正是代表了人类对信息的掌握、积累以及信息的开发利用的发展过程。

不同种类的信息有不同的来源,这里着重介绍经济信息的来源问题。经济信息的来源,按照经济系统的观点,可以分为两个方面:来自系统的内部(即内部信息)和来自系统的外部(外部信息)。对于一个企业来说,内部信息主要包括:①经营管理部门的信息,如各级管理机构的决策、计划、控制信息;②各种经济活动的信息,如会计、统计、各种人、财、物的核算方面的信息;③生产和业务活动信息,如车间、班组的生产记录等;④技术信息,如技术水平、工艺流程、新产品开发情况等;⑤动力设备状态信息,如运转状况记录、检修记录、设备效率记录等。来自系统外部的信息主要有:①政府及各部门的信息,如政策、法令、计划指标等;②市场信息,包括各种生产品的市场需求量、市场份额、价格及其变动趋向,各种生产资料市场的供应状况(数量、品种、规格及价格等);③金融信息,包括利息、股市行情、借贷成本等;④横向经济联系信息,如协作厂家的情况等;⑤涉外信息,如汇价、国际商品、劳务、资本市场的行情;⑥各种咨询机构、情报机构提供的关于经济和社会动态及发展预测方面的信息。

经济信息来源的方式是多种多样的,获取的方式也是多种多样的。经济信息的收集是获取经济信息的基础,包括运用各种科学技术手段,通过现场调查、统计、观察、摄录等方法去捕捉和收集原始经济信息。

现场调查是收集经济信息的一种基本方法,它是深入到特定的经济社会活动之中,有计划、有目的地科学系统地收集信息的一种方法。通常有普遍调查、重点调查、典型调查、抽样调查几种。普遍调查是对调查对象的总体进行普遍调查。如果调查对象和调查内容很多,这种调查需要花费很多人力、费用和较长时间,因此只适用于一些重大内容的调查,如人口普查、工业普查、城乡居民住宅普查等。当然,如果有些调查对象的总体单位数不是很大,也可以采用普遍调查的方法收集信息。重点调查是在调查对象中选取一部分重点对象作详细调查。典型调查是在调查对象中有意识地选取一些具有典型代表性的对象进行调查,典型调查对象由于具有一般性特征,因而可以推断总体的一些指标。抽样调查是根据一定的要求和规律,从调查对象的总体中抽取一部分作为总体的样本进行调查的方法。它可分为随机抽样和非随机抽样两大类。

统计也是获取信息的基本方法(严格地说,现场调查可以视为统计中的一种方法。这里的统计概念,仅指日常的信息统计工作)。它是对经济和社会活动,根据事先设计好的能够反映事件状态和特征的指标,进行原始的登记和统计。为人们及时地掌握经济社会动态,分析经济社会的各方面的问题,提供基本的信息资源。统计信息的收集,一般按规范的内容,通过规范的渠道和在规定的时间内进行。规范的统计渠道在一个国家或地区形成统计网络。统计信息系统作为国民经济和社会管理的主要信息系统,其网络与国民经济管理的网络相适应。

按国民经济和社会的统计信息内容,可以分为资源与环境统计、国民经济活动统计和社会统计。国民经济活动统计包括农业统计、工业统计、建筑业统计、交通运输统计、商业统计、对外经济贸易统计、基本建设统计、财政金融统计、物价统计和人民生活统计等。社会统计包括教育、科技、文化、卫生、社会保障、国防、行政等方面的统计。每一部门统计都选择反映这部门活动的主要重点作为统计指标。

按统计信息所代表的时间特征可分为日统计、旬统计、月统计、季度统计及年度统计信息。

摄录也是信息收集的一种方法,它通过对自然、经济和社会活动的音、像及其他物理形态的信息的摄录获得表征某一事件运动状态的信息。通常看到的照片、录音、录像乃至速记和速写都是摄录这种信息收集的方式。

三、信息的加工与信息产业

信息的加工属于信息处理的第二阶段，是信息收集的继续，包括信息筛选、分类、计算、存储、检索、输出等过程。信息的筛选是对信息去伪存真、去粗取精的过程。收集的原始信息有些是重复信息，有的是错误信息。不予剔除则或是干扰正常信息，或是浪费人力物力，增加存储或加工整理的困难。信息的分类，是根据信息的运用方向或根据信息本身的类别分类整理，以适应进一步的计算加工或存储、传输的需要。例如，在企业管理信息系统中，按管理的职能分成设计信息、生产信息、工艺信息、销售信息；按管理阶段分为计划信息、报告信息、作业信息；按管理级别分为总厂信息、分厂信息、车间信息等；按管理对象分为材料信息、外部信息等；按信息流向分为输入信息和输出信息，等等。在整个信息系统中，可以分成宏观信息、市场信息或农业信息、工业信息、财贸信息等。

信息资源的计算整理，包括两个重要方面：一是对初始信息进行归总计算，从而通过个体的信息来推断总体的信息。例如，我们对一个学校的男女学生进行了身高测量，获得了每个学生身高的原始信息，在对这些信息进行性别及年级的分类以后，计算出各年级男生、女生的平均身高，同时计算出身高分布的特征参数(方差，正态参数，最大、最小值，中位数以及发生率最高的值等)。这组参数的信息基本上反映了学生年龄分布的特征。二是通过直接信息来计算人们分析问题、掌握事态发展情况的间接信息。例如，我们通过获得的各年社会总产值的信息(不变价)来计算年社会总产值增长率的信息；根据各部门产值数量的信息来计算获得部门间结构和比例的信息；根据工业产值的信息及工业能耗的信息来计算工业能耗率；根据某一产品价格的信息来计算供应的价格弹性；根据各居民收入水平的信息来计算反映收入分配的基尼系数；根据居民消费商品及服务的种类、数量和金额，来计算消费结构及恩格尔系数，等等。

信息资源的存储有许多方式，如簿记存档、计算机软盘存储、感光元件存储、激光信息存储等，人脑的记忆也是一种存储的方式。许多信息只有一次性的使用价值，因而不需要存储。例如，某时某地司机看到一个危险信号的信息等。而在更多的情况下，信息具有多次的使用价值，从而需要信息存储。现在运用电子计算机存储信息已日益广泛。存储的目的是便于应用，即一旦需要使用就能迅速提供。随着信息资源的开发，信息类型日益复杂，信息数量越来越多，对信息的存储管理就越来越重要。一般说来，在信息量不大、服务对象单一的情况下信息的存储不宜分散，以集中存储为好。而在信息量大、服务对象众多、要求多样化的情况下，需要用科学的方法来设计存储的结构。存储的结构常有物理结构和逻辑结构，各种不同的物理结构及逻辑结构的合理运用，已发展成为一门十分复杂的学问。

信息的传输是信息由发生源经过一定的媒介体传送到接受源的过程。传送的方式有人与人之间的通讯、人与机器之间的通讯，以及机器与机器之间的通讯。各种大众传播媒介，如电视广播、报刊杂志、书籍等，是最为普遍的信息传播媒介。现代通信系统能够把电子计算机与各种不同类型的用户终端装置联结成实时的信息传输系统，本身可以有不同的传输方式，在通信控制部门的控制下，实现信息的自动传输。

信息在现代生产和生活中日益重要，因而提供信息产品和信息服务的部门在经济社会中日益发展，成为经济社会中一个重要的产业部门。信息产业是所有的信息资源的生产部门和直接为信息部门服务的部门，包括：①生产知识和具有发明性质的产业；②信息交流和通讯产业；③包括贷款和风险在内的风险管理业；④包括一切市场信息调查业、宣传业和协调业；⑤信息处理和传递服务业(包括用电子和非电子手段的信息业);⑥信息用商品产业(包括信息机器);⑦教育产业;⑧为信息生产及服务提供基础设施的产业。

在其他广大的非信息产业内部也存在着大量的从事信息活动的部门。例如,企业、行业的管理部门,即在企业、行业内从事统计、会计、计划、控制、指挥等管理工作的部门,以及从事经济社会宏观管理的行政机关内部的统计,会计、计划、决策等部门,都是非信息产业内从事信息活动的部门。这些部门在信息经济学中,可以称为第二信息部门,而前面所述的信息产业部门可以称为第一信息部门。第一信息部门的特点,是直接生产出一种可供市场交流的信息产品或服务;而第二信息部门从事的信息活动则直接为本企业、行业或政府组织进行有效的内部管理服务,并不产出可供市场交换的、具有商品意义的信息。

信息工作与非信息工作有时可以明确的划分。例如,图书馆工作人员和新闻记者是提供信息服务的,而铺管工和餐馆工人是提供非信息服务的。但许多职业及其产品是否应属于信息部门则很难明确界定,如金融业、医疗产业等。把金融业划为信息产业,是因为金融产业是处理现金和金融资产这种间接资财的。现金本身不过是价值符号的贮存,带给所有者对财产的权利信息。账户的存款或支取现金的信息,在现代金融管理条件下变为信息,贮存在由电子计算机处理的数据库中,现金以这种形式通过电信网在银行之间流动。这里只有信息在金融服务的卖主之间流动。电子资金过户系统纯粹是进行金融交易的一种信息手段。在医疗产业,要作具体的分析,可以划分为若干小类,根据其投入产出活动中信息活动所占的比重大小,来区分是否属于信息产业或非信息产业。例如,外科医院,其投入的设备及劳动大部分属非信息的,在产出中很大比重也属于非信息的,故划为非信息产业。但医疗研究中心、内科诊所等医疗部门,尽管也治疗病人,但主要是以医疗研究及诊断的形式进行大量的知识生产。

四、信息资源的利用

信息资源开发利用的含义,是人们根据科学技术和经济社会活动的目的,获取信息和进行加工整理、分析、运用于社会实践的过程。因此,如何开发利用信息资源,始终与最有效地实现人们的社会实践的目的联系在一起。

在人们的科学研究活动中,一方面从前人所从事的研究活动中获得信息,包括各种理论知识的信息及在全球范围内他人从事类似研究的信息;另一方面通过设计的实验方案,从实验过程中获得信息,从而获得关于研究对象的知识。对研究对象的信息开发利用,是人们科学认识的基础。

经济社会的管理活动,也是一种信息资源的开发利用活动。对信息资源开发利用的要求与经济社会管理活动的内容有关,也与经济运行机制有关。例如,一个企业的管理活动的正常进行,需要及时了解有关的国家计划信息、政策的信息、企业的投入及产出的市场信息、工艺技术的信息,也需要及时了解企业生产过程中各环节实物流和价值流的信息,掌握生产活动的情况以及经济效益的情况。企业必须根据组织生产活动的目的及信息产生、流动、反馈的要求设计有效率的组织管理系统。

宏观经济社会的管理活动,是最复杂的人类活动。经济社会大系统具有模糊性、偶然性、相互关联的多因素性以及相互作用的间接性等特征。模糊性是对一个经济社会事件的描述,判断不能用确切的数量来表征,而只能依据一些模糊的概念,例如,“群众满意”、“政治安定”、“经济景气”等。偶然性是指经济社会的动态常受到一定突发的、难以预料的事件影响,从而缺乏确定性的规律，只有概率性规律。相互联系的多因素性是指任何一个经济现象的发生，常常都是众多的复杂的因素综合影响的结果。相互作用的间接性是指一个经济社会各因素的影响常常是间接地进行的。经济社会大系统的上述性质，给运用经济社会信息，把握经济社会活动的规律造成了很大的困难，从而也形成了探索合理开发利用经济社会信息资源的许多科学方法。

用经济社会统计学方法开发利用信息资源，属于经济社会活动信息的浅层次开发。它是根据人们认识经济社会活动，并进行科学管理的目的，事先设计好统计指标、建立统计样本、进行普遍的统计调查，以了解研究对象的数字特征，同时推断出人们所需要的、反映事件性状的指标（如关于经济、社会活动状态的静态指标与效率指标）信息。经济社会统计信息的利用，是指经济管理部门根据统计部门所开发的信息，了解经济状态，发现经济运行中的问题，制定科学的计划、方案或其他政策方案，并根据信息反馈调节和控制经济的过程。

经济社会信息资源的计量开发，是指充分利用统计信息，借助概率论和数理统计的原理，建立数学模型，分析经济社会运动中因素之间的内在的关联性，并得出可以指导经济社会管理的复杂信息的过程。比如在经济社会管理中，我们常常需要了解：决定一个国家的生产增长的至关重要的因素有哪些？这些因素对生产增长的贡献如何？价格总水平与就业的变化有多大的相关性？货币、工资、价格及财政间的相互关系如何？合理的货币流通量是多少？超量的货币发行什么时候会引起价格上升？投资的增长与消费的增长在数量上和时序上的关系如何？……我们可以无穷无尽地写下各种各样的问题，而对这些问题并不能从经济社会的统计指标（初级的统计信息）中获得回答。

人们相信，一个经济事件（如提高利率）会对经济社会的许多方面产生各种直接的或间接的、有利的或有弊的影响；而一种经济变化（如价格总水平上升）也是众多的经济社会因素综合作用的结果。概率论和经济计量学的原理告诉人们，这种因素间相互关联影响的信息，包含在系统的多个样本之中，建立适当的统计方法抽样样本，并观察其有关的数量特征，运用经济计量方法进行经验分析，就能获得（按一定的置信度）这些信息。这种信息一旦获得，就大大增加了经济社会系统的透明度，改善系统的管理。

用计量方法分析因果关系，已发展成为一门极其复杂的学问。对经济信息的数量分析，按模型方法可以分为三大类：

第一，经济计量模型。即根据变量之间的因果联系建立数学方程式进行预测的体系。模型方程中包含内生变量（由模型求解的变量）、外生变量（由模型外部给定的变量）、相关的政策参数（政策变量）以及待估计的系数。模型方程体系设定后，利用所收集的变量数据，用数理统计方法，估计出待定参数的值，并对估计结果进行相应的经验的、统计的、计量的检验及模型预测功效的测定。经济计量模型的优点在于，它揭示变量之间相互关联变化的一组明晰的关系，可在考虑各种外部条件变化或对应不同的政策方案时，确定相应的预测变量的预测值，从而可以作为政策分析的工具。

第二，投入产出模型。它是利用经济活动中部门间关联的投入产出原理，建立投入产出平衡方程式体系。利用投入产出模型可以进行结构分析及多种预测。例如，根据一个国家的部门投入产出模型，可以预测各部门间增长的供求关系，用最终需求的变化来预测各部门产出的变化。

第三，系统动态学模型。即通过对象关联系统的动态模拟来判断系统变动趋势的系统分析方法。该模型的特点是把所研究的对象视为一个动态系统中的因素,这个动态系统具有一定的内部结构,受到若干约束并具有多个目标,在与环境的交流中,总是处在动态平衡状态。系统动态模型已经获得广泛的应用。1972年罗马俱乐部出版的《增长的极限》一书,就是采用系统动态学模型预测世界资源问题的重要论著。

五、信息资源开发利用的经济评价

信息资源与其他经济资源一样,对其开发利用必定要付出代价,必定会有成本和产出。信息资源的合理利用联系着一个最古老的经济学原则:用有限的信息成本获取尽可能大的信息报酬。信息的成本和收益,可以从两个层次来判断:微观层次和宏观层次。前者指企业或事业单位的信息活动的成本和收益,后者指整个国民经济中信息活动的成本和收益。

1. 微观信息活动的经济评价

企业为有效地组织生产和求得发展所进行的信息活动可以分成三大类:第一类,企业为制定长远发展战略计划所进行的信息活动,包括了解和预测企业生存发展的外部环境,掌握的经营性资源的变化,已有产品的市场及环境应变力的评价,战略方案的确定,实施战略方案效果的分析,等等。第二类,企业日常管理性的信息活动,主要是内部信息活动。例如,企业生产成本信息、销售的数量及价值信息、资金运动信息、质量检测信息、设备动力信息、劳动信息等。第三类,生产作业性的信息活动,即企业最基础的信息活动,是第一线的生产管理(如工段长、车间主任及施工管理等)组织及指挥现场生产施工的信息活动,它向生产工人传达生产的数量、质量、使用工艺、原料动力等信息,并根据生产施工过程中出现的各种情况(信息)进行调节控制,并将结果逐级上报。

信息活动需要投入各种物资资源、人力资源,这些资源的投入可以用货币投入来度量,从而构成企业从事信息活动的成本。大致包括:①信息活动的劳务成本;②信息活动的设施(计算机、通讯设备、办公房屋等);③信息活动的材料成本(纸张、油墨、账簿等);④外部信息有偿吸收成本(专利费、咨询费、调查研究费用等);⑤员工训练费用;⑥企业购销信息活动成本(如广告费用等)。

信息活动成本高低与企业的类型有关。初级基础原材料的信息成本在总成本中的比重较低,"高精深"类型的产业信息成本比重较高。在不同的产业中,从事信息活动的人员比例差别很大,因而信息活动成本的变化也十分大。

企业信息活动的成本,还与整个外部市场中信息体系的完善程度有关。在外部信息体系比较完善、公共的信息服务比较出色的情况下,企业比较容易从外部获得技术、市场及全国乃至国际市场的信息,可支付较少的信息成本,即通过成本的外部化而将企业的信息活动成本转移到社会。

由于各种不同的产业对信息活动要求不同,不同类型的产品和服务中信息的含量不同,因而我们很难建立一种普遍的标准来评价不同产业信息活动的效益。比如用单位信息成本创造的产品价值或纯收入这一类指标就有一定局限性。但对于同类型的产业,我们可以设计比较一般的指标。例如,在企业的生产增长因素中扣除物质及劳动力成本以后的余项,可以视为主要是信息的贡献,这一余项在生产增长中的份额便可以衡量企业经济活动的效益。

与信息活动的成本比较,信息活动的效益具有较大的模糊性和不可计量性。比如在企业组织市场调查研究或产品开发研究的信息活动中,一方面调研的信息直接影响了生产增值;另一方面这种活动同时训练了人员，使人员的经验增加及技艺提高，又为减少以后的信息成本创造了条件。再如企业的信息活动的公开性部分，增加了其他企业乃至整个社会的信息量，必将产生一定的间接效果和社会效果。

企业活动的成本效益，是由企业组织内部各子系统的信息交流而产生的，因而企业内部组织的合理化是企业提高信息活动效益的基本保证。内部机构重叠，必将导致信息在传递过程中的浪费，产生多余信息及重复信息，从而增大信息成本。由于信息传递或反馈过程增加过多的中间环节，会使信息延迟或失真，影响信息的效益。

企业信息活动的效益，可以用企业的经营绩效来反映，即企业创造的社会纯收入剔除劳动成本、资本成本、管理利润以后，可以视为信息活动引起增值的部分。在实际计量时，还要考虑剔除价格不合理等原因引起的利润的不公平问题。

2.宏观信息活动的成本和收益

国民经济的宏观信息活动是指国民经济中信息产业的活动，即为实施国民经济管理以及为经济社会活动提供商品性及非商品性信息服务的活动。它包括政府为实施管理所进行的信息活动，各种教育活动，各种大众传播媒介的活动，国家及民间各种研究机构的活动，以及为这些活动提供手段、设备、基础设施的活动。国民经济信息活动的整体效益，是由各个信息产业活动的效率决定的。

投入信息产业的自然资源、人力资源和资本资源，是国民经济信息活动的成本。随着经济发展，这些投入在国民经济总投入中的比重日益增多。信息部门提供给社会的是政策、预测、各种情报、各种书刊报纸以及其他各种知识。信息的质量是信息的生命。低质量的、不重要或无用的信息的产出会对有用的、高质量的信息形成客观干扰，可能引发人们错误的行动。在这种情况下，信息的产出使社会付出间接的代价。

信息产业可以分为两大类：第一类，其产品参与市场交换过程，其投入也由市场交换过程实现，这类信息活动可以称为商业性的信息活动。商业性信息活动的效益可以由市场评价。例如，私立学校、私人书刊发行者、信息器材设备的生产者、专利产业等。第二类，其产品具有公共产品性质的信息产业。例如，图书馆、公立学校、公共咨询业、非盈利性的研究开发机构、政府管理部门等。这些部门的信息产品，不具有商品性(具有公共产品的性质，为全社会所共同享有)。

尽管信息产业在国民经济中的比重随着经济社会的发展日益扩大，但对于一定的发展阶段和发展水平的国家来说，并不是信息产业越大越好。一般来说，信息产业的比重及数量，是由于社会物质生产的水平决定的。由于信息产业并不直接创造供人们消费或积累的物质，因而信息活动者必须参与物质生产部门创造产品价值的分配。最为有效的信息活动在宏观上的比重应该由下述经济性原则来决定：一种资源投入到信息产业，一般通过信息产业的产出而引起国民经济最终产品的增长；同样一种资源投入到非信息产业一般也会引起产品的增长。当前者大于后者时，我们必须将资源投入到信息产业，引起信息产业的继续扩大；否则，就是投入到非信息产业，使信息产业的比重缩小。经济社会只有创造这样一种机制，才能使信息产业处于最合适的比例状态。

值得注意的是，信息产业的投入具有非常严格的规模经济性。由于信息产业的存在和发展严格地受制于经济社会中的资源结构、经济结构及社会发展水平，因此只有与这种综合水平相适应的投入对信息产业才是合适的。过多的投入非但不能促使有效信息产出的增长，反而会使人们利用信息资源的代价增大。在用上述标准来评价宏观信息活动的效益时，还会遇到计量方面的困难。首先，信息产出导致的社会最终产出的增量由于是间接发生的，因而也是难以计量的。例如，当今世界很难对政府统计信息的组织工作的增量社会效果做出计量。其次，信息活动的评价本身涉及到经济社会活动的目标问题。例如，我们所进行的非生产性的信息活动，纯粹的娱乐性的信息活动，如何评价它们对经济社会总目标的贡献？许多社会效益为主的信息活动，其效益的评价依赖于一定的社会政治结构来进行。

营利性的信息活动经济评价可以由信息部门的经营成绩来评价，同时要顾及信息部门投入产出的间接的社会影响。非营利性信息部门的经济、社会效益评价，取决于政治结构的合理性。有效的政治结构与信息活动的宏观效益是联系在一起的。

总之，宏观经济活动效果的评价可以用在整个国民经济活动中，在一定的资本投入、自然资源投入、劳动力投入条件下，用经济活动的成果以及社会生活质量的改善来衡量、评价宏观经济社会效益的许多指标，一般都可以从一定侧面反映宏观活动中的信息资源。

关键点

1. 社会资源主要包括人力资源、资本资源和信息资源。社会资源是市场经济过程中最为活跃的生产要素，是经济资源的重要组成部分。合理配置、开发利用各种社会资源对于促进国民经济的持续、快速、健康发展具有重要意义。

2. 劳动者的主观能动性对于生产的发展起着重要的甚至是决定性的作用。

3. 固定资本资源既是生产要素，又是劳动产品。固定资本资源的价值形成和转移过程是分开的。固定资本资源的使用过程，具有有形损耗和无形损耗。

参考文献

阿兰·兰德尔．资源经济学[M]．北京：商务印书馆，1989

肯尼思·阿罗．信息经济学[M]．北京：北京出版社，1988

史忠良，等．资源经济学[M]．北京：北京出版社，1993

苏庭林，等．人才资源学导论[M]．北京：中国人事出版社，1994

翟秀文．信息经济学研究的比较与借鉴[J]．中州学刊，2002，(4)：12－14

思考题

1. 名词解释：人力资源，固定资本，资源信息，信息资源。

2. 怎样认识人力资源的特点？

3. 举例说明人力资源开发利用的经济效益。

4. 怎样才能有效利用固定资本资源？

5. 信息资源有哪些特征？

6. 怎样进行信息资源开发利用的经济评价？

第十一章 资源开发与环境经济

导 读

资源的开发利用,常常会改变环境,甚至造成环境污染和生态破坏。资源不同的开发利用方式,对环境的影响程度往往差别很大。我们如何评价资源开发利用所带来的环境影响呢?在全面考虑资源利用的环境效应后,如何重新思考资源配置问题?如何重新定义资源开发的合理性与高效性?面对产业布局又有哪些新的思路呢?

关键问题

1.资源开发如何影响到环境?

2.怎样评价资源开发带来的环境影响?

3.考虑环境保护要求后,合理的产业布局又有哪些新的内涵?

第一节 资源开发与环境的关系

不管从什么出发点来考虑资源环境问题,资源与环境总是具有密不可分的关系,改善或保护环境和有效地保护或利用资源具有同样的意义。自然资源是自然环境的基本组成因素,在自然资源的序列中,矿产资源、土地资源、生物资源和水资源都是人类生态环境的重要组成部分。环境不仅是一个自然科学概念,也是一个经济学概念。

一、资源开发是对自然环境的改变

造成人类自然生态环境变化的原因有两大类:一是自然力的作用;二是人类活动的作用。

人类本身就是自然环境变迁的产物,而自然环境是伴随着人类社会的发展而不断发展和演化的。自然变化的力量,有的来自地球以外,如行星卫星的活动都会对地球发生影响。人类迄今发现存在于地球的各种能源,除核能以外,基本上都来源于太阳能。地球环境的许多变化,都与太阳的活动有关。在地球内部及表面生物圈内,也不断发生着由于各种地质作用导致的环境变迁。例如,喜马拉雅山的隆起,改变了整个中国的生态条件,引起了中国西北地区的干旱少雨和沙漠化。

环境问题的产生和发展,主要是人类为经济发展所进行的资源开发活动,可大致分为三个阶段:自人类出现直至工业革命为止,是早期环境问题阶段;从工业革命到 1984 年南极发现臭氧层空洞为止,是近现代环境问题阶段;从 1984 年南极发现臭氧层空洞,引起第二次世界环境问题高潮至今，是当代环境问题阶段。工业革命以前，由于人口有限以及人类活动范围的狭小，人类对环境的影响是极为有限的。1848 年工业革命以后，随着人口和人均产值的高速增长，给环境带来越来越大的压力，污染问题随着工业化的不断深入而蔓延，形成了今天全球性问题。20 世纪 50、60 年代当时许多国家饱尝了工业化带来的后果，“公害事件”层出不穷，导致成千上万的人生病，甚至有不少人因此丧生。近年来，区域性、潜在性、暂时性的问题更进一步演变成全球性、公开性和长期性的问题。这些问题主要包括：

(1)全球性的气候变化。工业化、都市化以及社会的富裕带来了对能源需求的增加，化石燃料提供了大约 95%的世界经济商业能源，这些燃料燃烧释放的 CO_2，是最主要的温室气体。在 1750 年之前，大气中 CO_2 基本维持在 280×10^{-6} mg/kg。工业革命后，大量的化石燃料和森林植被被人类所消耗，使得排放的 CO_2 等温室气体不断增加，大气中 CO_2 浓度逐渐上升。如果气温持续上升，造成的海平面上升，将使沿海低洼地区的城市和耕地淹没。

(2)臭氧层的破坏。正是由于臭氧层有效地挡住来自太阳紫外线的侵袭，才使得地球上各种生命活动正常发展。但人类用作气溶胶喷雾器的挥发剂和溶剂、制冷器和空调设备的冷冻剂、塑料泡沫产品的发泡剂以及主要用在电子工业中作为溶剂的化合物，成为破坏臭氧层的物质。如果平流层的臭氧含量减少 1%，预计到达地面的有害紫外线将增加 2%。这将使皮肤癌和白内障的发生机率增加 2%～4%和 0.3%～0.6%；并破坏生态系统，使农作物减产；使食物链低层的浮游生物的生产力下降，降低整个水生生态系统。

(3)生物多样性锐减。多样的植物、动物和微生物为人类提供了不可缺少的食物、纤维、木材、药物和工业原料，其潜在的价值难以估计。由于人口的压力，自然生态的破坏，对资源的过分开采及污染等影响，使地球上数以百万计的物种已灭绝，目前有近 4 000 个物种濒危，近 7 300个物种被认为是稀有的。许多专家认为：地球上 25%的物种将在未来 20～30 年有消失的严重危险，每天有 100～300 个物种几近灭绝。

(4)酸雨污染。酸雨通常是指 pH 值低于 5.6 的降水，但现在泛指酸性物质以湿沉降或干沉降的形式由大气转移到地面上。主要是人类大量燃烧化石燃料时所排放的二氧化硫和氮氧化物造成的，主要分布于污染源集中的城市地区。欧洲和北美洲东部是世界上最早发生酸雨的地区，但亚洲和拉丁美洲酸雨发生面积也在逐渐扩大。

(5)土壤过分流失和沙漠化扩展。荒漠化是指在干旱、半干旱和某些半湿润、湿润地区，由于气候变化和人类活动等各种因素所造成的土地退化，它使土地经济生产潜力减小，甚至丧失。目前，世界上每年流失的土壤已超过形成的新土壤。据统计，全球土壤流失量已增加到每年 254×10^8 t，其中中国约 43×10^8 t。

(6)森林资源日益减少。森林是陆地生态的主体，在维持全球生态平衡、调节气候、保持水土、减少洪涝等自然灾害方面，都有着极其重要的作用，各种林产品也有着广泛的经济用途。由于过度采伐和开垦，世界上的森林每年减少 1%，仅 1980—1990 年间全球平均每年减少森林 995×10^4 ha。森林的减少导致气候产生异常、CO_2 的排放增加、物种灭绝和生物多样性减少并加剧了水土流失。

(7)淡水供给不足。水是世界上普遍的物质之一，总体积大约为 14.1×10^8 km^3。其中只有 2%是淡水。淡水的 87%又被封冻在两极和高山的冰层和冰川中，难以利用。水资源在时空上的分布不均，加上人类的不合理利用，使世界上许多地区面临着严重的水资源危机。

引起环境变化的人类活动主要是经济发展所进行的资源开发活动。正是由于资源开发对环境的直接影响，使资源开发的管理成为环境保护管理的主要内容之一。人类所进行的资源开发活动，都会对自然环境产生影响，引起变化，但是，并不是说开发都会对环境造成损害。有的开发甚至可以最终改善生态环境，具有良好的生态效益（如都江堰水利工程、京杭大运河等）。但开发都是对原有的环境自然状态的改变，这种改变表现在两个方面：一是对自然环境的破坏；二是对自然环境的改造和完善。

广义的资源开发是指资源从赋存状态到深度加工成为最终产品或其他资源利用的整个过程。人们正是通过这种开发活动（即生产活动），改变原有的生活环境而形成一种新的生活环境。

二、资源开发是对人文环境的建设

人类通过资源开发的生产活动建设着人文的环境，使自身日益脱离自然状态的简单生存繁衍，开始更具有社会化的、逐步走向自我实现的过程。现今人类社会环境中的一切——村庄、道路、城市、文化教育和卫生等现代人赖以生存的条件，都是对自然资源或对最基本的环境要素开发利用的结果。

对土地资源开发利用的结果，建立了现代农业环境，使农业的生产率不断提高，使水、阳光、土地等自然资源得到更充分的利用，从而使更多的人从土地的束缚中解脱出来从事工业的生产活动。对矿产资源的开发，使人们获得了各类具有广阔用途的能源和原材料，从而使各种加工活动成为可能，使现代的道路、住宅及城乡公用设施的建设成为可能，对水资源的开发，形成了水利枢纽等人造景观与环境。

一般来说，人类环境的建设是以自然环境的改变为代价的，其结果不外乎两种情况：人类环境和自然环境的协调发展或者人类环境与自然环境的矛盾冲突。我们追求的目标是合理地开发利用各种自然资源，建立有利于环境保护的产业政策等，使人类获得一个人文和自然环境协调发展的环境。

三、环境污染的形成

环境污染是指环境的物理学、化学和生物学条件变化对人类生活所造成的有害影响，包括对人类、动物、植物、工农业、文化和景观的影响。人类活动引起的环境污染起源于人类对自然资源的开发。作为生产要素，同时又是环境因素的自然资源，通过市场或计划调配进入生产过程，再通过市场或计划提供商品和服务。在上述资源的增值运动过程中，货币资金通过分配、再分配实现循环。在市场经济条件下，资源所有者在将资金投入生产的过程中，获得资源报酬（工资、地租或资本收益），形成家庭收入（家庭收入分为三种用途：作为消费支出，购买消费品和服务；作为储蓄，投资于新的资源开发；作为税收，形成政府收入）。政府消费及私人消费构成社会总的消费需求，通过购买将货币付给生产者，生产者通过投资于资源开发或资源使用将货币支付给资源所有者，从而实现经济中产品的运动和价值的循环。在这一经济过程中，生产领域及消费领域在对资源的加工和消费中，将各种废弃物（如废水、废气、废渣及噪声等）投入环境之中。这些废弃物一部分经过回收处理可进入生产过程的再循环，而很大部分则进入自然环境因素（水体、大气、土壤等）之中，形成环境污染，使人类生活环境的质量降低，如图 11－1。

由于污染是伴随人的生产活动而发生的，因此人口密集、经济活动强度大的地方就相对严重。当环境污染超过自然界本身的净化能力时，污染就会成为一种严重的公害，最终影响人们的生活。

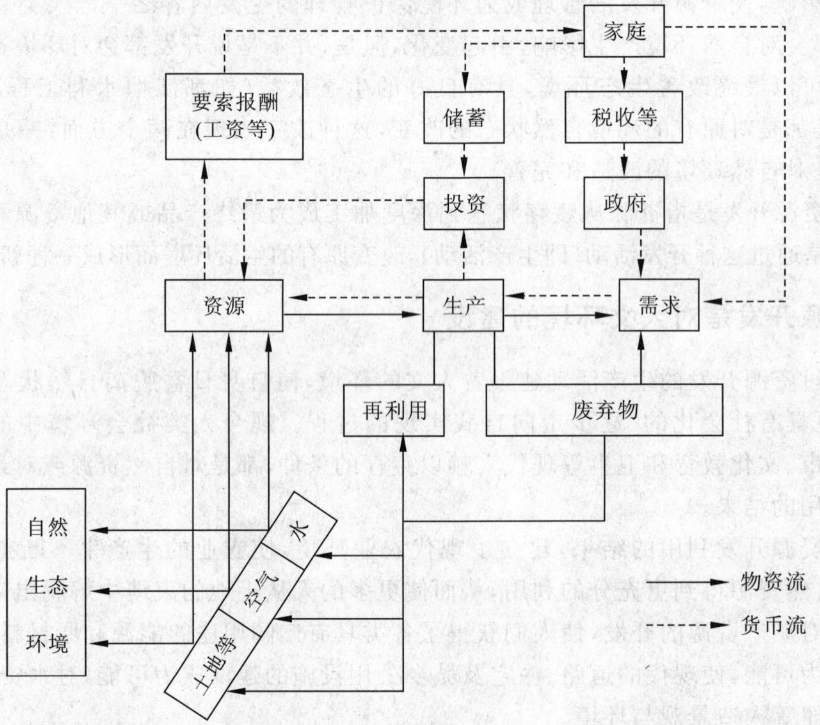

图 11－1　经济中物质流、货币流与污染的形成

环境污染按环境要素可分为大气污染、水体污染和土壤污染等；按污染物性质可分为物理污染、化学污染和生物污染；按污染物形态可分为废气污染、废水污染和固体废物污染，以及噪声污染、辐射污染等；按污染产生原因可分为生产污染（包括工业污染、农业污染、交通污染等）和生活污染；按污染物分布范围可分为全球性污染、区域污染和局部污染等。这些污染的产生都与人类活动有关。

1. 水污染

水体污染是指由于人类活动排放的污染物进入河流、湖泊、海洋或地下水等水体，使水和水体底泥的物理、化学性质或生物群落组成发生变化，从而降低水体的使用价值的现象。

从实用的观点可以分为可降解的与不可降解的两种水污染物。可降解的水污染物包括有机物和热的排放物。可降解有机物能在细菌或其他有机体的作用下分解为稳定的简单无机物。不可降解的污染物包括各种有毒物质，如镉、汞、铅和多联苯等。

污染物会改变水的色、味、温度和酸碱度，特别会降低水中的溶解氧，最终导致厌氧菌的大量繁殖，使水腐败。水体污染物的主要来源有：工业废水、农田排水、生活污水、工业废渣、大气中污染物、天然污染物等。水体污染按污染物种类分有：有机污染、重金属污染、食物链的传递危害人体、化肥和农药污染、热污染、石油污染、放射性污染、病原微生物污染。主要的工业废水排放源是造纸厂、化工厂、炼油厂、钢铁厂等自然资源进行初级加工的企业的生产过程。排放较集中，处理相对容易。农业水污染源主要是农药及化肥，由于其浓度低且分散，危害一般比工业废水低，但处理较困难，所以在实际生产中要考虑普遍使用低毒农药，并使农药化肥的施用量与环境的自净能力相适应。生活水污染源主要是人类的排泄物以及生活废弃物，其排放集中,处理起来也较容易。

2. 大气污染

大气污染是指大气中污染物的浓度达到了有害程度的现象。大气污染物的种类很多,主要是一氧化碳、硫的氧化物、氮的氧化物、烃类和漂尘对大气的污染。一氧化碳会阻碍人体血液循环中氧的传递,严重时造成人体缺氧晕厥。它的主要排放源是动力机械如内燃机等的燃烧过程。硫的氧化物对人的呼吸系统造成伤害并具有腐蚀作用,石油和煤等含硫燃料的燃烧是硫的氧化物的排放源。氮的氧化物及与烃类生成的光化学污染物对人体亦十分有害,特别是会诱发流感,还具有腐蚀作用。氮的氧化物主要是由高温燃烧过程产出,特别是内燃机的不完全燃烧排出的废气。漂尘使空气浑浊,还可加速其他污染物的腐蚀作用,它主要由固体燃烧产生。由此可见大气污染是在能源、矿产资源的开发利用过程中发生的。

3. 土壤污染

土壤污染是指向土壤中施用和排放的物质,引起土壤质量下降,造成农作物产量和质量下降或通过食物链影响人体健康等现象。造成土壤污染的主要原因是向土壤施肥、施用农药、用污水灌溉、在地面上堆放废物,以及大气中悬浮的污染物沉降到土壤中来。土壤污染使人居环境逐渐恶化,影响人体健康并造成土地贫瘠而不宜农耕。

第二节 资源开发的环境经济问题

在资源开发和利用过程中,必然使环境改变,从而产生有利的或不利的影响。人们为减少环境的不利影响,必须采用各种环境保护措施,为此就必须付出代价。于是对环境影响及对不利影响的治理的经济性评价,就成为十分重要的问题。

一、资源开发中环境影响的确定

进行经济评价的前提,是确定一项资源开发活动的环境影响。环境影响的程度和范围与开发项目的类型和规模有关,也与开发的地点和时间上的特点有关。例如,矿产资源开发的环境影响就与森林资源开采的环境影响不一样。前者直接的影响包括对土地的破坏、矿物的污染以及矿碴等堆积物的污染,同时伴随矿山开发的交通建设对环境也会发生综合性的影响。而森林的采伐过量可能会引起水土流失及局部气候条件变化等生态环境改变的影响,但如果采伐量与生长量能保持一种动态平衡,则生态环境的不利影响便可以大大降低。另外,在城市附近开发矿产资源比在远郊有大得多的不利环境影响。资源开发不同类型项目对环境影响的差异,引导人们去开发寻找一种比较规范的分析资源开发环境影响的方法体系。

1969 年美国制定的国家环境政策法(NEPA,公法 91-190)提出,要运用系统的、多学科的手段并创造环境影响评价的方法和程序,以保证在决策者考虑经济和技术问题的同时,还对环境状况和价值以适当的考虑。此法 1970 年正式执行以来,环境科学创造了许多环境影响评价方法。

环境影响评价包括三个相互联系的过程:环境影响的识别、环境影响的预测、环境影响的评价。

环境影响的识别比较成熟的方法有六大类方法,即特定程序、叠合图技术、一览表、矩阵法、网络法和模拟法。特定程序是邀请一组专家鉴别各自专业范围内的环境影响。叠合图技术是使用一系列画出环境因素或工地状况的叠合地图来分析工程的环境影响,目前可运用计算机进行叠合图的分析。一览表法介绍开发项目与环境的各种联系影响类别,根据一张环境因素和环境影响总表,进行项目的环境的分析预测。矩阵法是一览表法的发展,它把资源开发的每一行为与生产的各种环境影响分成相互对应的两轴,目的是试图识别引起特定影响的各种原因因素。网络法由于引入"原因—条件—结果"的网络而开展矩阵概念。网络可以识别累积和间接影响。理清影响因素及影响关系后,我们可以根据环境影响的重要性分类加权,求得相关指数,作为比较不同项目环境影响大小的依据。模拟法是通过系统动态学模型或其他数学模型来模拟环境影响的过程,从而获得环境影响的认识。

环境影响的预测是人们在采取对环境有影响的行动之前,在充分调查研究的基础上,预测该行动可能带来的影响。它主要包括对环境可能产生的污染和破坏类型、影响范围和程度,并对影响的性质和大小做出判断和评价。这是环境影响经济评价的前提。

二、环境影响的经济评价

对环境污染的经济评价,就是对环境污染可能导致的经济损失的评价,或者是对治理环境污染而付出的代价。既有事前的评价,即对资源开发项目决策阶段的环境经济评价;也有事后的评价,即对一个已经建成投产的工程或其他资源开发利用的活动的实发环境污染的经济成本的评价。环境污染的经济评价在定量处理上有两种基本方法。

(1)通过对进行某个项目开发与不进行某个项目开发可能对环境产生影响的对比分析,来评价污染对环境中各种因素的影响及其经济损失。

假设一项目发生的污染对居民健康、住宅、公用设施、农田、森林植被、工业与交通的固定资产、渔业等都发生了显著的影响,由于这些影响引起的上述各方面保健和维护费用之总和,就是项目污染形成的经济损失。在上面的例子中,作为指标的对象涉及:有关居民的发病率、有关住宅功用设施为建筑居住地区的清洁费用(包括公共交通、住宅资产、绿化植树等的维持费用及因污染而为居民安排的额外生活服务费用)、有关农田及林地的生产率、有关的工业与交通的固定资产修理费用及设备的非计划停工损失(包括因污染导致固定资产加速损耗而造成的产品损失或用于预防该损失的费用、渔业的捕获量等)。环境污染的经济损失,是指上述各对象受环境污染的影响而引起的经济损失,是用受污染后与未受污染前的比较所新增加的费用支出的总和来计量的。

(2)污染所引起的各种对象的损失不一定为我们所尽知,而污染产生的不利影响则是明显的。因此,可以用治理污染的总代价来衡量污染损失。

例如,一个工业基地排放污水,为治理这些污水使之达到清洁标准所需的费用,可以作为经济损失的度量。完全放纵一个建设项目的污染,使之导致环境的经济损害,与完全地治理污染,使之达到没有一点损害,是资源开发过程中对环境因素考虑的两个极端的情况。实际上许多资源开发项目引起的污染是不能被完全治理的(如采矿引起的地下水流失及矿渣堆积),或者说治理是昂贵的,人们只能折衷选择。一般来说,用于防止环境污染的费用和由于污染引起损害的费用互相处于反比例关系,这就为治理污染的方案提供了多种选择。人们总是力图寻找两项费用之和最小的那种方案。当治理的代价大大地超过污染的经济损害时,这种治理就是无效益的、不可取的。当明显的经济损害大大高于治理的费用时,进一步的治理就成为必要。如果资源开发引起的治理污染的费用导致成本增加使开发项目没有效益，则这种开发项目就是环境不可行项目。因此，经济损害的正确评价就成为对于治理污染环境决策的基本依据，也是判断资源开发环境可行性的基本依据。

完成确定经济损失的任务不能仅仅靠经济学家，还需要各种学科，如气象学、水文学、医学、生物学、社会学、经济学等学科的专家们共同从事研究。下面的关系图可以概括地表达确定的经济损失的程序：

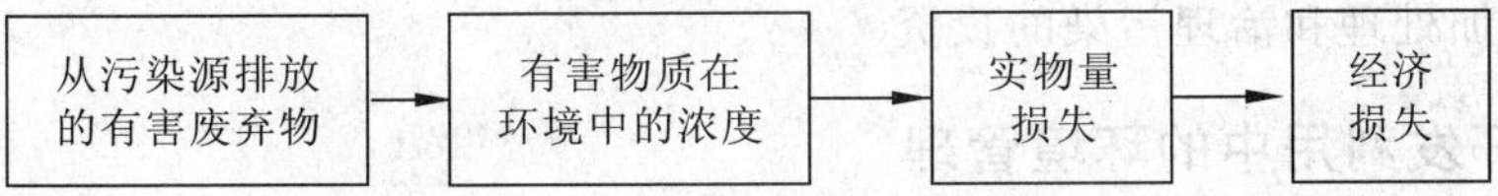

关系图的每一个环节都有独立的研究方法。在“废气物—浓度”的环节中，必须采用气象学和水文的方法；在“浓度—实物量损失”的环节中，采用医学、物理化学、生物学和社会学的方法；在“实物量损失—经济损失”的环节中，采用经济学的分析方法。其中“浓度—实物量损失”的部分可能是关系图中最主要和复杂的部分，因为影响被研究对象状况变化的因素，除了污染物之外，还有许多其他的因素，复杂性就在于如何将环境污染引起的损失这一因素与造成对象变化的其他影响因素区别开来。“实物量损失—经济损失”也是关键的环节，既把实物量损失(如发病率的提高、农作物歉收量、机器设备的损耗量等)换算成货币损失。这里也需要建立一种评判标准，例如，发病率提高相当于多少经济价值？资本资源、自然资源的量的损失相当于多少经济价值，等等。环境问题的实质是经济问题。在低水平的自然条件下自然环境还能保持其原始美的形态，随着生产的进步，人类在向自然开发的同时，在不自觉地破坏着生存的环境。因此，可以说环境污染是经济发展的伴随物。但这并非说，人类为了追求美的生活，就无法摆脱以工业生产的废弃物来毁灭自己的困境，关键在于正确处理好经济发展和环境保护的关系。

三、考虑环境影响的资源配置问题

当我们把环境的改善作为效益目标因素后，资源的合理配置，就是要有效地利用各种经济资源，使有限的资源产生尽可能大的经济、社会与生态环境效益。环境的经济社会评价，就是使环境目标与经济社会目标在表述上一致起来，可以使用统一的价值尺度(如货币)来权衡它们。

环境影响从两个方面降低了资源开发和使用的效益(或者提高了资源开发和使用的代价)。一方面，资源开发活动从自然界获取了资源，并使资源逐步走向枯竭，使自然界的潜在价值减少，这是资源开发和使用的直接成本。这种减少还可以引起生态恶化从而产生额外的、间接的成本，我们称之为环境成本。另一方面，在资源开发过程中的废弃物对环境造成影响，并会产生经济损失。任何一个资源配置项目都要从环境中获取一定的资源，同时又以某种产出物充斥环境，引起环境因素的变化。资源配置的环境成本和效益，就是根据这种变化的损益来度量的。

社会在配置使用资源时考虑环境影响，以期资源配置在经济、社会及生态环境上都具有合理性。为了实现资源配置的环境考量，政府通过政策手段，将经济资源朝着有利于生态保护或改良的方向去配置。从宏观角度看，在自然资源方面必须考虑资源恢复的周期，并保持生态系统的良性循环(指可再生资源)。不利于这种循环的资源开发应被禁止或减少。资源的综合利用及回收则应大力加强,从而尽可能做到少投入多产出。资本资源将更多地流向保护生态环境方面或降低污染的人类活动领域,环境工业将成为日益壮大的产业。人力资源具有作为消费者和生产要素的两重性,同时由于人类高密度、高强度活动是自然资源枯竭及环境损害的主要因素,在人力资源配置上要求人类自身节制人口的数量而提高人口的素质,以向自然界较少地索取而达到最有效的产出。从微观角度看,企业在考虑环境影响后(通常是在政府的环境保护政策约束之下),投入产出的结构就会发生变化,企业将尽可能减少使用导致污染的原材料与燃料,同时增加处理和治理污染的投资。

四、资源开发利用中的环境管理

1. 环境管理的意义和内容

1972 年在瑞典斯德哥尔摩举行联合国人类环境会议以前,环境问题基本上被看作一个由于工农业发展而带来的污染问题。解决这种问题的办法主要是运用工程技术去减少污染。环境保护工作也就是治理"三废"和控制噪声。斯德哥尔摩会议对此有了新的认识,指出环境问题不仅是一个技术问题,也是一个重要的社会经济问题,不能以自然科学的方法去解决污染,而要用一种更完善的方法从发展过程上去解决环境问题。

环境问题的研究使人们深刻认识到要解决社会中的环境问题,首先要研究人类的社会活动(主要是经济活动)与环境互相影响的原理。运用这些原理,在发展过程的每一阶段,始终重视环境的影响,不仅考虑到经济效果,而且要重视环境效应,并通过经济、法律等手段影响人的行为,达到经济与环境的协调发展。这样才能从根本上解决环境问题。对上述问题的深入探讨,逐步形成了年轻的环境管理科学。

环境管理的内容涉及土壤、水、大气、生物等各种环境因素,环境管理的领域涉及经济、社会、政治、自然、科学技术等方面,环境管理的范围涉及国家的各个部门,所以环境管理具有高度的综合性。主要内容可分为三方面:

(1)环境计划的管理:环境计划包括工业交通污染防治、城市污染控制计划、流域污染控制计划、自然环境保护计划,以及环境科学技术发展计划、宣传教育计划等;还包括在调查、评价特定区域的环境状况的基础区域环境规划。

(2)环境质量的管理:指为了保证人类生存与健康所必须的环境质量而进行的各项管理工作,主要有组织制订各种质量标准、各类污染物排放标准,组织调查、监测和评价环境质量状况,预测环境质量变化趋势,以及保证环境质量不受污染而进行的各种立法、执法及监督、检查工作。

(3)环境技术的管理:主要包括确定环境污染和破坏的防治技术路线和技术政策;确定环境科学技术发展方向;组织环境保护的技术咨询和情报服务;组织国内和国际的环境科学技术合作交流等。

2. 环境管理的手段

环境管理是国家环境保护部门的基本职能。国家环境保护部门运用行政、法律、经济、教育和科学技术手段,协调社会经济发展同环境保护之间的关系,处理国民经济各部门、各社会集团和个人有关环境问题的相互关系,使社会经济发展在满足人们物质和文化生活需要的同时,防治环境污染和维护生态平衡。

行政手段主要指国家和地方各级行政管理机关，根据国家行政法规所赋予的组织和指挥权力，制定方针、政策，建立法规，颁布标准，进行监督协调，对环境资源保护工作实施行政决策和管理。主要包括：①环境管理部门定期或不定期地向同级政府机关报告本地区的环境保护工作情况，对贯彻国家有关环境保护方针、政策提出具体意见和建议；组织制定国家和地方的环境保护政策、工作计划和环境规划，并把这些计划和规划报请政府审批，使之具有行政法规效力。②运用行政权力对某些区域采取特定措施，如划分自然保护区、重点污染防治区、环境保护特区等。③对一些污染严重的工业、交通、企业要求限期治理，甚至勒令其关、停、并、转、迁。④对易产生污染的工程设施和项目，采取行政制约的方法，如审批开发建设项目的环境影响评价书，审批新建、扩建、改建项目的“三同时”设计方案，发放与环境保护有关的各种许可证，审批有毒有害化学品的生产、进口和使用。⑤管理珍稀动植物物种及其产品的出口、贸易事宜。⑥对重点城市、地区、水域的防治工作给予必要的资金或技术帮助等。

法律手段是环境管理的一种强制性手段，依法管理环境是控制并消除污染，保障自然资源合理利用，并维护生态平衡的重要措施。环境管理一方面要靠立法，把国家对环境保护的要求、作法，全部以法律形式固定下来，强制执行；另一方面还要靠执法。环境管理部门要协助和配合司法部门对违反环境保护法律的犯罪行为进行斗争，协助仲裁；按照环境法规、环境标准来处理环境污染和环境破坏问题，对严重污染和破坏环境的行为提起公诉，甚至追究法律责任；也可依据环境法规对危害人民健康、财产，污染和破坏环境的个人或单位给予批评、警告、罚款或责令赔偿损失等。我国自20世纪80年代开始，从中央到地方颁布了一系列环境保护法律、法规。目前，已初步形成了由国家宪法、环境保护基本法、环境保护单行法规和其他部门法中关于环境保护的法律规范等所组成的环境保护法体系。

经济手段是指利用价值规律，运用价格、税收、信贷等经济杠杆，控制生产者在资源开发中的行为，以便限制损害环境的社会经济活动，奖励积极治理污染的单位，促进节约和合理利用资源，充分发挥价值规律在环境管理中的杠杆作用。方法主要包括：各级环境管理部门对积极防治环境污染而在经济上有困难的企业、事业单位发放环境保护补助资金；对排放污染物超过国家规定标准的单位，按照污染物的种类、数量和浓度征收排污费；对违反规定造成严重污染的单位和个人处以罚款；对排放污染物损害人群健康或造成财产损失的排污单位，责令对受害者赔偿损失；对积极开展“三废”综合利用、减少排污量的企业给予减免税和利润留成的奖励；推行开发、利用自然资源的征税制度等。

技术手段是指借助那些既能提高生产率，又能把对环境污染和生态破坏控制到最小限度的技术以及先进的污染治理技术等来达到保护环境目的的手段。运用技术手段，实现环境管理的科学化，包括制定环境质量标准；通过环境监测、环境统计方法，根据环境监管资料以及有关的其他资料对本地区、本部门、本行业污染状况进行调查；编写环境报告书和环境公报；组织开展环境影响评价工作；交流推广无污染、少污染的清洁生产工艺及先进治理技术；组织环境科研成果和环境科技情报的交流等。许多环境政策、法律、法规的制定和实施都涉及到许多科学技术问题，所以环境问题解决的好坏，在很大程度上取决于科学技术。没有先进的科学技术，就不能及时发现环境问题，而且即使发现了，也难以控制。例如，兴建大型工程、围湖造田、施用化肥和农药，常常会产生负的环境效应，就说明人类没有掌握足够的知识，没有科学地预见到人类活动对环境的反作用。

宣传教育是环境管理不可缺少的手段。环境宣传既是普及环境科学知识，又是一种思想动员。通过报刊、杂志、电影、电视、广播、展览、专题讲座、文艺演出等各种文化形式广泛宣传，使公众了解环境保护的重要意义和内容，提高全民族的环境意识，激发公民保护环境的热情和积极性，把保护环境、热爱大自然、保护大自然变成自觉行动，形成强大的社会舆论，从而制止浪费资源、破坏环境的行为。环境教育可以通过专业的环境教育培养各种环境保护的专门人才，提高环境保护人员的业务水平；还可以通过基础的和社会的环境教育提高社会公民的环境意识，来实现科学管理环境以及提倡社会监督的环境管理措施。例如，把环境教育纳入国家教育体系，从幼儿园、中小学抓起，加强基础教育，搞好成人教育以及对各高校非环境专业学生普及环境保护基础知识等。

3. 西方发达国家的环境管理

在环境管理方面，有两件事情的发生具有重要历史意义：其一，1972 年斯德哥尔摩人类环境会议；其二，1992 年的联合国环境与发展会议。此后，环境管理进入了一个新时期。这个新时期的主要标志有两个：一是扩大了环境管理的范围，把防治局部的环境污染与保护大自然的生态平衡结合起来；二是把协调人口、资源、环境和经济社会发展四者相互关系作为环境管理的指导方针，从整体上采取防治环境污染和破坏的政策。

各国已普遍认识到，环境的保护与治理，只有放在经济和社会发展在内的更大的范围内，才能最终解决。西方发达国家在环境管理工作方面的基本做法是：

(1)制定严格的环境法规，包括大气、水质、噪声、固体废弃物、有毒化学品和土壤、森林、渔业和野生动植物等有关的一系列环境保护法律、条例、规定和标准，并不断根据经济和科学技术的发展修订这些法规和标准。

(2)制定鼓励减少污染、改善环境的经济和技术政策，促使工业、农业、交通、城乡公用设施和建设广泛采用低污染、低危害的各种先进技术。

(3)建立完善的环境管理体制。从中央到地方，直到各行各业，对环境保护都有法规要求，有明确分工，都要具体了解自己应负的责任，并为履行这种责任做出投入和组织安排。从中央到地方都要建立强有力的环境管理机构，监督环境政策和法律的贯彻执行。

4. 中国环境管理中存在的问题

20 世纪 50 年代初，中国追随前苏联工业化“赶超战略”，走上一条高消耗、高污染换取工业高增长的发展道路。到了 20 世纪 70 年代，中国的经济发展虽然取得了较大的成就，但也付出了惨痛的环境代价。1973 年中国第一次召开了全国环境保护工作会议，从此中央和地方都建立了相应的环境保护工作机构并开始环境立法、环境规划、环境监控、环境评价等管理工作。自 1989 年颁布《中华人民共和国环境保护法》起，中国的环境保护工作已取得了一定成效。但尚未按照当代环境管理的要求把自然资源及生态环境完全纳入管理范畴中。存在的主要问题有：

(1)由于地方政府及企业的短期行为，仍然普遍存在重生产增长、轻环境保护的状况。

(2)环境治理上有法不依的情况在局部地区仍然存在。

(3)管理工作中重治理、轻预防的现象严重。没有从污染产生的根源及产品的合理规划、技术水平的全面提高上获得明显的进展。

(4)环境科学技术与环境管理、环境影响评价的衔接存在较为明显的问题(如环境评价的方法、地区性参数、参与过程与表达方式等)。

对中国的环境管理，我们应该时刻提出，并设法回答和顺利解决的问题有：①国家达到中等收入水平前，环境质量是否还能令人承受；②今后环境治理的代价会有多高；③一些自然资源和环境是否还有恢复的可能。

5.探索中国环境保护的道路

从20世纪80年代末以来，中国开始探索可持续发展之路。《中国21世纪议程》初步提出了中国可持续发展的目标和模式，但要在实际经济和社会发展过程中真正实现可持续发展，仍然是一个长期摸索的过程。中国的环境管理必须立足于中国人口众多、人均占有资源量较少和经济发展水平不平衡的国情。

第一，生态环境的压力，本质上是人类活动强度过高造成。中国当前所有的环境问题，几乎都与人口过多有关。人口过多，导致许多农村为解决粮食和能源短缺问题而使森林过伐、草场超牧；人口过多，导致城市日益拥挤、居住条件难以改善、就业压力大。以当前的人口条件，中国如何实现生态的良性循环与经济的稳步增长？这是值得国人深思的问题。如果人口持续高速增长，就不可能解决由于人为生存竞争而破坏生态环境的问题。除了人口数量之外，提高人口素质在生态学上也具有重要意义。人口素质的提高，不仅能增强环境保护的意识和自觉性，还能在从自然界有限的获取条件下，提高人类改造自然的能力，从而可以在不增加自然生态负担的前提下，提高实际享受的物质和精神福利。

第二，农业生态是人类生存发展的基本条件。没有良性的农业生态环境，整个生态环境就失去了基础。作为人口大国、农业大国，中国的农业生态建设是环境综合治理的重点。农业生态的建设要因地制宜，重点搞好水土保持，管好用好现有土地资源。在重视抵御自然灾害的同时，重点防治人为生态破坏。根据自然特点，调整本地农业结构，降低农业污染与生态破坏，国家应在政策上扶持生态农业的发展。

第三，由于人口多，充分利用人力资源优势将是环境管理在很长一段时间的基本对策。相对于人力资源，自然资源及资本资源的不足，制约了经济的发展，也不利于环境的保护。为了解决这一矛盾，工业必须优先发展那些消耗资源和能源少的项目，以减少单位产品的资源、能源消耗量。利用劳动力丰富的优势，大力发展劳动密集型产业，通过对外贸易用劳动资源去交换中国相对短缺的其他资源。

第四，由于能源使用过程中产生的污染是中国当前环境污染尤其是城市环境污染的主导因素，而单位产品耗能高又是中国产业技术落后的集中反映，因此，产业政策应该引导各行各业实行节能计划，减少污染物的排放。按照能源节约的观点，制定各种运输规划，从政策上促使这些规划实现。

第五，总体来看，中国已经建立起比较完善的污染防治与资源保护的法律体系和政策体系，环境支出逐步增长。但是，与发达国家相比，中国的环境保护政策体系大多数是建立在传统政府计划和行政命令的基础上，相当多的地区环境执法力度不够，无法保证各项政策得到实现，直接制约了环境质量的改善。

第三节　产业布局与环境保护

环境经济问题是在社会生产过程中形成的。社会生产的过程，就是变自然为社会财富的过程，也是人类社会与周围环境进行物质交换的过程。社会生产所需要的全部物质要素都取自周围环境，而生产、消费以及整个再生产过程所产生的各种排泄物又都回到周围环境中去。社会生产循环往复，并且不断向自然界的纵深推进。它与周围环境的物质交换也就趋于复杂化。这种物质交换过程，如果符合自然和经济发展的客观规律，就会促进生产的发展，并赢得多方面的经济效果，同时环境质量的改善又为发展生产创造了有利条件，形成一种良性的循环；相反，如果这种物质交换过程违背了自然和经济发展的客观规律，目前的生产得不到预期的效果，还会造成环境的污染、自然资源和生态系统的破坏，其后果将阻碍经济进一步发展，形成一种恶性循环。国民经济各个生产部门的布局对自然和自然资源的要求和影响互不相同，产生的环境问题也不一样。研究生产布局问题，将有利于环境的保护。

一、产业布局

产业布局是社会发展的空间形式，它将各生产要素进行合理的地域组合，达到促进整个国民经济协调发展的目的。合理的产业布局是有效地开发和利用自然资源、保护环境、发挥自然环境的自净能力和开展区域污染综合防治的重要手段之一。

按产业布局的特点和自然环境的关系，可将全部物质生产部门划分为两大类：

第一类生产部门，直接以自然资源作为劳动对象，如农业、林业、牧业、渔业、采掘工业和一部分化学工业。其生产规模和技术装备水平标志着一个国家对自然资源开发利用的程度。这类生产部门的布局受自然环境的制约和影响最为明显，如矿产资源的分布乃是采掘工业布局的前提，农业布局与自然环境的关系尤为密切。农业的再生产过程是与自然的再生产交织在一起的。有些地区自然资源和自然生态平衡遭受破坏，其重要原因就是由于这一类生产部门的布局和组织管理违背自然规律造成的。

第二类生产部门，以第一类部门的产品为燃料或原料，进行加工或再加工的生产部门。部署这一类生产部门固然也要充分估计周围环境的影响，但与第一类部门相比，它受自然环境制约的程度要小，由于生产技术水平所限，加工工业目前还不能将各种燃料、原材料全部转化到产品中去，总是在加工制作的各个环节产生各种废气、废水、废渣等，通过不同的渠道排放到自然环境中去。许多环境污染问题就是由此而形成的。第二类生产部门的布局特点及其对原材料综合利用的水平，对各类工业污染源的形成、分布、污染的构成、性质、排放量都有决定性的影响。

实践证明，大量污染源的形成、生态平衡的破坏，都与生产布局不合理有着内在的联系。因此要根据各类生产部门布局的特点，正确处理其与自然环境的相互关系，发挥生产布局在合理利用自然资源、防治环境污染，改善环境质量的积极作用。

二、产业布局在环境保护中的作用

1. 好的布局有利于合理开发利用自然资源

各地区自然资源的性质及其组合特点互为独立，开发利用的方式也不尽相同。特别是在现代化大生产的条件下，对自然资源利用的深度和广度不断加大，并有多目标开发和综合利用的特点。开发一个地区的自然资源要建立一系列生产部门，一种自然资源又有多种加工利用的途径，或为若干加工部门连续加工。如何把相关的生产部门在地区上进行合理的组合，达到既保证自然资源得到充分利用，又获得最优的经济效果，且能使自然资源和自然环境不遭破坏，并减少“三废”的发生，解决这个问题主要取决于生产布局。生产布局的指导思想不同，后果则截然相反。

2. 好的布局有利于充分发挥自然环境的自净能力

自然环境的地区差异导致对不同污染物的稀释、转化、扩散、净化能力的不同。应根据各地区的环境容量和自然净化能力的特点，确定污染工业的集中与分散、城镇规模的大小、功能区的划分等布局问题，以保持地区经济发展与生态环境的平衡。为了与地区环境系统的调节功能相适应，发挥自然净化的作用，则不宜在城镇主导风向的上风向、水源的上游、居民区和风景游览区内布置有严重污染的企事业单位。通过合理布局，充分利用自然净化能力是保护环境最经济有效的措施。

3. 好的布局有利于区域污染的综合防治

区域污染综合防治是解决环境保护问题的有效措施。它不是跟在生产的后面消极地打被动仗，而是把环境保护工作的重点放在污染物产生之前。应从区域整体出发，以实现区域环境目标的目的；应着重抓主要污染物和主要污染源，采取综合性的措施，通过企业的区域规划和城市规划等的生产布局来加强地区经济的综合发展和资源的综合利用。这样才能做到在发展经济的过程中防治环境污染，把防治环境污染的措施变成经济发展的内容。有计划地开展区域污染综合防治，要把区域规划和环境规划结合起来。区域规划是生产布局的一种方式，也是落实地区生产建设计划的重要步骤和手段。环境规划是在区域规划的基础上，协调经济发展与资源、环境保护，以达到既发展经济又改善或提高环境质量的目的。

编制环境规划的根本指导思想是综合考虑发展经济与保护环境，具体贯彻时应注意以下问题：

(1)应充分考虑规划地区自然环境的特点和它对各种污染物的最大容量。环境规划应建立在环境影响评价的基础上。

(2)必须科学地制定规划时期内的环境保护目标和主要污染物的排放标准。

(3)从生态学的角度审定规划地区的经济结构和发展方向，要最经济合理地开发利用当地的自然资源，要在规划经济发展的同时，注意保持生态平衡。

(4)要求现有生产企业的发展，一定要做到设备更新、产品换代、工艺改革和防治污染相结合。

(5)部署新的生产企业必须坚持"与主体工程同时设计、同时加工、同时投产"的原则，并将有关的市政府设施和环境工程的建设纳入规划，进行综合平衡。

(6)要把提高人民生活消费水平、医疗卫生条件和居住区绿化、环境质量的改善结合起来。

(7)要把建设各种防治污染的工程设施和充分利用自然环境的净化能力结合起来。

(8)要把建立监测、控制、防治环境污染和保护自然环境的统一系统作为环境规划的重要内容，并把规划地区的防治措施和区际之间的分工协作，特别是和全国环境规划结合起来。

总之，环境规划应是区域规划的有机组成部分，只有通过"全面规划、合理布局"环境保护工作才会得到切实的加强。

三、环境保护的经济效果

环境保护要做到技术上可行，经济上合理。比如，治理污染的技术种类很多(有物理的、化学的、生物的等)，一种污染可以采取多种技术措施去治理。治理的方案不同，经济效果则不相同，因此要分析比较其经济效果。这项工作对选择最优防治方案，制定有关环境保护的政策和研究环境问题都是不可缺少的基本工作。环境经济学对防治环境污染经济效果的研究有三方面的内容。

1. 环境污染经济损失的估计

研究防治污染的经济效果必须对污染造成的经济损失进行科学的估计。估计经济损失首先要估计由于环境污染所造成的实际损失，然后再进行经济评价。环境污染造成的损失有直接和间接的、近期的和长远的、企业的和社会的；既涉及到人体健康，又涉及到物质财富；既与环境质量、自然资源有关，又与社会、经济有关。这是相当复杂的问题，有些损失至今还难以确切地估计。特别是对环境污染造成的实际损失进行经济评价就更加复杂。例如，滴滴涕以价格低廉、效果明显开创了化学农药防治有害生物的时代，但是它们在环境中易积累、难以降解，造成植物体内有机氯等残留量大大超标。不仅严重污染了农作物、土壤、水，而且也影响人体健康。这些高毒、高残留的农药具有的致癌、致畸、致突变的毒性对施用地区的环境影响时间是极其漫长的。这种间接的、长期累积的损失就难以进行经济估价。如何建立评价环境污染经济损失的理论和方法是环境经济工作中需要解决的问题之一。

不考虑环境影响的经济发展，所带来的不经济后果是巨大的、难以承受的。比如，著名的日本富山县神通川流域"痛痛病"事件（上游神冈铅锌矿山开采，含镉废水污染环境造成），确认造成了 116 人中毒死亡，并造成长期的环境污染，使当地人民与企业都蒙受了巨大的损失。

2. 治理环境污染途径的选择

解决环境污染问题有多种方案可供选择。归纳起来，防治环境污染的途径和措施大体上可分为以下三类：

(1)对已有污染物净化处理。通过生产力的合理布局可以充分发挥环境的自净能力的作用。但是由于生产的发展，人们消费水平的提高，各种污染物的种类和排放量在迅速增加，而环境的自净能力却是相对稳定的。因此对污染物进行进化处理还得采取各种工程技术措施，或将工程技术措施和自然净化结合起来，这就需要进行多种方案的比较。如工厂的污水处理就有多种方案。在水源不足的情况下，可以在厂内建设污水处理设施，对污水进行净化处理，然后循环使用；也可以在工业小区内部处理，在厂际之间循环使用；也可以集中到区域性的污水厂地去统一处理，然后供给农业灌溉，或向河道排放。究竟采取哪种形式为好，就要结合每一种方案的投资大小、工程设施的难易、地区的经济技术水平、自然环境的特点等多方面的条件进行经济效果比较，从中选择最优方案。

(2)对已有污染物回收。对污染物回收、加工利用，变废为宝，这是与单纯净化处理相比的一大进步。它是节约燃料、原料，有效地利用资源，降低产品成本，促进经济发展，消除污染，改善环境的一条重要途径。提高废品、废料的回收利用率在世界各国都是一个值得重视的问题。如法国法律就规定，从 1993 年开始，商品的包装必须有一半以上能再利用或回收利用。这种要求有人归纳为国际绿色包装的 4R 策略，即减少使用包装材料（Reduction）、可回收（Reclaim）、可复用（Reuse）和可再循环（Recycle）。我国这方面的潜力很大，有些地方已积累了很好的经验。

(3)有计划地进行综合防治。上述采取的两类防治污染环境措施是对已存在的污染，是如何解决净化处理与回收利用而言的。防止与减少废弃物产生与排放，最大限度地提高资源的利用率，这是更为经济有效的防治环境污染的措施。自 20 世纪 60 年代以来，各国开始提倡无污染生产流程来防止环境污染的发生。70 年代以来提出区域污染综合防治，并努力把环境保护工作和经济发展计划结合起来，从被动地治理污染，转向“以防为主”的阶段。中国在环境保护工作中更应该坚持“以防为主”的方针，把改善环境质量作为指导编制国家和地区国民经济计划的原则，采取具有全局性和综合性的措施，对环境污染问题有计划地进行综合防治。

3. 环境标准中的经济问题

环境标准是环境保护工作的依据，体现着社会对环境的要求。必须要有一系列具体的排放标准，规定各种污染排放的数量和浓度的最高控制指标，保证环境质量标准的实现。

虽然世界各国确定环境标准的技术依据各不相同，但都把技术上的先进性和经济上的合理性统一起来。制定污染物排放标准，虽然要依据环境质量标准，但也要作经济分析。标准定得过低往往达不到防治污染的目的，无法达到环境质量标准的要求。标准过高（过严），在现有的财力、物力条件下难以做到，实际上也行不通。因此，必须分析环境投资与环境质量的边际效益，合理地确定排放标准。

总之，要使环境标准和社会经济发展水平相适应，只有在国民经济不断发展的基础上才有可能逐步提高环境标准。

4. 环境保护工作中的经济政策

环境问题是在经济发展的过程中形成的，积极引导与鼓励大众参与环境保护的意识，才是贯彻“依靠群众，大家动手，保护环境，造福人民”的关键所在。实现这一点，需要制定正确的政策把环境保护工作的成败和经济发展的得失联系起来，并与有关部门、企事业单位及个人的切身利益联系起来。

《中华人民共和国环境保护法》规定：“超过国家规定的标准排放污染物，要按照排放污染物的数量和浓度，根据规定收取排放费。”这为指定有关政策提供了法律依据。至于如何确定排污收费的标准？排污费是否应列入成本计划？排污费如何分配使用等？则是制定排放污染费政策时需要深入研究的问题。

排污收费的标准既不能定得过低，也不能过高。防治污染设施的投资费和运转费，既要与国家财政状况相适应，还可以采取逐年递增的办法，促进企业加速治理。

排污收费的标准还应考虑各地区自然净化能力的特点和对环境质量的要求，要坚持因地制宜的原则。

环境保护工作中的经济政策，除制定排污收费政策外，还有很多。加强这方面的研究工作是环境经济的重要内容，也是提高环境管理水平的关键。

关键点

1. 改善或保护环境和有效地保护或利用资源具有同样的意义。

2. 在资源开发和利用过程中，必然改变环境，从而产生有利的或不利的环境影响。资源不同的开发利用方式，对环境的影响程度往往差别很大。

3. 国民经济各个生产部门的布局对自然和自然资源的要求和影响互不相同，产生的环境问题也不一样。研究生产布局问题，将有利于环境的保护。

4. 好的产业布局，有利于合理开发利用自然资源，有利于充分发挥自然环境的自净能力，有利于区域污染的综合防治。

参考文献

程胜高,罗泽娇,曾克峰. 环境生态学[M]. 北京:化学工业出版社,2003

厉以宁,章诤. 环境经济学[M]. 北京:中国计划出版社,1995

刘国华,傅伯杰,陈利顶,等. 中国生态退化的主要类型、特征及分布[J]. 生态学报,2000,20(1):53-56

王军. 可持续发展[M]. 北京:中国发展出版社,1997

王远. 环境管理[M]. 南京:南京大学出版社,2009

夏振坤. 发展经济学概论[M]. 武汉:湖北人民出版社,2000

许宁,胡伟光. 环境管理(第二版)[M]. 北京:化学工业出版社,2008

邹进泰,熊维明. 绿色经济[M]. 太原:山西经济出版社,2003

思考题

1. 怎样理解资源开发与环境的关系?
2. 环境影响的经济评价实质是什么?
3. 为什么说实现资源合理配置一定要考虑环境影响?
4. 怎样理解环境管理的意义? 环境管理的主要内容有哪些?
5. 举例说明防治环境污染与资源开发效益的关系。
6. 中国在环境管理上如何才能做得更好?

第十二章　工程项目的资源环境评价

导　读

环境影响评价中的"环境"是指影响人类生存和发展的各种天然的和经过人工改造的自然因素的总体，包括大气、水、海洋、土地、矿藏、森林、草原、野生生物、自然遗迹、人文遗迹、自然保护区、风景名胜区、城市和乡村等。我们知道环境与资源是难以分割的(资源是环境的要素，环境也是资源)。那么，作为环境与资源经济学的重要应用领域之一，工程项目的环境影响评价其实也是资源损益评价。工程项目的资源环境影响评价，是指对资源开发等建设项目实施后可能造成的环境影响进行分析、预测和评估，并提出预防或者减轻不良环境影响的对策和措施，以及进行跟踪监测的方法与制度。也就是分析项目建成投产后可能对环境产生的影响，并提出污染防止对策和措施。

关键问题

1. 工程项目评价有哪些常用的方法？
2. 环境影响评价的基本程序和内容有哪些？

第一节　工程项目评价的常用方法

工程项目的资源环境评价，包括微观(单个)项目评价和宏观(整体)经济发展格局和趋势评价。评价思路和方法有很多种。根据不同评价的目的，可选用不同的评价方法，以便快捷准确地获得想要的结论。

一、成本有效性分析

成本有效性分析(cost effective analysis)，又称为费用有效性分析，是指通过成本和其达到的效果(或效应)进行多方案比较的一种经济学方法。比如在效益相同(或者目标一致)的条件下，比较所需费用的大小，从中选择费用最小的方案(最小成本法)。简单地讲，成本有效性分析是要找出一种达到既定目标的最小成本方法。

成本有效性分析所要解决的问题，并不在于目标是否应该(或能否)实现，而是怎样才能最节约地实现这一目标。如果效益和成本可以定量化，那么成本有效性分析的目的就是指达到规定效益的最低成本方案。如果几个候选工程(或规划)根据可定量尺度都能获得完全一样的效益，成本有效性分析就是把不同项目方案按成本大小进行排列，并从中选出成本最低的方案。这就是成本有效性分析的最基本原理。但也有这种情况，即具有不同成本的方案，很可能有不同的效益。在不同的方案提供的效益在性质上一样而数量不同时，成本有效性比率（即每单位产出的成本）是可以计算的。这种比率指出了有关不同工程（或规划）每单位产出的平均成本，然后再根据平均成本比较找出最低的方案。

二、风险效益分析

资源开发利用、经济发展，往往需要承担某种程度的资源环境退化风险或人类健康和安全风险。随着对资源耗竭、环境污染等不可逆程度的认识，风险效益分析的应用也越来越多了。风险效益分析，就是在风险和经济生产力之间权衡。

风险效益分析，把各种工程（或规划）方案的经济效益与所包含风险的数量估计排列在一起，把预期的工程效益跟潜在资源环境问题进行比较。但是，资源环境问题往往难以用经济尺度来准确衡量（比如，对于一定数量问题的可靠概率估计难以准确，环境风险的评估与环境价值的衡量也难以完整），在这种情况下，风险效益分析仍然是不完全的。

三、成本效益分析

成本效益分析（cost benefit analysis，CBA），就是通过比较项目的全部成本和效益来评估项目价值的一种方法。成本效益分析作为一种经济决策方法，运用于政府部门的计划决策之中，以寻求在投资决策上如何以最小的成本获得最大的效益，并常用于评估需要量化社会效益的公共事业项目的价值。效益成本分析是要确定是否“无论是谁获益，其所获得效益都大于成本”。

成本效益分析的主要方式是确定成本和效益项目，估计它们的数量，根据高效率价格确定其价值（或可以获得的最好估计数），应用社会贴现率折算它们的现值，并加以比较。按照最大现值标准，如果效益的现值大于成本的现值，该方案就是可以接受的。最满意的工程方案是在用完投资预算后能提供最大净现值效益的方案。按照效益成本比标准，如果效益成本比大于1，那么该方案就是可以接受的，而最满意的工程方案就是在用完投资预算时总效益与总成本之比最大的方案。

我们参考阿兰·兰德尔提出的成本效益分析，基本步骤如下：

1. 选择标准

效益成本标准可以是最大现值，也可以是效益成本比，这里假定效益和成本都是用现值表示的。如果要计算效益成本比，那么可以有几种不同形式的比率。

2. 计算最大现值

计算资源环境工程方案的现值，要从效益流量的现值中减去成本流量的现值。

3. 确定效益成本比

效益成本比最简单的形式，就是效益现值除以成本的现值，即：

$$\text{效益成本比}=\frac{\text{效益}}{\text{成本}}$$

不过，还有一些在特定情况下有用的其他形式的效益成本比。例如，可以有理由假定，只要工程已开始运行，每年的收益流量将大于足以弥补工程运行和维护成本的数量。在这种情况下，适当的效益成本可以采取这种形式：

$$效益成本比=\frac{总效益-运行和维护费用}{成本}$$

也就是说，总效益减去运行和维护成本，然后除以总成本。

当工程是计划由政府出钱为私人部门的生产服务时，恰当的效益成本比可以采取下面的形式：

$$效益成本比=\frac{总效益-私人部门负担的成本}{成本}$$

也就是说，效益成本比为总效益减去由私人部门负担的成本，然后除以公共部门的成本。这种形式的效益成本比明确承认这一事实，即用作资本投资的公共资金在开始时是有限的，而私人部门的成本可以有理由假定由私人部门增加的收益来补偿。

如果只是关心确定效益是否超过成本(即效益成本比大于1)，那么就无法选择效益成本比的正确形式。对于一组给定的工程计划，各种形式的效益成本对于效益成本比是否大于、等于或小于1都会获得一致结果。但是，对所有效益成本比大于1并彼此差不多的几个工程进行比较时，选用的效益成本比的形式可能会影响工程的排列顺序。

4. 确定效益和成本项目

工程的所有产出，无论正价值或者负价值，都应确定并加以定量处理。与工程有关的所有投入应作为成本来处理。成本应包括机会成本，即工程实行可能放弃的其他方案的净值。例如，考虑一个典型的水利工程，建造一座水坝，淹没一片河谷，以前用于旱作农业和畜牧业生产的土变成用于灌溉农业的土地。工程成本必须包括未被淹没时的河谷、没有灌溉时的旱作农田、没有筑坝时的流动河水的生产能力的净值，而且全部按工程的计划寿命计算。如果工程完成的话，所有这些效益都将失去，因此它代表工程的机会成本。工程的净值效益是这项工程的净效益减去没有这项工程时的净效益。

5. 定价

效益成本分析，由于是潜在的帕累托改进标准的一种应用，必须按照高效率的单位价格，或者用高效率的价值，对效益和成本项目进行评价。当工程所使用的全部投入和所生产的全部产出相对于这些投入和产出的全部市场来说数量很小时，高效率的单付价格是恰当的。因此，与竞争市场中单个厂商的分析十分相似，工程面对的供给和需求曲线可以假定是水平的。

在观察到的市场价格与高效率的价值没有很大差异时，可以估计效益和成本项目的经济价值。不过，有时也会出现这样的事例，观察到的价格与高效率的价格有差异，在这些事例里，估计出高效率的价值，并把他们用于效益成本分析，就是效益成本分析的任务。

这一任务可能包括对低效率的补助费、价格支持或价格控制、投入和产出市场中的垄断势力、帕累托相关的外部效果、消费中的不可分性以及导致具有正价值的投入和产出成为没有定价的非专有货物等所有这些影响进行校正。

6. 选择社会贴现率

选择适当的贴现率来代表社会贴现率是一个定价问题。当效益成分分析按照某些有关机构规定的方针进行时，这些方针常常规定一个贴现率，或贴现率的一个允许范围。在某些事例里，经济学家反对由特定机构规定贴现率，因为它们违反了关于资本高效率定价的原则，从而使这些机构主持进行的效益成本分析带有倾向性。

7.正确处理好工程所在地区经济活动增加的影响

大型工程的修建常常在工程所在地区里增加经济活动。工程修建可以为工程所在地区带来额外的收入和就业,增加对由地方公司提供的货物和服务的要求。在一部分当地劳动力失业或半年失业的地方,工程建设可以产生对这些劳动力的有效需求。除劳动力以外某些其他的工程投入也可以在地方上购买。在修建完成之后,工程的运行也可以增加地方的经济活动。工程的运行和维护要雇佣一部分劳动力。由工程提供的灌溉用水和防洪设施以及户外娱乐场所,将增加地方企业家的机会,为地方劳动力提供就业,并把新的企业和工人吸引到工程所在的地区来。

恰当处理效益成本分析中增加的地区经济活动,是一个争论已久的问题。虽然工程项目直接提供的产出明确确定为效益,但在效益成本结构中把增加的经济活动作为工程效益看待,却有相当多的反对意见。在资源可以流动而且被充分利用的经济中,工程所在地区增加的经济活动,仅仅代表经济活动在地区间的转移。在国内资源利用不足,或工程所在地区的资源利用不足,而且也不能流动的情况下,可以认为增加的地区经济活动的部分价值代表工程所产生的净经济效益。

对如何恰当处理效益成本分析中的地区经济活动的问题,美国在1973年提出了联邦水利工程的原则和标准试图来解决。原则和标准划分出两个分开的经济帐户,国家经济发展(NED)帐户和地区机关发展(RED)帐户。NED帐户把效益成本分析作为一种关于潜在的帕累托改进的严格的效益成本法则:NED效益必须大于NED成本。RED帐户提供工程建成将引起的地区经济活动净变化的估计数。它与任何NED效益成本分析是分开的,它提供关于不同方案在刺激地方和地区经济活动方面的有用信息。

原则和标准也要求编制一个资源环境质量(EQ)帐户,其中要开列和显示出计划中的工程有利的和有害的资源环境影响。EQ帐户并不要求把有利的和有害的资源环境影响用经济尺度定量化,并且也不进行关于这个帐户的效益成本分析。此外,也可以编制一个社会福利(SW)帐户,但并不是必需的。SW帐户同样也不用经济尺度表示,也不需要进行效益成本分析。

当经济学家对美国1973年通过的原则和标准中制定的账户系统展开评论时,普遍的争论点就是成本在各个账户之间的分配问题。虽然NED账户服从严格的效益成本规则,但并不要求所有的工程成本都分摊给NED账户。某些工程成本可能是为了实现RED、EQ或SW目标而支出的。问题之所以产生,是因为成本在不同账户的分配必须牵涉到任意性这个因素,因而可能会给暗中破坏效益成本标准在NED帐户中的严格应用提供机会。要是把足够的成本分摊到其他帐户,几乎任何工程都能通过NED检验。虽然有一些关于成本分配的保险措施,任意决定的可能性仍使某些经济学家感到不安。

第二节　环境影响评价

资源开发与环境影响评价又称为环境质量预断评价,它是环境质量评价工作中的一个重要组成部分。为了把环境保护工作做在环境污染之前,摆脱环境保护工作的被动状态,使资源开发项目能够获得尽可能大的经济效益、社会效益和生态效益,进行环境影响评价(environmental impact assessment,EIA)的研究十分重要。

一、环境影响评价的基本程序

环境影响评价是指对拟议中的建设项目、区域开发计划和国家政策实施后可能对环境产生的影响(或后果)进行的系统性识别、预测和评估。环境影响评价可以分为环境质量评价、环境影响预测与评价、环境影响后评价。环境影响评价的根本目的是鼓励在规划和决策中考虑环境因素,最终达到更具环境相容性的人类活动。

环境影响评价的过程包括一系列步骤,这些步骤按顺序进行。在实际工作中,环境影响评价的工作过程可以不同,而且各步骤的顺序也可以变化。一种理想的环境影响评价过程,应该能够满足以下条件:

(1)基本上适应所有可能对环境造成显著影响的项目,并能够对所有可能的显著影响做出识别和评估;

(2)对各种替代方案(包括项目不建设或地区不开发的情况)、管理技术、减缓措施进行比较;

(3)生成清楚的环境影响报告书(EIS),以使专家和非专家都能了解可能影响的特征及其重要性;

(4)包括广泛的公众参与和严格的行政审查程序;

(5)及时、清晰的结论,以便为决策提供信息。

美国的环境影响评价程序:①当提出一种开发设想时,应首先将计划行为的提案交给主管部门,讨论有无必要进行环境影响评价,如果认为没有必要即可着手进行开发。经过与环保及有关部门协商,认为有必要写环境影响评价报告书时,即开始环境影响评价工作;②做出环境影响评价报告草案后,还要征求各有关部门及州的意见,并召开群众会议,征求群众的意见;③交给环保局审查评论,如无问题再交主管部门着手开发;如有问题,则需进一步提交环境质量委员会审查,接收环保局及环境质量委员会的意见后,再作出环境影响评价报告书,经环保局及环境质量委员会审议批准后再着手开发。

日本环境厅对环境影响评价的技术程序比较固定,具体步骤有:①明确开发活动对环境引起的不利影响的内容;②掌握环境现状并提出预测、评价项目;③讨论并确定环境保护的目标;④进行环境影响的预测;⑤讨论关于环保的各种问题;⑥进行环境影响评价。

综上所述,环境影响评价进行的过程可概括地分成三个阶段:

第一阶段,现象分析阶段:本阶段首先要了解对象的生产计划规模、工艺流程及排放污染物的种类和数量,目前的环境质量状况,拟采用的环境保护措施。在这一阶段里,确定新建工程的污染参数是一项重要工作。可在不同行业选择代表性企业,研究工业产值、产量与“三废”产生之间的系数关系。这方面资料的积累,是环境影响评价的重要基础。同时,还要根据区域环境特征确定环境容量。环境容量是指某一环境单元对污染物的允许容纳量。应该调查预断评价地区的自然环境条件,诸如气象条件、水文状况、土壤类型及生物群落类型等,以便确定环境容量。但要确定环境容量,首先又必须确定该地区的具体环境标准。应该根据区域环境特征,各个环境要素之间的相关关系,以及污染物在环境中的迁移转化特征、人们对环境利用的具体要求来确定地方性环境标准。

第二阶段,评价分析阶段:这个阶段主要是建立各种环境评价的数学模型,以预测环境污染的未来趋势及其影响。这种模型应该包括如下一些主要环节:即区域内原材料输入量的计算模型。产品、产值和污染的计算模型,污染物的环境影响计算模型,区域环境污染综合评价指数计算的模型等。这时,既可以列出一系列分析模型来分别计算,也可以将它们综合起来构成一个总体模型。这里污染物对环境影响的估算是一个难题,目前一般是采取大气或水的扩散模式进行计算。但这样进行环境单一的影响预测不能对整体环境的污染影响做出估算,这方面现在尚无可靠的计算模式,需进一步探索研究。

第三阶段,政策分析阶段:即根据上述模型计算结果以及各方面意见进行分析。

二、环境影响评价的具体步骤

1. 收集计划区域现状的大致情况

这一步包括收集和展示计划区域现状的有关统计资料和其他资料。必须对计划区域的界限(它可以用政治上的管辖范围、水文单位或者项目或者方案影响的性质加以描述)和各种被认为应包括所需资料在内的经济状况加以判断,然后决定取舍。

2. 对"假如没有项目或方案"的状况做出预测

必须把现状的全貌加以延展和推测,以描绘出假如没有实施任何项目或方案的未来状况。这些推测应延伸到能够包括所有计划项目或方案的预期寿命。未来是不确定的,因而进行预测是应当使用相当于可能的未来状况的合理范围的一系列数值。

3. 对"实现项目或方案"做出预测,找出重要因素,并确定它们的影响

对于一个考虑到的方案进行"实现项目或方案"的状况预测,包括施工前阶段、施工阶段和整个预期寿命内的运行阶段。应当找出重要的因素和它们可能的经济效果,也应当考虑所有重要的相互影响的关系。经济、社会和资源环境各方面的相互联系不能忽略,必须加以考虑。

4. 确定、描述和展示所有重要的后果

一个"重要的"结果可能对决策过程产生实质性作用,应在评价过程尽可能早的阶段决定哪些是重要的。这些决定应该在每一阶段重新考虑,特别是根据公众的信息和反应得到的结果,尽可能在数量上描述各种不同计划的后果,应客观地描述它们,并暂时指出哪些是有利的或者是有害的。

5. 对后果进行评价

确定汇总主要的有益或有害后果的数值,能用货币单位就用货币单位表示,可能定量的就用数量单位,至少也要定性说明。应当明确做出作为判断基础的假设或标准,因为公众对任何一个后果的看法可以是相当不同的。经济、社会和资源环境后果综合的或系统的相互作用应当和个别的后果一起考虑。

6. 在有害的后果比较大的情况下考虑修改方案

由于影响评价是整个计划过程的一个组成部分,因此确定重大有害后果之后应该考虑下面两种可能做法:通过把它减少到或削弱到可接受的水平,排除或减轻这种后果;或者通过增加一个抗衡的正效果对它进行补偿。有害结果可能数量较大或性质较严重,因而公众无法接受,或无法通过修改方案而得到纠正。在这种情况下,必须制定一个或多个新的方案以避免不可接受的有害后果。

7. 从其他来源寻找评价的反馈信息

适当的影响评价程序需要各种资料来源和持续的反馈。在最初阶段,应寻求与社会各界

进行非正式的信息交流。在影响评价进行时，必须同了解情况的社会各界进行正式商议，必须充分利用公众参与。

8. 撰写环境影响评价报告

根据影响评价做出推荐意见，并撰写环境影响评价报告。评价内容是广泛的，并且和项目计划、方案计划是结合在一起的。评价过程必须使用多种不同的专门知识，需要高级机关成熟的判断力，并用各种不同来源和方式获得的反馈信息加以补充。

对于资源开发的环境影响评价来说，在成本效益分析中所考虑的各种效益和成本要广泛得多。成本效益分析的注意力集中在项目或方案计划区域内的经济影响上。计划项目或方案的经济发展影响，应当按照既定的效益成本分析程序给予评价和估计。对"具有项目或方案"的地区经济增长进行预测，必须做出分部门的就业和劳动力以及商业和产业活动预测。"具有项目或方案"的预测应当与"没有项目或方案 "的预测进行比较，以便找出计划项目或方案产生的效果。计划方案对实际收入分配的影响也应当加以估计。

对资源环境项目的地区经济影响进行分析时还应考虑：①人口增长和迁徙方式。计划方案是否能把人口吸引到计划地区内，或它是否能减少人口外流的速率。②土地利用。计划方案对计划地区土地利用方式的影响。③利用事业和公用设施。如果实施计划方案，在预期的增长和发展已知的情况下，计划区域内现有的公用事业和设施是否够用？或者说计划方案是否需要公用事业和设施有较大的增加？如果需要的话，计划过程是否能保证有条不紊地提供追加的公用事业和设施，以满足项目进展而产生的额外需要。④农业生产和良田。计划项目方案是否有可能，也许是不可逆转地排挤农场，占用农业生产用的肥沃土地。

以上所讲的很多社会经济影响与资源环境影响是相互作用的。例如，项目"所在区域"居民的迁入、迁出和重新安置，以及计划区域产业活动模式的改变，对于计划区域的社会结构和居民的社会内聚力都有明显影响。

三、环境影响评价的主要内容

关于环境影响评价的内容，很多国家在环境法及有关条例中都做了明确规定。

美国加利福尼亚州的环境影响评价，包括如下一些内容：①建设方案介绍，说明建设方案的意图和法律依据，然后介绍方案的具体内容；②建设方案所选地点的环境条件，详细介绍建设项目的具体地理位置，现有土地利用情况，以及物理的、化学的、生物的、文化的和社会经济的环境状况；③环境影响分析，提出对自然环境的影响（包括对地质、土壤、水文、气象、植物群落和动物的影响等）和对社会环境的影响（包括对人口、社会经济、城市服务、公用事业、现有土地利用、交通、住房、风景区及文物古迹的影响等）；④建设方案实现后的影响预测，主要针对建设方案实现后的那些不可避免的不利于环境的影响，包括对自然环境和社会环境的影响，以及建设方案是否会造成不可恢复的环境变化；⑤建设方案与本地区生产发展的关系，包括建设方案与本地区短期发展和长期生产力发展之间的相互关系，并综合分析建设方案对环境有利的和不利的影响；⑥提出推荐的环境检测大纲。

我国建设项目的环境影响评价，主要内容包括以下几个方面：

第一方面，建设项目的情况介绍，包括：①建设项目名称、建设性质；②建设项目地点；③建设规模（扩建项目应说明原有规模）；④产品方案和主要工艺方法；⑤主要原料、燃料、水的用量和来源；⑥废水、废气、废渣、粉尘、放射性废物等的种类、排放量和排放方式；⑦废弃物回收利用、综合利用和污染物处理方案、措施和主要工艺原则；⑧职工人数和生活区布局；⑨占地面积和土地利用情况。

第二方面，建设项目周围地区的环境状况，包括：①建设项目的地理位置（位置平面图）；②周围地区地貌和地质情况，江河湖海和水文情况、气象情况；③周围地区的自然矿藏、森林、草原、水质和野生动物、野外植物等自然资源情况；④周围地区的自然保护区、风景游览区、名胜古迹、温泉、疗养区，以及重要文化设施情况；⑤周围地区现有工矿企业的分布情况；⑥周围地区的生活居住区分布情况和人口密度、地方病等情况；⑦周围地区大气、水的环境质量状况。

第三方面，建设项目对周围地区的环境影响，主要包括：①对周围地区的地质、水文、气象可能产生的影响，防范和减少这种影响的措施，最终不可避免的影响；②对周围地区自然资源可能产生的影响，防范和减少这种影响的措施，最终不可避免的影响；③对周围地区自然保护区等可能产生的影响，防范和减少这种影响的措施，最终不可避免的影响；④主要污染物最终排放量，对周围大气、水土壤的环境质量的影响范围和程度；⑤噪声、震动等对周围生活居住区的影响范围和程度；⑥绿化措施，包括防护地带的防护林和建设区域的绿化；⑦专项环境保护措施的投资估算。

第四方面，建设项目环境保护措施，以及环保措施可行性的技术、经济论证。

四、环境影响评价报告书

根据《中华人民共和国环境影响评价法》第十七条规定，建设项目的环境影响报告书应当包括下列内容：

（一）建设项目概况；

（二）建设项目周围环境现状；

（三）建设项目对环境可能造成影响的分析、预测和评估；

（四）建设项目环境保护措施及其技术、经济论证；

（五）建设项目对环境影响的经济损益分析；

（六）对建设项目实施环境监测的建议；

（七）环境影响评价的结论。

环境影响评价报告书的参考章节模式如下：

××环境影响评价报告书章节结构

一、总论
1.1　评价目的
1.2　编制依据（法律、法规、政策等）
1.3　总体构思
1.4　评价原则与标准
1.5　环境影响识别与评价因子确定
1.6　评价等级（环境空气、地表水、声、风险评价）
1.7　评价范围
1.8　评价工作重点
1.9　评价时段
1.10　保护目标及环境敏感点
二、项目所在地自然社会环境概况
2.1　自然环境概况
2.2　社会环境概况
2.3　区域规划
2.4　项目工程依托设施概况
三、拟建项目概况
3.1　基本情况
3.2　建设内容
3.3　产品质量指标及原料理化性质
3.4　总平面布置及其合理性分析
3.5　主要原料、辅料及动力消耗
3.6　公用工程（给排水、供电、电讯等）
3.7　主要生产设备

注:本章内容根据项目拟建工程不同需要做调整

四、工程分析

4.1　生产工艺及污染因素分析

4.2　物料平衡分析

4.3　环境保护

4.4　项目运行污染物排放汇总

4.5　非正常工况排污及处置

五、清洁生产分析

5.1　清洁生产概述

5.2　本项目清洁生产分析

5.3　清洁生产的措施

5.4　小结

六、环境影响因子识别

6.1　环境对拟建项目影响因素分析

6.2　环境影响要素识别、筛选

6.3　环境影响因子识别、筛选

6.4　评价因子确定(气、水、声、渣)

七、环境质量现状调查与评价

7.1　大气环境质量现状调查与评价

7.2　地表水环境质量调查与评价

7.3　声环境质量现状调查与评价

7.4　区域污染源现状调查与评价

八、施工期的环境影响评价

8.1　施工期环境空气影响分析

8.2　施工期的水环境影响分析

8.3　施工噪声的影响分析

8.4　施工固体废物的影响分析

九、环境影响预测与评价

9.1　环境空气影响预测与评价

9.2　水环境影响预测与评价

9.3　噪声环境影响预测与评价

9.4　固体废物环境影响预测与评价

十、环境风险评价

10.1　评价等级及评价范围

10.2　潜在的风险因素识别

10.3　风险类型

10.4　事故概率分析

10.5　事故发生对环境的影响

10.6　环境风险防范措施

10.7　应急监测方案

10.8　应急预案体系

10.9　环境风险评价结论

十一、　总量控制

11.1　总量控制因子

11.2　总量控制建议

十二、环境保护措施及其技术、经济论证

12.1　“三废”及噪声治理措施

12.2　环境保护投资估算

十三、环境影响经济损益分析

13.1　概述

13.2　环境保护费用

13.3　环境保护效益

13.4　环境影响经济损益分析

十四、环境管理与监测制度分析

14.1　环境管理

14.2　环境监测计划

十五、产业政策符合性及项目选址合理性分析

15.1　产业政策符合性分析

15.2　规划符合性分析

15.3　总平面布置合理性分析

15.4　环境容量

15.5　环境风险

15.6　小结

十六、结论与建议

16.1　建设项目内容

16.2　规划符合性分析

16.3　环境现状

16.4　清洁生产

16.5　拟建工程污染物产生及治理情况

16.6　环境影响预测与评价

16.7　环境风险评价

16.8　建设项目的环境可行性

16.9　总结论

关键点

1.成本有效性分析所要解决的问题,并不在于目标是否应该(或能否)实现,而是怎样才能最节约地实现这一目标。

2. 效益成本分析是要确定是否“无论是谁获益，其所获得效益都大于成本”。

3. 环境影响评价是指对拟议中的建设项目、区域开发计划和国家政策实施后可能对环境产生的影响（或后果）进行的系统性识别、预测和评估。环境影响评价的根本目的是鼓励在规划和决策中考虑环境因素，最终达到更具环境相容性的人类活动。

参考文献

克鲁蒂拉. 自然环境经济学[M]. 北京：中国展望出版社，1989

厉以宁，章铮. 环境经济学[M]. 北京：中国计划出版社，1995

刘舒生，林红. 国外总量控制下的排污交易政策[J]. 环境科学研究，1995，8(2)：56－59

邹进泰，熊维明. 绿色经济[M]. 太原：山西经济出版社，2003

思考题

1. 何谓成本有效性分析？
2. 为什么要进行风险效益分析？
3. 效益成本分析的含义是什么？
4. 怎样进行效益成本分析？
5. 简述环境影响评价的一般程序和基本内容？
6. 举例说明资源开发前进行环境影响评价的必要性？

第十三章　资源环境与可持续发展

导　读

环境和资源是人类生存和发展的基本条件。如果没有良好的生态环境和长期可利用的自然资源，人类将失去赖以生存和发展的基础。因此，可持续发展是以节约资源、保护环境为重要条件，其目的是使经济发展同人口增长、资源利用和环境保护相适应，实现资源、环境的承载能力与经济社会发展相协调，从人口、资源、环境、经济、社会相互协调中推动经济建设发展，并在发展的过程中带动人口、资源、环境问题的解决。把经济社会发展与人口、资源、环境结合起来，统筹安排，综合协调，是实施可持续发展战略的基本内容。

关键问题

资源与环境对人类可持续发展有何作用，我们如何对待？

第一节　资源环境对经济发展的作用

从 20 世纪 70 年代起，一系列全球性生态环境问题对经济发展带来了影响和危害。人们在反思中认识到环境污染、生态恶化已成为制约社会发展和人类生存的重大因素。联合国和一些国际组织把保护环境与产业发展结合起来，提出了可持续发展的生态资源保护问题，并把可持续发展应用于农业、林业等产业。可持续发展由此成为一种新的发展思想和发展战略，其目标是保证社会具有长期持续发展的能力。

一、资源环境问题的国际争议

经济活动，其实是人类社会开发利用资源环境以满足人类需求的过程。在这个过程中，人类利用环境要素提供的资源生产产品，同时也将废弃物“扔还”给环境。换句话说，人类一方面消耗资源环境，另一方面还污染和破坏资源环境。随着人类社会的生产能力不断增强，人对于环境的影响程度不断加深、范围不断扩大，产生一系列不容忽视、难以处理的资源环境问题。但是，在资源环境问题上，发达国家与发展中国家之间并没有统一看法，反而存在重大争议。这种争议从 1972 年斯德哥尔摩人类环境大会直到现在未有平息的迹象，甚至争议的内容也没有明显的改变。

在发达国家方面，主要是强调资源环境问题的急迫性，强调全球行为一致的必要性。它们不仅主张海洋、大气和南极的全球共享和协调保护，而且主张主要存在于发展中国家的热带雨林及其生物多样性资源也是人类的共同财富。与此同时,发展中国家则坚持发展的优先权,坚持根据本国情况处理资源环境的原则。它们要求发达国家在资源环境和发展方面予以发展中国家更大规模的援助,要求给予资源环境有关的技术资源的全球共享。

争议双方从不同角度出发,所提要求都有各自的道理。以资源共享为例,热带雨林如遭到不可逆的严重破坏,确实是全世界的共同损失;如果不能做到环境资源相关技术共享,则无疑不利于全球资源环境保护(但这类共享涉及到各自的实际利益,在利益不一致的情况下,这类美好的设想就只能停留在纸面上)。还应提及的是,发达国家要求发展中国家尽可能采取与它们同样的资源环境保护行为,其用意在很大程度上也不仅仅是出于对全球资源环境前途的关心,而是出于自身利益的考虑,因为发展中国家较宽松的资源环境政策制约了发达国家的经济竞争力。

两大集团间争议的一个更为基本的原因是世界上存在的两种性质不同的资源环境问题,即发展造成的资源环境问题和不发展造成的资源环境问题。在今天的各种资源环境问题中,工业污染造成的温室效应、热岛效应和臭氧层破坏,能源和其他非再生性资源可能发生的危机等问题可被看作是工业化和城市化的产物。不发达造成的资源环境问题可归结为生产力水平的相对低下,人口压力过载造成的资源环境退化。人口容量其实也是一定投入水平下的环境容量,当生产力发展停滞不前而人口压力增大时就形成了人口过载。换句话说,生产力水平的提高可以增加人口容量,缓解人口压力。

较早提出不发达造成资源环境问题产生的研究,是巴尼主持的《公元 2000 年环境》。与更早的罗马俱乐部的报告不同,它正式提出了“欠发达的资源环境问题”,并从不同角度对此加以分析。对传统文化下出现的资源环境问题,报告作了这样的一般性描述:“已有改进的传统型文化,其人口经常是世界上增长速度最快的,如果不加以控制,很快就会超过他们所依存的局部资源环境的承受能力。只要传统型文化的需求仍然大大低于局部资源环境的生命维持能力,人口就可能继续增长,而对环境影响极小。然而,在接近生命维持能力时,环境便开始恶化,以前享有的生活质量逐步降低,资源分配日益短缺,社会紧张和冲突接踵而来。最后,就会破坏和降低资源环境维持生命的能力。”

巴尼定义的“传统型文化”主要指放牧、游耕和传统定居农业。其实,“不发达”的定义简单而准确地说,就是非生物能流的投入水平保持在非常低的人均水平上。林农牧渔任何一业只要处于这种状况,在人口压力下都会发生恶性循环的生态退化。

二、两种资源环境问题的应对

发达带来的资源环境问题和不发达导致的资源环境问题最根本的差别并非其影响范围与后果,而是社会应对问题的能力。

经济发达社会在对付资源环境问题方面处于较有利的地位,主要表现在以下三个方面:

(1)在经济取得长足进展之后,在人口中能形成一个人数较多乃至占大多数的中产阶级。这部分人生活较为富裕,接受过良好教育,有较强的资源环境保护意识。有此社会基础,资源环境保护运动才得以顺利发展,并能对政策、法律和政府行为发挥强大影响。企业为了维持自身的形象,也会变得更愿意在资源环境保护方面采取较为合作的态度。

与此相反,不发达社会的人口主体是为生存而挣扎的穷人。他们关心的焦点是食物、饮水、住房和医疗条件等方面的改进,资源环境质量不在其关心的视野内。由于他们的受教育水平低下和信息闭塞，他们很难接受也很难理解资源环境保护知识。最为重要的是，如果政府打算拿出极为稀缺的资金投入到资源环境保护中去，很可能会招致他们的不满。贫困人口对企业的态度也不利于资源环境保护：在欠发达地区，如果企业能使穷人的收入有明显的增加，那么即使这个企业制造了大量的污染或对资源环境采取了掠夺性开发，它也依然拥有继续生存的社会基础。

(2)在发达国家，整个社会积蓄了大量财富，使之有能力对资源环境做可观的投入。由于这些国家人口增长缓慢，无需将国民收入增量的大部分拿来满足新增人口或劳动适龄人口的需要，因此，这些国家有条件将资源环境保护费用保持在较高的水平上。例如，21 世纪初的美国，每年用于水污染和大气污染治理的费用皆超过了 1 500 亿美元。

与此相比，发展中国家在环境治理上比较困难，那些陷于人口压力和生态退化恶性循环的地区更是如此。以撒哈拉以南地区为例，由于生产力低下，这些地区的人们在丰年也几乎无剩余，大体只能在生存水平下满足快速增长人口的需要。而周期性的持续干旱一旦发生，人们就只有依赖救济和强化掠夺本来已遭到旱灾打击的土地才能生存下去。因此，无论是政府、社会和民众，腾出手来应付资源环境问题是不可能的。至于那些处境较好的发展中国家，由于较高的人口增长率，为了保持和提高人民的生活质量，并满足新增劳动适龄人口的就业需要，国民经济必须保持在较高的增长率上。例如，在 1992 年亚太人口与环境大会上，印尼政府的报告认为只有保持 5%以上的国民经济增长速度，才能使人均收入不致降低，并向新增人口提供一定的就业机会。这样，发展中国家就很难将积累较多地用于资源环境保护。

(3)发达国家拥有的科技实力，使它们面对问题时在技术上有较为广阔的选择余地和较强的替代能力。在面临能源危机时，各种节能技术就会很快发现并替代原有耗能较大的产品和工艺设备；而在面临污染问题时，也会涌现各种有利于减少污染的替代产品和新工艺，对污染物的处理或循环使用新招层出不穷。这方面最明显的实例就是 1973 年石油危机造成的冲击。在危机面前，发达国家以能源最为紧缺的日本为领头羊，很快就出现了大量节能的工艺和产品，其结果是，尽管发达国家在危机面前对中东廉价石油的依赖远甚于发展中国家，但是那些最穷的国家遭受危机的打击却最为沉重，它们的国民经济实力根本支持不起一个最起码的科学技术部门，其技术上对富国的依赖更甚于经济上的不独立。

显然，在不发达状况下发生的人口压力与资源环境问题间的恶性循环，本质上是一种贫穷引起的综合症。对陷于如此境况下的发展中国家来说，人口控制有助于不继续维持较高的人口增长率，却难以扭转恶性循环的局面。不发达引起的这一难题，只有通过发展才能解决。在资源环境与发展关系上，发展中国家坚持发展优先，其基本原因正因如此。

三、发展中国家发展的障碍

在不发达的基础上实现发展的起步，总会遇到原始积累问题。不过，这里的"原始积累"与马克思笔下描述的那种血淋淋的资本主义原始积累不同(欧洲资本主义的原始积累，对内包括摧毁农民的小生产，掠夺性开发本国自然资源，对外则以坚船利炮开路，争夺海外市场，霸占原料产地和贩卖奴隶)，那种依靠战争、罪恶和掠夺起家的时代已经过去了。发展中国家怎样才能获得宝贵积累，就成了一个很值得研究的问题。

关于早期西方资本主义与现在的贫困国家在发展条件上的差别，主要有这样几个方面：

(1)西方国家的资本主义有一个在封建母体中逐渐孕育的过程，家庭手工业的发展过渡到工场手工业的发展和繁荣。在这一变化中资本主义的成分逐步增长。在生产力发展的推动下旧的生产方式不断瓦解，其地位自然地由更为先进的资本主义生产方式取代。这一过程并不存在于第三世界国家。发展中国家的手工业是被外来的资本主义摧毁的。在大量的外国商品涌入后，大部分利润被抽走，既不产生工业发展所需的积累，也未培养出一个较有力量的土著资产阶段。因此，手工业破产所引起的不是工业化，而是非工业化。人口中依赖非农产业的比重下降，从这一过程中游离出来的劳动力不得不从传统农业中寻找谋生的替代手段。

(2)西方资本主义有一个从殖民地榨取大量剩余价值的原始积累过程，现在的第三世界国家不可能走这一条路。

(3)在西方国家，随着资本主义生产关系的兴起，封建生产关系趋于削弱瓦解。但在第三世界的殖民主义时代，通过与殖民主义的结合，封建生产关系和寡头统治反趋于强化。其原因是殖民者的兴趣不在于发展资本主义，而在于有一个商品倾销的市场和廉价原材料的来源。

由于这些原因，政治上取得独立的第三世界国家，走西方国家的发展之路几乎不可能。随着近几十年世界的变化，影响发展的因素变得更复杂了。一个穷国想获得发展所需的积累，可能的途径有几条，但每一条似乎都障碍重重。一条路是发挥资源优势，以输出能源和原材料换取发展所需的资金，这是部分发展中国家可能走得通的路。但从现实看，除了几个浮在油海上的海湾小国外，这条路并不十分有效。那几个石油富国是否真的“发达”了，也还是值得研究的。另一条重要途径是举债和大规模引进外资，大量第三世界国家走的是这一条路。其中大部分是失败的，少数国家取得了一定成就，但也被严重的债务问题所困。此外，企图以闭关自守的方式搞发展也已被证明是行不通的。

穷国这种发展的起步维艰，除政治和社会因素外，经济上的原因可以归纳为以下五点：

第一，国际经济秩序问题。所谓的自由贸易总是对强国有利，西方国家实际上垄断着市场、技术和资本，尤其是穷国手中的初级产品和劳动密集型产品的市场也由富国操纵着。因此，在所谓自由贸易中，穷国很难得到多少实际利益。

第二，在多数情况下，引进、举债和受援的得益不会很大。这是因为成套设备及其相关的软件垄断在西方手中，而产品如果是出口加工性质的，市场又控制在对方手中。

第三，近几十年中，技术作为一种经济资源其地位变得越来越重要。与此相应，初级产品的地位则趋于下降。而当今世界最重要的那部分专利、非专利技术和软件掌握在跨国公司手中，这种情况使第三世界国家更难以掌握发展的主导权。

第四，由于占人口主体的农村人口的赤贫，除少数生活必需品外，不发达国家的国内消费市场与总人口相比极为狭小。这使得本国企业通常达不到有效规模，也妨碍了企业参与国际竞争的能力。

第五，人口的快速增长并不导致消费市场的有效扩大，反而产生了许多副作用，如妨碍了教育培训和劳动力质量的提高，加剧了劳动力的过剩，并相应抵消经济增长的成果。

对于穷国家来说，不发展没有出路，而要想发展，就需要消除上述诸多不利因素形成的障碍。

四、发展中国家实现经济发展的资源环境政策选择

少数发展中国家和地区，成功地实现了经济发展。以日本、韩国和我国台湾地区的实践经验来看，它们实现较快的经济发展，基本都采取了下述政策(这些政策对于我们也许并不适用)：

(1)政府强有力保护下的开放型经济体系。不发达国家如欲以较快的速度发展,闭关自守是行不通的。由于缺乏发展的启动资本,举债、引进外资、出口加工型产业都是必需的,另外,政府还必须适度且强有力地保护民族工业的成长,对本国尚处于萌芽状态的、不足以与国外资本抗衡的工业部门加以保护,顶住"自由贸易"的压力。所谓的适度,是指要有一定的国际竞争参考,使之成为一种推动企业进步的适度刺激;否则,保护措施就可能成为对落后的保护伞。

(2)以低工资、低环境标准和资源的加快开发来实现加速积累。在发展之初,穷国劳动密集型产业上有一定的竞争优势,这是得到公认的。所谓低资源环境标准的积累途径,意味着建立或引进重污染、高利润的产业,并且,对由此引起的污染采取少治理或不治理态度。这样做的目的,是吸纳那些在发达国家被淘汰的,但产品在国际市场上仍占有一定地位的产业。少治理或不治理,一方面能够增加企业赢利,另一方面则能够增加国家的积累。加速自然资源的开发,实质就是允许某些不合理开发的存在。

(3)将发展形成的积累较多地用于科技和教育。所谓国际竞争,越来越是技术水平和国民素质的竞争,人的素质上不去是真正的不发达。

在它们的经济起飞过程中,其政府或当局都在外向型经济格局中维持着保护主义,在相当长的时间内维持着低的工资水平和环境标准,也较为重视人的素质的提高。这样,"边发展、边治理"和"先发展、后治理"便成为发展中国家对待资源环境问题的两条选择方案。

发展之初实行低资源环境标准必然性在于以下三个方面:

(1)发达国家资本对穷国的投资,通常集中在劳动密集型、优势资源开发和污染型企业这三个方面。劳动密集型和污染型企业,可被看作是从发达国家的产业结构调整中被淘汰出来的。虽然由于劳务和环保费用的上涨使这类企业难以在发达国家立足,但其产品依旧拥有市场。对于整体国力很弱、几乎无竞争力的穷国来说,有投资者、有市场,并由于低劳务价格和环境标准而有较好经济收益,发展这样的企业无疑是比较适当的。

(2)在发展之初,那些较为先进的,即资金密集和技术密集的企业很难发展起来,即使勉强建立起来了,也很难运作使之在激烈的国际竞争中占有一席之地。造成这种状况的原因很多,在国际资本方面,这类产业正是发达国家所需,有关国家的政府会设置种种障碍阻止这类产业向不发达国家转移;从投资效益看,发达国家技术力量雄厚、职工训练有素、公共基础设施和服务体系完善,因此,尽管劳务价格较高和环境标准较严(这类企业对环境的损害本来就较小),但贴近市场,投资于发达地区反而能够取得更好的效果。而对不发达的国家来说,因基础设施、服务体系、国民素质等皆处于低水平,常费尽力气将这类先进企业建立起来,还未等消化吸收正常运行,在先进性上又已落在人家的后面,从而产品竞争优势尽失,此外建立这类企业的投资远大于劳动密集型产业,对缓和就业形势和国内市场发育是不利的。

(3)在发展之初,环境容量和净化能力作为一种很有价值的经济资源被闲置起来是十分可惜的,允许重污染高利润的企业存在是对环境容量和净化能力的一种有效开发形式。当污染水平上升至环境容量和净化能力以上时,如果这种污染换取的社会财富积累和福利水平提高是显著的,而抑制污染会导致发展速度下降和人民生活质量的下降,则污染和其他对环境的损害依旧是不得已的。

从后果看,发展之初对污染和其他环境损害持较为宽容的态度必然会造成各种消极影响。就后果对承受者而言,所有这些消极影响可以分为两类:一类是当前人口承受的部分,诸如污染引进的健康损失、财产损失和景观损失等(作为污染的直接受害者,人们获得了收入提高和生活改善的补偿,其得失如何,人们主观上会做出判断);另一类消极影响由未来人口承担,主要是非再生性资源枯竭、森林缩减、草原退化、沙漠化、生物多样性受损、耕地减少和土地生产力下降等。也就是说,污染导致损害主要由当前人口承受,而对人类生存的资源基础的损害则主要由未来人口承受。此外,一些影响较为持久的排放后果,如臭氧层的破坏、温室效应、湖泊的富营养化过程等,以及其他持久的或不可逆的变化,也势必影响到未来人口。

必须指出,为提高当代人的生活质量而使未来人口承受不利后果的做法是否合理,是否公正,也是一个引人深思和争议的问题。未来充满着不确定性,因此既有人指责当代社会的目光短浅和不负责任,也有人乐观地认为每一代人都能解决自己的问题。但在资源环境问题的现在与未来的关系上应看到以下几点:①无论为子孙后代保留多一些资源的想法是多么有远见和多么仁慈,一个赤贫的社会是无法做到这一点的。事实上,贫困更无情,更不可逆转地摧毁着人类的生存基础。因此,为了使未来人口有一个更好的生存环境,社会必须发展。发展的受益者也包括未来人口。②当代贫困社会的发展必须积累,而低廉的劳务价格、低环境标准和快速的自然资源开发是最重要的源泉。在这一点上,与马克思所指出的资本通过合并劳动力和土地而获得扩张能力的情形,手段虽然不同,但目的是相似的。③社会累积的财富越多,发展水平越高,处理资源环境问题的能力也就越强。

不言而喻,这一过程会使人联想起“先污染、后治理”这一“西方资本主义发达国家走过的老路”。但更贴切一些说,应称之为“先发展、后治理”。其经济学性质也是一种举债发展(向未来举债的形式)。欠债要还,而且要付利息,这应成为处理问题的一条原则。考虑到债务偿还的责任,需要注意以下问题:

首先,不能欠下无法偿还的债务。一个自然湖泊的形成要经过漫长的时期,通常以万年为单位计算,然而,经富营养化过程使之几十年中沦为泥沼,这种生态债务是还不起的,类似一片草原沦为荒漠,因使之恢复原貌的代价过高,也被认为是不可取的。最难以偿还的损失是物种的灭绝,这通常是滥捕和栖息地缩小的原因。这就是说,在发展过程中应尽量避免不可逆的环境损失。从经济学上讲,不可逆的定义是对于某种资源环境损失而言,由此带给人们的收益远远小于逆转损失所需的费用。

其次,必须提高债款使用的经济效益。这就意味着,虽然发展过程允许产生一定程度的资源环境损失,但不能允许无谓的损失,不能允许得不偿失的损失,以适度的资源环境损失换取高效的经济增长,意味着以较小的资源环境损失换取较强的资源环境问题的解决能力。

再次,妥善处理消费与积累的关系。如果将以资源环境为代价换取的经济收益过度地用于眼前消费,那只会使债务日积月累,同时也使发展的目标落空。这样将陷入资源环境与发展关系的恶性循环之中。

无论如何,“先发展、后治理”道路对于不发达国家来说,既是必然的,又是无可奈何的。如果能够做到少一些资源损失而多一些发展,当然求之不得。同时,如果在发展过程中不注意资源环境的保护,则资源环境退化至一定程度时,就会越来越成为发展的阻力,生产条件会不断下降,投资者会望而却步。因此,在看到“先发展、后治理”的不可避免性时,也应注意“边发展、边治理”的必要性。

发展中国家实现“边发展、边治理”的有利条件:一是利用好与发达国家间技术落差,通过引进发达国家的成熟技术,可以用较低的成本、较短的时间实现产业的进步;二是发展中国家可利用发达国家现有的资源环境保护知识、研究成果和适用技术,借鉴国外资源环境管理经验，虽然获得那些极具商业价值的技术是困难的，但今日毕竟已处于一个资源环境保护深入人心的时代，从发达国家输入有关中间技术的机会是较多的。所谓"不走发达国家的老路"的含义正在于此。

"先发展、后治理"和"边发展、边治理"两者的关系并不矛盾。在发展之初，因国力较弱，想保护资源环境也显得力不从心，因而更偏重于发展。随着经济强盛，就应适时增加对资源环境保护的投入，最终实现资源、环境和经济发展三者关系的平衡与和谐。

第二节　现行国民经济体系的缺陷及新体系的构建

经济人假定是现代西方经济学的基本规范。按照这一假定，在经济活动中，个人所追求的唯一目标是其自身经济利益的最优化（换句话说，经济人主观上既不考虑社会利益，也不考虑自身的非经济利益）。进入 20 世纪 70 年代以后，越来越多的经济学家认识到经济人假定自身的缺陷，并主张用可持续性（或可持续发展）来取代它。于是，产生了对国民经济体系的重新思考，并试图更多地体现资源环境消耗（或改善）在国民经济发展中的分量。

一、经济学基本规范的改变

环境资源问题的特点可以概括为一句话，就是："人类只有一个地球"。在资源环境经济学看来，这句话的含义是：第一，资源环境问题归根到底是宏观问题，是涉及到整个地球的问题；第二，资源环境问题是发生在一个封闭体系内的问题。因为地球只有一个，而且地球与外界的物质和能量交换是十分有限的；第三，资源环境问题归根到底是动态问题，因为这里涉及的是人类，既包括当代人，又包括子孙后代。

从经济人假定出发，计算资源环境等外部成本和外部收益时通常采用正值贴现率，以便将发生在不同时期的费用和效益换算成现值。在同一代人的范围内，采用正值贴现率是合理的。但是，只要采用正值贴现率，即使这一贴现率的值很小，随着时间的推移，未来的费用和效益的现值也会变得越来越小，以致超过一定时期后的数额小得可以忽略不计。换句话说，当代人可以不考虑他们的经济行为对超过一定时期以后的人类子孙后代的影响。

经济人假定只强调当事人自身的利益，不考虑社会的利益，更不考虑子孙后代的利益。尽管现代西方经济学对经济人假定做了一些补充和修正，在强调经济人的利益的同时，试图兼顾个人与社会、微观和宏观的利益，但是兼顾的仅限于当代人，还是没有考虑子孙后代的利益。正是因为在涉及代际问题的研究时，经济人假定本身存在着致命的弱点，所以不应该将此假定视为资源环境经济学的基本规范。

可持续性概念既意味着人类社会的持续发展，又意味着这种发展被保持在环境、生态和自然资源所能够允许的限度之内。承认可持续性是资源环境经济学的基本规范，并不意味全盘否定经济人假定。经济人假定确实有改善资源配置效率的作用，但是，这种作用至多限于当代人之间。一旦对自然资源环境的配置超出代内范围，经济人假定就只会起负作用。而可持续性作为处理人类代际关系的准则，应该是比经济人假定层次更高的规范。只有在首先满足可持续性，即将可持续性规范视为既定约束条件的前提下，才谈得上根据经济人假定（并采用相应的分析工具，如正值贴现率）去追求资源配置的最优化。

二、现行国民经济核算体系的缺陷

国民经济核算体系(SNEA)是用于测量一个国家或地区经济、社会发展水平的统计指标体系和对其进行宏观调控的重要手段。这一核算体系包括经济、社会发展及其运行状态的主要方面和内容,诸如人力、物力、财力资源的分配与利用,经济发展的总量、速度、比例和效益,生产、分配、交换、消费领域之间的关系和社会总需求与总供给的平衡,等等。

目前,国际上通行的国民经济核算体系主要有两种:一种是前苏联立足于计划经济或产品经济而建立和使用的物质产品平衡表体系(MPS),另一种是西方国家立足于商品经济和市场机制,并在收入统计核算基础上形成的国家核算体系(SNA)。这两种国民经济核算方法,是各国在长期实践中并在一定理论指导下逐步修改完善而形成的,被认为是20世纪人类最重要的认识、评价、衡量和调控经济社会大系统运行状态的创造之一。但是,随着资源、环境危机及其相关社会问题的出现和可持续发展思想的提出,这种核算体系的严重缺陷就日益表现出来。主要有以下几个方面:

(1)没有考虑自然资源存量的消耗与折旧。众所周知,在国内生产总值(GDP)的计算中,机械设备、厂房等生产性固定资产,不仅在出售时有标价、购置后按固定资产投资进行计算,而且在投资后的有效使用寿命期限内按一定的折旧率进行核算,其价值随着使用时间的增加而减少。而自然资源作为再生产过程的物质基础和创造物质财富的源泉,反而不仅没有给予体现其固有价值的标价,而且也不计算其消耗或折旧费用,也不对自然资源的损耗进行经济补偿。

(2)没有真实反映或根本不考虑环境预防费用。环境预防费用,是指防止环境被经济活动侵占以及用于恢复或补偿环境损失所发生的一切费用。现行的国民经济核算体系,将环境预防发生的费用大部分看成并计入增加国民收入的项目。例如,就处理某一环境污染事件来说,如果由政府支付污染治理费用,这就意味着政府的支出属于购买最终物品和劳务,可以因此而增加国民收入;如果由污染者来治理污染,这笔开支就被看成并计入中间产品费用,国民收入就不会因此而增加;如果政府和企业都不出资去消除污染的话,那么处于环境污染地域内的居民就可能因此而增加水费、医疗费等最终消费支出,因而也可以使国民收入上升。

(3)没有体现环境退化的损失费用。大气、江河、湖泊、原始森林等自然生态环境,其环境容量和良好的生态效应也是一种自然资源。人类利用这类资源可以使排放的某些污染得到自然净化,可以改善当地的小气侯,提供充足的新鲜空气而有利于人体健康等。然而,长期以来,人们并不承认环境容量和生态效应价值的存在,因而任意地向环境排放污染物,对环境污染、生态破坏造成的损失也不做任何经济上的补偿或赔偿。而现行的国民经济核算体系,不仅丝毫没有体现生态资源退化和破坏造成的损失,反而把人们的医疗费用、开发新的食物替代品的费用计入国民收入,从而使得统计数字不能客观地反映一国经济的真实发展状况。

(4)没有考虑劣质产品及其所导致的社会问题所造成的经济损失。几乎所有的发达国家在其发展过程中都因质量问题而付出过沉重的代价。我国的劣质产品导致的损失也是相当惊人的,比如劣质奶粉影响婴儿发育、不合格饮料影响人体健康等。劣质产品不仅直接导致自然资源的浪费,并且酿成大量的工伤事故、爆炸和中毒事件等社会问题,直接影响人们的生活和社会的发展。现行的国民经济核算体系没有考虑这一损失,也没有采取措施遏制这一人为的浪费行为。

(5)核算指标具有片面性。国内生产总值(GDP)是国民经济体系中的核心指标,它可以反映和概括国民经济的全部活动的产出成果。以 GDP 为主要指标或基本指标的 SNA 核算体系,是以市场交易为基础,物品和服务都是以其交易的货币价值进行核算的,即以市场化的产出来衡量经济的增值和进步程度。“没有劳动参与和通过市场交易的东西”,如自然资源、空气、海洋等,尚不为人们所知的财产或虽被人们所知实际上不在任何单位的有效控制下的资产(如原始森林),以及具有生命的自然资产(包括植物、动物等)都不纳入资产的核算范围。这种立足于市场交易活动的 SNA 体系,不仅没有反映经济活动中的自然资源的耗减、质量的降低和生态环境的破坏。相反,对破坏了的环境的治理却会带来 GDP 的增长,即污染也能够成为 GDP 的增长点,造成 GDP 的虚增。这些问题不仅造成国内生产总值对某一生产成果和投资能力的偏高估计,而且给决策者提供了错误的信息,使得决策者通过对自然资源的过度消耗来获得经济的高速增长,因此国内生产总值(GDP)在核算上具有片面性。

三、国民经济核算体系新框架的确立

国际上现行的以国民收入核算为基础的国民经济核算体系(SNA),基本上没有自然资源、环境及社会问题等代价的核算,因而是一种有严重缺陷和缺乏可持续发展调控能力的经济核算体系。为了给实施可持续发展战略提供一种强有力的宏观调控手段,必须改革现行的经济核算体系,建立并推行包括自然资源与环境及其相关社会问题代价核算在内的新型国民经济核算体系,我们称之为绿色 GDP(GGDP),以之取代传统的 GDP 体系。

将资源环境及相关的社会问题代价因素纳入到国民经济核算中,一种方法是将资源环境及相关的社会问题代价核算项目融入到国民经济核算体系中,在原核算体系内部加入上述三者因素,弥补以往的缺陷,使 SNA 与经济发展的新趋势保持一致。另一种方法是维持现行的国民经济核算体系,另外设计一个资源环境及相关社会问题的经济附属账户,通过建立附属账户来反映因经济发展带来的资源、环境及相关社会问题的代价,使原有国民经济核算账户结构保持相对稳定。后一种方法既能保持传统的 GDP 和 GNP 指标的完整性,满足了这两个指标的传统用途,又保证了政策制定者和公众能够得到新的易于理解的综合性经济持续增长的指标。以下新框架设计以及核算方法的探讨都是基于这一思路展开的。核算出来的资源、环境及相关社会问题的成本费用在国内生产总值(GDP)中被扣除,就可以得到 GGDP(图 13 - 1)。

由图 13 - 1 可见,这个体系分成三个层次:第一层是经济增长的代价层次,即期初、期末分别对自然资源成本、环境成本、社会问题成本分别进行核算;第二层是传统国民经济核算体系层次;第三层是把自然资源本期耗减成本、环境成本及相关社会问题成本纳入传统国民经济核算体系,以便全面反映国民财富的增减变化、资本形成规模,以及国民生产总值和国民生产净值的实际状况,并形成绿色国民经济核算,即得到 GGDP。

中国国内有关单位与国外机构合作,也开展了中国“自然资源核算及其纳入国民经济核算体系”的课题研究,比如,资源定价和资源折旧的理论、原则和方法,国民经济核算框架的改进,资源核算纳入国民经济核算体系的实施方案,矿产、地表水和地下水、森林、土地、草地资源的分类核算等内容。中国准备实行的自然资源核算体系大体上包括对土地、淡水、森林、煤炭、石油等自然资源的实物和价值核算,以价值量的形式反映自然资源总量的增减变化。

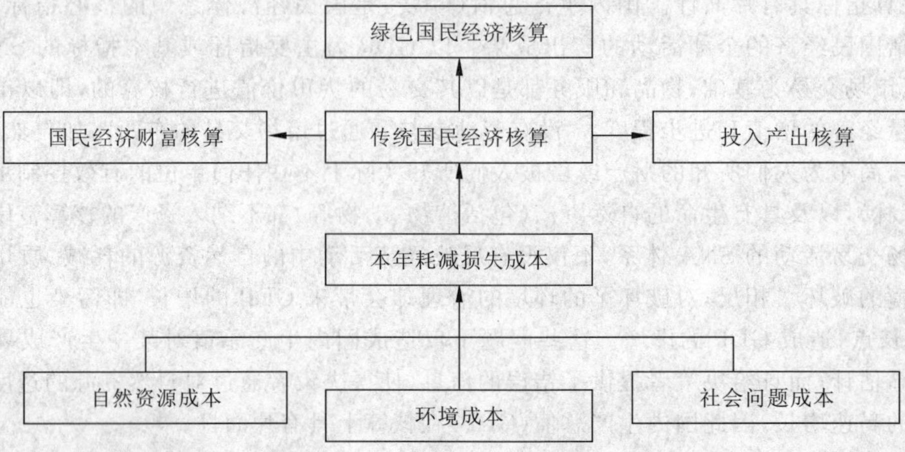

图 13－1 国民经济核算新体系框架

第三节 可持续发展战略

世界环境与发展委员会在《我们共同的未来》中正式提出“可持续发展”，并将其定义为：“既满足当代人的需要，又不对后代人满足其需要的能力构成危害的发展”。这个定义鲜明地表达了两个基本观点：一是人类要发展；二是发展有限度，不能危及后代人的发展。

一、可持续发展的定义

1. 着重于自然属性的定义

可持续发展的概念来源于生态学，即所谓“生态持续性”(ecological sustainability)，最初应用于林业和渔业，是指对于资源的一种管理战略，如何仅将全部资源中合理的一部分加以收获，使资源不受破坏，而新成长的资源数量足以弥补所收获的数量。国际自然保护同盟(IUCN)1991 年对可持续性的定义是“可持续的利用，是指在其可再生能力(速度)的范围内使用一种有机生态系统或其他可再生资源”。简单地讲，可持续发展是不超过环境系统再生能力的发展。

2. 着重于社会属性的定义

1991 年，由世界自然保护同盟、联合国环境规划署和世界野生生物基金会共同发表了《保护地球：可持续生存战略》(Caring for the Earth：A Strategy for Sustainable Living)。其中可持续发展的定义是：“在生存不超出维持生态系统涵容能力的情况下，提高人类的生活质量”，并进一步提出了可持续生存的九条基本原则。这九条基本原则既强调了人类的生产与生活方式要与地球承载力保持平衡，保护地球的生命力和生物多样性，又提出了可持续发展的价值观和 130 个行动方案。报告还着重论述了可持续发展的最终目标是人类社会的进步，真正的发展必须包括提高人类健康水平，改善人类生活质量，合理开发、利用自然资源，必须创造一个保障人们平等、自由、人权的发展环境。

3. 着重于经济属性的定义

可持续发展的核心是经济发展。当然，这里的经济发展已不是传统意义上的以牺牲资源和环境为代价的经济发展。在《经济·自然资源·不足和发展》中，作者巴比尔把可持续发展定义为："在保护自然资源的质量和所提供的服务的前提下，使经济发展的净效益增加到最大限度"。普朗科(Pronk)和哈克(Hag)在 1992 年为可持续发展所作的定义是："为全世界而不是为少数人的特权所提供公平机会的经济增长，不进一步消耗自然资源的绝对量和涵容能力"。英国经济学家皮尔斯(Pearce)和沃福德(Warford)在 1993 年合著的《世界无末日》一书中，提出用经济学语言表达的可持续发展定义："当发展能够保证当代人的福利增加时，也不应使后代人的福利减少"。经济学家科斯坦萨(Costanza)等人则认为，可持续发展是能够无限期的持续下去，而不会降低包括各种"自然资本"存量(量和质)在内的整个资本存量的消费数量。

4. 着重于科技属性的定义

实施可持续发展，除了政策和管理因素之外，科技进步起着重大作用。没有科学技术的支持，人类的可持续发展便无从谈起。因此，有的学者从技术选择的角度扩展了可持续发展的定义，认为："可持续发展就是转向更清洁、更有效的技术，尽可能接近'零排放'或'密闭式'工艺方法，尽可能减少能源和其他自然资源的消耗。"还有的学者提出，"可持续发展就是建立极少生产肥料和污染物的工艺或技术系统"。他们认为，污染并不是工业活动不可避免的结果，而是技术差、效益低的表现。他们主张发达国家与发展中国家之间进行技术合作，缩短技术差距，提高发展中国家的经济生产能力。

二、可持续发展的目标和原则

可持续发展所追求的基本目标，主要包括资源的永续利用、环境的有效保护、经济的集约型增长、社会进步与人的生活质量的全面提高。可持续发展体现了人口、资源、环境、经济必须协调发展的思想，可持续发展的系统框架包含了经济系统、社会系统和生态系统，对于不同的系统，发展所追求的目标是不同的，如图 13－2。

可持续发展的公平性原则，指发展应满足所有人的需求，而不是一部分人的需求，强调本代人的公平、代际间的公平、资源分配与利用的公平。目前这种全球贫富悬殊、两极分化的世界是不可持续的。因此，要把消除贫困作为可持续发展过程特别优先的问题提出来考虑，要给世世代代以公平的发展权。当代人对资源的过度使用和浪费，剥夺了子孙后代公平地享用资源的权利。例如，当代人采用石油化学农业的经营方式，只顾在土地上获得生物产品，不考虑保持土壤肥力，已经引起了土壤的严重退化。

可持续发展的持续性原则，指在"满足需求"的同时，必须有"限制"，即"发展"的概念中包含着制约因素，主要限制因素是人类赖以生存的物质基础，即自然资源与环境。"发展"和"需求"要以生物圈的承受能力为限度，"发展"一旦破坏了人类生存的物质基础，"发展"本身也衰退了。持续性原则的核心是人类的经济和社会发展不能超越自然资源与环境的承载能力。人类的经济和社会发展必须维持在资源和环境的承受能力的范围之内，以保证发展的可持续性。人类要坚持这一原则，不仅必须约束自己对资源的浪费和对环境的污染行为，而且必须保护和加强资源基地建设，恢复环境质量。这就要求人们在开发和利用自然资源的同时，要补偿从生态系统中索取的东西，使自然生态过程保持完整的秩序和良性循环。

国情不同，实现可持续发展的具体模式不可能是唯一的。但是，上述的公平性原则和持续

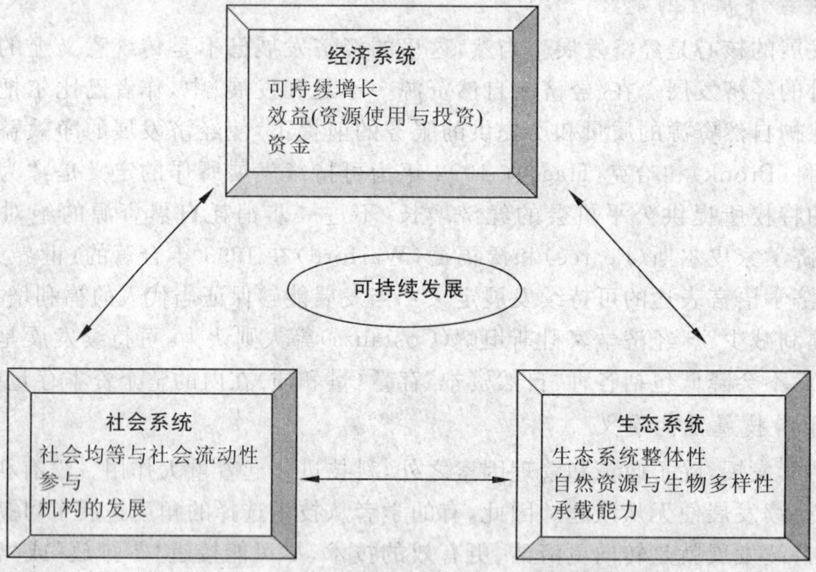

图 13-2　可持续发展的系统框架

性原则应是共同的。并且，实现可持续发展的总目标，应有全球的联合行动，认识到我们的地球，唯一家园的整体性和相互依存性。生态危机的全球性，表现了人类所遇到的历史挑战的共同性、人类努力的共同性和人类未来的共同性。

“生态系统与经济利益相互依存的现实，对国家主权的传统形式提出了日益严峻的挑战。这种相互依存的关系，在共同的生态系统和不属于任何国家管辖的全球性的公共区域内表现得最为突出，只有为了共同的利益，对公共资源的调查、开发和管理进行国际合作和达成协议，可持续发展才能实现。”因此，人类必须立即行动起来，本着命运同一、使命同一的原则，通力合作，共同研究、评价和监测地球的变化，保护我们的共同环境，管理我们的共同资源，共同争取全人类都希望的未来。

三、可持续发展的意义和内涵

当今世界面临着人口、资源、环境和发展一系列重大问题。可持续发展概念是在人类深刻认识环境与资源的可持续能力基础上提出的。它源于环境保护，却又是人类对传统发展模式的反思，使人类改变旧的思维方式和生产生活方式，重新建立新的人地协调发展模式。可持续发展是人们认识到人类是自然的一部分，人类与自然界是不可分割的整体，人必须与自然协调才能持续生存。

可持续发展的核心是发展，发展的内涵既包括经济发展，也包括社会的发展和保持、建设良好的生态环境。历史的经验和教训告诉我们，落后和贫穷不可能实现可持续发展的目标。经济发展是我们办一切事情的物质基础，也是实现人口、资源、环境与经济协调发展的根本保障。经济发展包括数量的增长和质量的提高两部分，数量增长是有限度的，质量的改进则是无限的。但只有依靠科学技术进步，经济发展、社会进步、生态效益的提高才是可以持续的。

可持续发展的重要标志是资源的永续利用和良好的生态环境。可持续发展要求在保护环境、资源永续利用的条件下进行经济和社会建设，保持发展的持续性和良好势头。实施可持续发展战略的实质，是要开创一种新的发展模式，代替传统落后的发展模式，以便节约资源、保护环境，为子孙后代留下更大的发展空间和更多的发展机会。

四、我国的可持续发展战略

我国是一个人口众多、资源相对短缺的国家，经济发展仍然是首要目标，根据国情政府提出了充分体现可持续发展战略的《中国环境与发展报告》和《中国21世纪议程》。归纳起来，我国的可持续发展战略包括下列10个方面的内容：

(1)控制人口数量，提高人口素质，建立从严控制的和可持续发展的人口再生产体系；

(2)维护资源基础，不断提高资源利用效率，发展资源产业，建立资源得以持续利用的体系；

(3)防治环境污染和公害，保障公众身体健康，促进经济社会发展，建立健全的生态环境体系；

(4)节约利用资源和能源，建立低能耗、低物耗、低污染和高产出的工业持续发展体系；

(5)满足公众的基本需要，当前尤其是贫困地区的温饱问题，摒弃传统的生活消费观念和方式，建立适度消费的生活体系；

(6)促进市场(包括资源环境产权市场)发育，改进宏观调控，增强企业的资源环境与经济发展的刺激活力，建立效益持续提高的经济发展体系；

(7)建立、健全劳动力市场，发展社会保障体系，建立兼顾效率与公平的分配制度；

(8)促进科技开发和生产结合，发展清洁生产和绿色农业技术，建立实用、创新和可持续发展的技术体系；

(9)普及初等教育，加强中等教育，发展高等教育，积极扩大职业教育，建立适应技术进步和经济发展的教育体系；

(10)发展对外贸易，扩大国际经济、技术交流与合作，建立对外开放的国际贸易体系。

这种发展战略全面体现了持续发展战略重在发展这一主题，否定了我国传统的人口放任、资源浪费、环境污染、效率低下、分配不公、教育滞后、闭关锁国和管理落后的发展模式，强调了合理利用自然资源、维护生态平衡以及资源环境与经济的持续、协调、稳定发展的观念和作用。

2003年7月28日，中共中央总书记胡锦涛在讲话中提出科学发展观是可持续发展理论的进一步深入。可持续发展观的主要思想，是坚持以人为本，树立全面、协调、可持续的发展观，促进经济社会和人的全面发展，按照"统筹城乡发展、统筹区域发展、统筹经济社会发展、统筹人与自然和谐发展、统筹国内发展和对外开放"的要求，推进各项事业的改革和发展的一种方法论，也是中国共产党的重大战略思想。

科学发展观之后，围绕可持续发展战略又提出建设"两型社会"(资源节约型和环境友好型)。十七大之后，武汉城市圈和长株潭城市群被国家确定为"两型社会"试验区，并被赋予先行先试的政策创新权。资源节约型社会是指整个社会经济建立在节约资源的基础上，即在生产、流通、消费等各领域各环节，通过采取技术和管理等综合措施，厉行节约，不断提高资源利用效率，尽可能减少资源消耗和环境代价来满足人们日益增长的物质文化需求的发展模式。环境友好型社会是一种人与自然和谐共生的社会形态，其核心内涵是人类的生产和消费活动与自然生态系统协调可持续发展。

2012年11月8日，中国共产党第十八次全国代表大会在京召开。在十八大报告中，首次专章论述生态文明，首次提出"推进绿色发展、循环发展、低碳发展"和"建设美丽中国"。十八大报告第一次提出"美丽中国"计划，指出要努力建设美丽中国，实现中华民族永续发展。至此，中国的可持续发展战略又有新内涵，即把生态文明建设放在突出位置，融入经济建设、政治建设、文化建设、社会建设，形成"五位一体"的总体布局。着力推进绿色发展、循环发展、低碳发展。面对资源约束趋紧、环境污染严重、生态系统退化的严峻形势，必须树立尊重自然、顺应自然、保护自然的生态文明理念，努力建设美丽中国，才能实现中华民族永续发展。

关键点

1. 经济活动其实是人类社会开发利用资源环境以满足人类需求的一种过程。经济活动中，人类消耗资源环境，与此同时还污染和破坏资源环境。

2. 西方经济学的经济人假定：在经济活动中，个人所追求的唯一目标是其自身经济利益的最优化。换句话说，经济人主观上既不考虑社会利益，也不考虑自身的非经济利益。

3. 可持续发展所追求的基本目标，包括资源的永续利用，环境的有效保护，经济的集约型增长，社会进步与人的生活质量的全面提高。

4. "美丽中国"计划是中国可持续发展战略的最新内涵，即把生态文明建设放在突出位置，融入经济建设、政治建设、文化建设、社会建设，形成"五位一体"的总体战略布局。

参考文献

马传栋. 可持续发展经济学[M]. 济南：山东人民出版社，2002

李明生，徐爱仙. 国民经济核算体系及核算新框架研究[J]. 求索，2003(6)：54－55

张军. 全面建设小康社会：中国特色的社会可持续发展战略[J]. 学术交流，2003(9)：121－123

张坤民. 可持续发展论[M]. 北京：中国环境科学出版社，1999

思考题

1. 简述资源环境对经济发展的主要障碍。

2. 改变经济学基本规范的依据是什么？

3. 现行国民经济核算体系有哪些缺陷？

4. 简述可持续发展的含义。

5. 可持续发展的目标及原则有哪些？

6. 我国可持续发展战略的内容及意义是什么？